21 世纪高等院校数学规划教材

复变函数与积分变换

何广　张玥　马静　邹健　编著

图书在版编目(CIP)数据

复变函数与积分变换/何广等编著. --北京：北京大学出版社，2025.9
21 世纪高等院校数学规划教材
ISBN 978-7-301-33006-7

Ⅰ.①复… Ⅱ.①何… Ⅲ.①复变函数-高等学校-教材 ②积分变换-高等学校-教材 Ⅳ.①O174.5 ②O177.6

中国版本图书馆 CIP 数据核字（2022）第 080125 号

书　　　名	复变函数与积分变换 FUBIAN HANSHU YU JIFEN BIANHUAN
著作责任者	何广　张玥　马静　邹健　编著
责 任 编 辑	曾琬婷
标 准 书 号	ISBN 978-7-301-33006-7
出 版 发 行	北京大学出版社
地　　　址	北京市海淀区成府路 205 号　100871
网　　　址	http://www.pup.cn　　新浪微博：@北京大学出版社
电 子 信 箱	zpup@pup.cn
电　　　话	邮购部 010-62752015　发行部 010-62750672　编辑部 010-62754819
印 刷 者	河北滦县鑫华书刊印刷厂
经 销 者	新华书店
	787 毫米×1092 毫米　16 开本　15.25 印张　340 千字 2025 年 9 月第 1 版　2025 年 9 月第 1 次印刷
印　　　数	0001—2000 册
定　　　价	49.00 元

未经许可，不得以任何方式复制或抄袭本书之部分或全部内容。
版权所有，侵权必究
举报电话：010-62752024　电子信箱：fd@pup.pku.edu.cn
图书如有印装质量问题，请与出版部联系，电话：010-62756370

内 容 简 介

本书是应用型高等学校测控技术与仪器、机械电子工程、电子信息工程、电子信息科学与技术、通信工程等专业本科"复变函数与积分变换"课程的教材,内容包括四部分:第一部分极限和导数(包括第 1 章复变函数的极限和第 2 章解析函数)、第二部分积分(包括第 3 章复变函数的积分)、第三部分级数和留数(包括第 4 章解析函数的级数和第 5 章留数)、第四部分积分变换(包括第 6 章傅里叶变换、第 7 章拉普拉斯变换和第 8 章积分变换的 Matlab 实现与若干简单应用).本书是编者结合自己十多年的教学经验与积累,并参考国内外同类优秀教材编写而成的,它注重基本知识和方法的应用,剔除了一些非必要的理论推导.本书的特色是:内容实用,叙述通俗易懂,例题典型丰富,应用广泛,非常适合应用型高等学校理工类的学生使用.

前 言

复变函数与积分变换早已成为数理学家、工程师与科技工作者所要求的数学基础的重要部分.此要求反映了这门学科的重要性、专业性与应用的广泛性.

复变函数与积分变换是高等学校工科学生必须具备的数学知识,它的理论与方法广泛应用于自然科学与工程科学的许多领域,如它在电信工程、信息工程、控制工程、理论物理与流体力学、热力学等领域的理论研究和实际应用中是不可缺少的数学工具.

本书按照普通高等学校工科"复变函数与积分变换"课程的教学基本要求进行编写,要求学生掌握基本的复变函数理论、概念与方法.全书分为 8 章,内容包括四部分:第一部分极限和导数(包括第 1 章复变函数的极限和第 2 章解析函数)、第二部分积分(包括第 3 章复变函数的积分)、第三部分级数和留数(包括第 4 章解析函数的级数和第 5 章留数)、第四部分积分变换(包括第 6 章傅里叶变换、第 7 章拉普拉斯变换和第 8 章积分变换的 Matlab 实现与若干简单应用).本书内容力求精练、清晰、明了;例题与习题的配备力求能加深学生对概念与方法的理解,使他们得到一定的抽象思维、逻辑思维及运算训练;突出应用性,力求讲解细致、通俗易懂,加强数学软件 Matlab 在"复变函数与积分变换"课程教学中的作用.除最后一章外,几乎每节都配有适量的习题,书末附有习题参考答案,便于读者选用与参考.

本书第 1,2 章由马静编写,第 3 章和附表由何广编写,第 4,5 章由张玥编写,第 6,7,8 章由邹健编写.全书由何广统稿.

在本书的编写过程中,王传玉教授提出了许多宝贵意见,并给予了很多帮助,在此对他表示衷心的感谢,同时也感谢编辑曾琬婷女士对本书的出版所做的努力.

对于书中不足之处,希望读者批评指正.

编 者
2025 年 1 月

目 录

第1章 复变函数的极限 ··· (1)

§1.1 复数及其运算 ··· (2)
1.1.1 复数的概念 ··· (2)
1.1.2 复数的运算 ··· (2)
1.1.3 复数的几何表示 ··· (3)
1.1.4 复球面 ··· (7)
习题 1.1 ··· (8)

§1.2 复数的乘幂与方根 ··· (9)
1.2.1 复数的乘积与商 ··· (9)
1.2.2 复数的乘幂 ··· (10)
1.2.3 复数的方根 ··· (11)
习题 1.2 ··· (13)

§1.3 区域与复变函数 ··· (13)
1.3.1 区域 ··· (13)
1.3.2 复变函数 ··· (15)
习题 1.3 ··· (18)

§1.4 复变函数的极限和连续性 ·· (18)
1.4.1 复变函数的极限 ··· (18)
1.4.2 复变函数的连续性 ··· (20)
习题 1.4 ··· (21)

第2章 解析函数 ··· (23)

§2.1 解析函数的概念 ··· (24)
2.1.1 复变函数的导数 ··· (24)
2.1.2 复变函数的微分 ··· (25)
2.1.3 解析函数的概念 ··· (26)
习题 2.1 ··· (27)

§2.2 函数解析的充要条件 ·· (28)
  习题 2.2 ··· (32)

§2.3 初等函数 ··· (34)
  2.3.1 指数函数 ··· (34)
  2.3.2 对数函数 ··· (35)
  2.3.3 乘幂函数与幂函数 ··· (37)
  2.3.4 三角函数和双曲函数 ··· (37)
  2.3.5 反三角函数和反双曲函数 ·· (39)
  习题 2.3 ··· (40)

§2.4 背景与历史注记 ·· (41)

第 3 章 复变函数的积分 ·· (45)

§3.1 复变函数积分的概念与性质 ··· (46)
  3.1.1 有向曲线 ··· (46)
  3.1.2 复变函数积分的概念 ··· (46)
  3.1.3 复变函数积分的存在性与计算 ··· (47)
  习题 3.1 ··· (51)

§3.2 柯西-古萨定理和复合闭路定理 ·· (52)
  3.2.1 柯西-古萨定理 ··· (52)
  3.2.2 复合闭路定理 ·· (54)
  习题 3.2 ··· (56)

§3.3 原函数与不定积分 ·· (57)
  3.3.1 不定积分 ··· (57)
  3.3.2 牛顿-莱布尼茨公式 ··· (60)
  习题 3.3 ··· (61)

§3.4 柯西积分公式及其推广 ·· (62)
  习题 3.4 ··· (66)

§3.5 解析函数与调和函数的关系 ··· (67)
  习题 3.5 ··· (71)

第 4 章 解析函数的级数 ·· (73)

§4.1 复数项级数 ··· (74)
  4.1.1 复数列的极限 ·· (74)
  4.1.2 复数项级数 ·· (74)
  习题 4.1 ··· (78)

§4.2 复变函数项级数 ……………………………………………………………………… (78)
  4.2.1 一致收敛的复变函数项级数 ……………………………………………… (78)
  4.2.2 解析函数项级数 …………………………………………………………… (80)
  4.2.3 幂级数及其敛散性 ………………………………………………………… (81)
  4.2.4 幂级数收敛半径的求法 …………………………………………………… (83)
  4.2.5 幂级数和函数的解析性 …………………………………………………… (83)
  习题 4.2 ………………………………………………………………………… (84)

§4.3 解析函数的泰勒展式 ………………………………………………………………… (85)
  4.3.1 泰勒定理 …………………………………………………………………… (85)
  4.3.2 幂级数的和函数在其收敛圆周上的状况 ………………………………… (86)
  4.3.3 求泰勒展式的方法 ………………………………………………………… (87)
  习题 4.3 ………………………………………………………………………… (89)

§4.4 解析函数的零点及其唯一性 ………………………………………………………… (89)
  4.4.1 解析函数零点的孤立性 …………………………………………………… (90)
  4.4.2 唯一性定理 ………………………………………………………………… (91)
  4.4.3 最大模原理 ………………………………………………………………… (94)
  习题 4.4 ………………………………………………………………………… (95)

§4.5 解析函数的洛朗展式 ………………………………………………………………… (96)
  4.5.1 双边幂级数 ………………………………………………………………… (96)
  4.5.2 解析函数的洛朗展式 ……………………………………………………… (97)
  4.5.3 洛朗级数与泰勒级数的关系 ……………………………………………… (99)
  4.5.4 解析函数在孤立奇点邻域内的洛朗展式 ………………………………… (100)
  习题 4.5 ………………………………………………………………………… (103)

第 5 章 留数 ……………………………………………………………………………… (105)

§5.1 解析函数的孤立奇点 ………………………………………………………………… (106)
  5.1.1 可去奇点 …………………………………………………………………… (106)
  5.1.2 极点 ………………………………………………………………………… (107)
  5.1.3 本性奇点 …………………………………………………………………… (107)
  5.1.4 函数的零点与极点的关系 ………………………………………………… (108)
  5.1.5 函数在无穷远点处的性态 ………………………………………………… (110)
  习题 5.1 ………………………………………………………………………… (114)

§5.2 留数 …………………………………………………………………………………… (115)
  5.2.1 留数的定义及留数定理 …………………………………………………… (115)
  5.2.2 留数的求法 ………………………………………………………………… (116)

5.2.3　函数在无穷远点的留数 ……………………………………………（120）

　　习题 5.2 ……………………………………………………………………（122）

§5.3　留数在积分计算上的应用 ………………………………………………（122）

　　5.3.1　形如 $\int_0^{2\pi} R(\sin x, \cos x) dx$ 的定积分 ………………………………（123）

　　5.3.2　形如 $\int_{-\infty}^{+\infty} \frac{P(x)}{Q(x)} dx$ 的反常积分 …………………………………（125）

　　5.3.3　形如 $\int_{-\infty}^{+\infty} \frac{P(x)}{Q(x)} e^{imx} dx$ 的反常积分 ……………………………（127）

　　5.3.4　积分路径上有奇点的积分 …………………………………………（129）

　　习题 5.3 ……………………………………………………………………（130）

§5.4　辐角原理及其应用 ………………………………………………………（130）

　　5.4.1　对数留数 ……………………………………………………………（130）

　　5.4.2　辐角原理 ……………………………………………………………（132）

　　5.4.3　儒歇定理 ……………………………………………………………（133）

　　习题 5.4 ……………………………………………………………………（134）

第 6 章　傅里叶变换 …………………………………………………………（137）

§6.1　概述 ………………………………………………………………………（138）

§6.2　傅里叶变换 ………………………………………………………………（139）

　　6.2.1　矩形脉冲函数 ………………………………………………………（143）

　　6.2.2　单边指数信号函数 …………………………………………………（144）

　　6.2.3　双边奇指数信号函数 ………………………………………………（145）

　　6.2.4　单位脉冲函数 ………………………………………………………（146）

　　6.2.5　单位直流信号函数 …………………………………………………（146）

　　6.2.6　符号函数 ……………………………………………………………（147）

　　6.2.7　单位阶跃函数 ………………………………………………………（148）

　　习题 6.2 ……………………………………………………………………（149）

§6.3　傅里叶变换的性质 ………………………………………………………（149）

　　6.3.1　线性性质 ……………………………………………………………（150）

　　6.3.2　奇偶性质 ……………………………………………………………（150）

　　6.3.3　对称性质 ……………………………………………………………（151）

　　6.3.4　尺度变换性质 ………………………………………………………（152）

　　6.3.5　时移性质 ……………………………………………………………（153）

　　6.3.6　频移性质 ……………………………………………………………（153）

　　6.3.7　微分性质 ……………………………………………………………（154）

　　6.3.8　积分性质 ……………………………………………………………（155）

　　　　习题 6.3 ………………………………………………………………………… (156)

§6.4　卷积 ……………………………………………………………………………… (156)

　　6.4.1　卷积的概念与性质 ………………………………………………………… (156)

　　6.4.2　卷积定理 …………………………………………………………………… (157)

　　　　习题 6.4 ………………………………………………………………………… (162)

*§6.5　周期函数的傅里叶变换 ………………………………………………………… (163)

*§6.6　抽样函数的傅里叶变换与抽样定理 …………………………………………… (164)

　　6.6.1　时域抽样 …………………………………………………………………… (165)

　　6.6.2　频域抽样 …………………………………………………………………… (168)

　　6.6.3　抽样定理 …………………………………………………………………… (169)

第 7 章　拉普拉斯变换 ………………………………………………………………… (173)

§7.1　拉普拉斯变换的概念 …………………………………………………………… (174)

　　7.1.1　拉普拉斯变换 ……………………………………………………………… (174)

　　7.1.2　拉普拉斯变换存在定理 …………………………………………………… (175)

　　7.1.3　周期函数的拉普拉斯变换 ………………………………………………… (175)

　　　　习题 7.1 ………………………………………………………………………… (176)

§7.2　拉普拉斯变换的性质 …………………………………………………………… (176)

　　7.2.1　线性性质 …………………………………………………………………… (176)

　　7.2.2　微分性质 …………………………………………………………………… (176)

　　7.2.3　积分性质 …………………………………………………………………… (178)

　　7.2.4　位移性质 …………………………………………………………………… (178)

　　7.2.5　延迟性质 …………………………………………………………………… (179)

　　　　习题 7.2 ………………………………………………………………………… (179)

§7.3　拉普拉斯逆变换 ………………………………………………………………… (180)

　　　　习题 7.3 ………………………………………………………………………… (182)

§7.4　卷积 ……………………………………………………………………………… (182)

　　　　习题 7.4 ………………………………………………………………………… (184)

§7.5　拉普拉斯变换的应用 …………………………………………………………… (184)

　　7.5.1　常系数线性微分方程(组)的求解 ………………………………………… (184)

　　7.5.2　线性系统的传递函数 ……………………………………………………… (186)

　　　　习题 7.5 ………………………………………………………………………… (186)

第 8 章　积分变换的 Matlab 实现及若干简单应用 ………………………………… (189)

§8.1　离散傅里叶变换的 Matlab 实现 ………………………………………………… (190)

§8.2　傅里叶变换的对称性质和频移性质的 Matlab 实现 …………………………… (193)

§8.3 快速傅里叶变换的 Matlab 实现 ………………………………………… (195)
§8.4 拉普拉斯变换的曲面图 ……………………………………………… (200)
　　8.4.1 拉普拉斯变换曲面图的绘制 ………………………………… (200)
　　8.4.2 频域与复频域的关系 ………………………………………… (202)
§8.5 系统零极点分布图的绘制 …………………………………………… (204)
　　8.5.1 零极点分布对拉普拉斯变换曲面图的影响 ………………… (204)
　　8.5.2 线性非时变系统零极点图的绘制 …………………………… (205)
§8.6 拉普拉斯逆变换的 Matlab 实现 ……………………………………… (208)

附表 1 傅里叶变换简表 ……………………………………………………… (212)
附表 2 拉普拉斯变换简表 …………………………………………………… (215)
部分习题参考答案 ……………………………………………………………… (220)
参考文献 ………………………………………………………………………… (229)

第 1 章 复变函数的极限

复变函数理论在复数范围内讨论函数的分析性质.自变量为复数的函数就是复变函数,它是复变函数理论的研究对象.中学数学已经介绍过复数的概念和基本运算法则,本章将在此基础上做简要的复习和补充,并将高等数学中有关函数的极限与连续等概念平行地移植到复变函数中,为以后的学习奠定理论基础.尽管这些概念及性质与高等数学中相应的概念及性质形式上几乎完全相同,但本质上却有很大区别,应当特别注意.

§1.1 复数及其运算

1.1.1 复数的概念

对于简单的一元二次方程
$$x^2+1=0,$$
它在实数范围内是没有解的,因为没有实数的平方等于 -1. 由于解方程的需要,人们引入一个"虚构的"数 i,并令 $i^2=-1$. 于是,上面的方程有解 $x_{1,2}=\pm i$.

i 称为 **虚数单位**. 形如 $z=x+iy$ 的数称为 **复数**,其中 x 和 y 为任意实数,分别称为 z 的 **实部** 和 **虚部**,记为 $x=\mathrm{Re}(z)$,$y=\mathrm{Im}(z)$. 当 $y=0$ 时,$z=x$ 为实数;当 $x=0$,$y\neq 0$ 时,$z=iy$,称之为 **纯虚数**. 由此可知,复数可以看作实数的推广.

两个复数相等,当且仅当它们的实部和虚部分别相等. 一个复数 z 等于零,当且仅当它的实部和虚部同时等于零.

1.1.2 复数的运算

对于 $z=x+iy$,记 $\bar{z}=x-iy=x+i(-y)$,称之为 z 的 **共轭复数**. 显然 $\bar{\bar{z}}=z$,即 z 与 $\bar{z}$ 互为共轭复数.

设 $z_1=x_1+iy_1$,$z_2=x_2+iy_2$. 复数的四则运算定义如下:

加、减法:$z_1\pm z_2=(x_1\pm x_2)+i(y_1\pm y_2)$;

乘法:$z_1 z_2=(x_1 x_2-y_1 y_2)+i(x_1 y_2+x_2 y_1)$;

除法:当 $z_2\neq 0$ 时,$\dfrac{z_1}{z_2}=\dfrac{z_1\bar{z_2}}{z_2\bar{z_2}}=\dfrac{x_1 x_2+y_1 y_2}{x_2^2+y_2^2}+i\dfrac{x_2 y_1-x_1 y_2}{x_2^2+y_2^2}$.

易知,引入上述四则运算后,全体复数组成一个域,称之为 **复数域**,记作 **C**.

注 显然,作为一个域,**C** 不是有序域,从而任意两个复数不能像实数那样比较大小. 因此,复数之间没有大小(序)关系.

由复数的四则运算及共轭复数的定义容易得到:

(1) $\overline{z_1\pm z_2}=\overline{z_1}\pm\overline{z_2}$;   (2) $\overline{z_1 z_2}=\overline{z_1}\,\overline{z_2}$;

(3) $\overline{\left(\dfrac{z_1}{z_2}\right)}=\dfrac{\overline{z_1}}{\overline{z_2}}$ ($z_2\neq 0$);   (4) $z\bar{z}=(\mathrm{Re}(z))^2+(\mathrm{Im}(z))^2$;

(5) $\mathrm{Re}(z)=\dfrac{1}{2}(z+\bar{z})$;   (6) $\mathrm{Im}(z)=\dfrac{1}{2i}(z-\bar{z})$.

例 1.1 设复数 $z=\dfrac{(-1+\mathrm{i})+(2+3\mathrm{i})}{(2+\mathrm{i})-(1+4\mathrm{i})}$，求 $\bar{z}$，$\mathrm{Re}(z)$，$\mathrm{Im}(z)$.

解 因为
$$z=\dfrac{(-1+\mathrm{i})+(2+3\mathrm{i})}{(2+\mathrm{i})-(1+4\mathrm{i})}=\dfrac{1+4\mathrm{i}}{1-3\mathrm{i}}=\dfrac{(1+4\mathrm{i})(1+3\mathrm{i})}{(1-3\mathrm{i})(1+3\mathrm{i})}=-\dfrac{11}{10}+\dfrac{7}{10}\mathrm{i},$$
所以
$$\bar{z}=-\dfrac{11}{10}-\dfrac{7}{10}\mathrm{i},\quad \mathrm{Re}(z)=-\dfrac{11}{10},\quad \mathrm{Im}(z)=\dfrac{7}{10}.$$

1.1.3 复数的几何表示

从复数相等的规定可以看出，复数 z 与有序实数对 (x,y) 构成一一对应的关系. 因而，在建立了平面直角坐标系 Oxy 的基础上，可以借助横坐标为 x 和纵坐标为 y 的点来表示复数，进而建立起平面上的点与复数之间一一对应的关系. 此时，x 轴称为<u>实轴</u>，y 轴称为<u>虚轴</u>，这两条数轴所在的平面称为<u>复平面</u>或 z 平面.

引入复平面后，可以把"点 z"和"复数 z"作为同义词，"点集"和"复数集"作为同义词，从而便于利用几何知识来研究复变函数的问题，也为复变函数应用于实际奠定了基础.

在复平面上，复数 $z=x+\mathrm{i}y$ 还与从原点指向点 $P(x,y)$ 的平面向量 $\overrightarrow{OP}$ 一一对应，因此复数 z 能用向量 $\overrightarrow{OP}$ 表示(图 1.1). 于是，可以利用复数研究诸如速度、加速度、电(磁)场强度等在实际问题中常见的向量. 向量 z 的长度 r 称为复数 z 的<u>模</u>或<u>绝对值</u>，记作 $|z|$，即
$$|z|=r=\sqrt{x^2+y^2}.$$

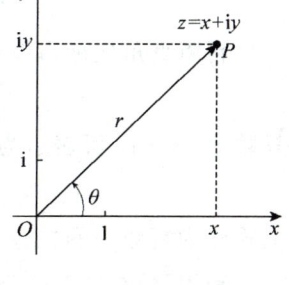

图 1.1

显然，对于任意复数 $z=x+\mathrm{i}y, z_1, z_2$，下面的式子成立：
$$|z|=\sqrt{x^2+y^2},\quad |z|=|\bar{z}|,\quad z\bar{z}=|z|^2,\quad |z_1||z_2|=|z_1 z_2|,$$
$$|z|\leqslant |x|+|y|,\quad |x|\leqslant |z|,\quad |y|\leqslant |z|.$$

例 1.2 对于任意复数 z，$z^2=|z|^2$ 是否成立？如果成立，请给出证明. 如果不成立，对哪些复数 z 成立？

解 设 $z=x+\mathrm{i}y$，则
$$z^2=|z|^2 \Longleftrightarrow x^2-y^2+2xy\mathrm{i}=x^2+y^2$$
$$\Longleftrightarrow x^2-y^2=x^2+y^2, 2xy=0$$
$$\Longleftrightarrow y=0, x\in\mathbf{R}.$$
故 $z^2=|z|^2$ 不是恒等式，只有当 $y=0$，即 z 为实数时，才成立.

如果点 $P(x,y)$ 不是原点，即 $z=x+iy\neq 0$，那么以正实轴（x 轴正半轴）为始边，以表示 z 的向量 $\overrightarrow{OP}$ 为终边的角 θ（图 1.1），称为复数 z 的**辐角**，记为 $\mathrm{Arg}z$. 对于每个 $z\neq 0$，都有无穷多个辐角（$\mathrm{Arg}z$ 为多值函数）. 位于 $(-\pi,\pi]$ 中的那个辐角 θ_0 称为复数 z 的**主辐角**，记作 $\mathrm{arg}z$，则

$$\mathrm{Arg}z = \mathrm{arg}z + 2k\pi \quad (k=0,\pm 1,\pm 2,\cdots). \tag{1.1}$$

当 $z=0$ 时，辐角 $\mathrm{Arg}z$ 没有意义，因为零向量没有确定的方向角；当 $z\neq 0$ 时，$\mathrm{arg}z$ 与 $\arctan\dfrac{y}{x}\left(-\dfrac{\pi}{2}<\arctan\dfrac{y}{x}<\dfrac{\pi}{2}\right)$ 之间有如下关系：

$$\mathrm{arg}z = \begin{cases} \arctan\dfrac{y}{x}, & x>0, \\ \dfrac{\pi}{2}, & x=0, y>0, \\ \arctan\dfrac{y}{x}+\pi, & x<0, y>0, \\ \arctan\dfrac{y}{x}-\pi, & x<0, y<0, \\ -\dfrac{\pi}{2}, & x=0, y<0, \\ \pi, & x<0, y=0. \end{cases} \tag{1.2}$$

利用直角坐标与极坐标之间的关系

$$x=r\cos\theta, \quad y=r\sin\theta,$$

复数 $z=x+iy$ 可表示为

$$z = r(\cos\theta + i\sin\theta). \tag{1.3}$$

上式称为复数 z 的**三角表示式**.

利用欧拉（Euler）公式

$$e^{i\theta} = \cos\theta + i\sin\theta,$$

复数 $z=x+iy$ 还可表示为

$$z = re^{i\theta}, \tag{1.4}$$

其中 $r=|z|$，一般取 $\theta=\mathrm{arg}z$. 上式称为复数 z 的**指数表示式**.

复数的各种表示式可以相互转化，以适应不同问题的需要.

例 1.3 将下列复数分别转化为三角表示式和指数表示式：

(1) $z=-1-i\sqrt{3}$；(2) $z=\sin\dfrac{\pi}{5}+i\cos\dfrac{\pi}{5}$；(3) $z=\dfrac{(\cos 5\varphi+i\sin 5\varphi)^2}{(\cos 3\varphi-i\sin 3\varphi)^3}$.

解 (1) 显然，$r=|z|=\sqrt{1+3}=2$. 由于 z 在第三象限，由 (1.2) 式知

$$\theta_0 = \arg z = \arctan\left(\frac{-\sqrt{3}}{-1}\right) - \pi = -\frac{2\pi}{3},$$

因此 z 的三角表示式为

$$z = 2\left(\cos\left(-\frac{2\pi}{3}\right) + i\sin\left(-\frac{2\pi}{3}\right)\right),$$

指数表示式为

$$z = 2e^{-\frac{2\pi}{3}i}.$$

(2) 易见，$r = |z| = 1$，又

$$\sin\frac{\pi}{5} = \cos\left(\frac{\pi}{2} - \frac{\pi}{5}\right) = \cos\frac{3\pi}{10}, \quad \cos\frac{\pi}{5} = \sin\left(\frac{\pi}{2} - \frac{\pi}{5}\right) = \sin\frac{3\pi}{10},$$

因此 z 的三角表示式为

$$z = \cos\frac{3\pi}{10} + i\sin\frac{3\pi}{10},$$

指数表示式为

$$z = e^{\frac{3}{10}\pi i}.$$

(3) 直接计算得

$$z = \frac{(\cos 5\varphi + i\sin 5\varphi)^2}{(\cos 3\varphi - i\sin 3\varphi)^3} = \frac{e^{10\varphi i}}{(\cos(-3\varphi) + i\sin(-3\varphi))^3}$$

$$= \frac{e^{10\varphi i}}{e^{-9\varphi i}} = e^{19\varphi i} = \cos 19\varphi + i\sin 19\varphi,$$

所以 z 的三角表示式为

$$z = \cos 19\varphi + i\sin 19\varphi,$$

指数表示式为

$$z = e^{19\varphi i}.$$

现在说明复数加、减法的几何意义. 两个复数 z_1, z_2 相加或相减时，其实部和虚部分别相加或相减，因此代表这两个复数的向量应按照平行四边形法则相加或相减，如图 1.2 所示.

根据三角形两边之和不小于第三边，两边之差不大于第三边，由图 1.2 可以得到如下不等式：

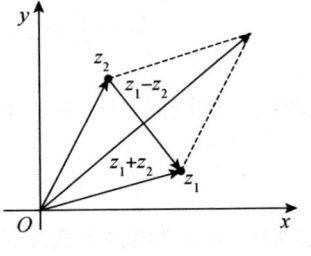

图 1.2

$$|z_1 + z_2| \leqslant |z_1| + |z_2|, \quad |z_1 - z_2| \geqslant ||z_1| - |z_2||,$$

其中 $|z_1 - z_2|$ 在几何上表示点 z_1 与 z_2 之间的距离.

上述关于两个复数和的模的不等式可以推广到有限多个复数 z_1，$z_2,\cdots,z_n$ 的情形：用数学归纳法可以证明
$$|z_1+z_2+\cdots+z_n|\leqslant|z_1|+|z_2|+\cdots+|z_n|.$$

我们还可以用复数形式的方程或不等式表示适合一定条件的几何图形，也可以由给定的复数形式的方程或不等式确定一个几何图形.

例 1.4 复平面上过两点 z_1,z_2 的直线的参数方程为
$$z=z_1+t(z_2-z_1) \quad (-\infty<t<+\infty). \tag{1.5}$$

方程 $|z-z_0|=R$ 表示复平面上以点 z_0 为圆心，R 为半径的圆周[图 1.3(a)]. 特别地，方程为 $|z|=R$ 表示复平面上以原点 O 为圆心，R 为半径的圆周[图 1.3(b)].

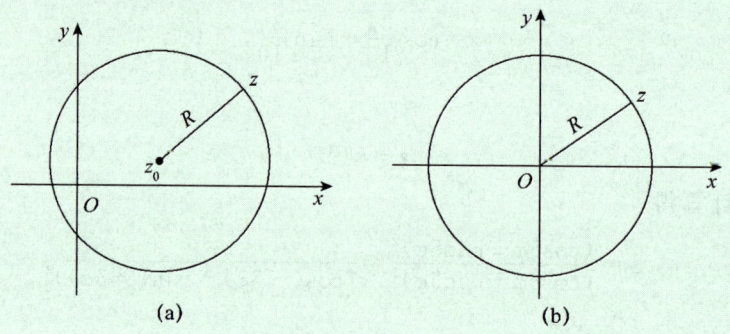

图 1.3

例 1.5 试确定方程 $z=a\cos t+\mathrm{i}b\sin t\,(a,b>0,0\leqslant t\leqslant\pi)$ 所表示的曲线.

解 设 $z=x+\mathrm{i}y$，则由 $\begin{cases}x=a\cos t,\\ y=b\sin t\end{cases}(a,b>0,0\leqslant t\leqslant\pi)$ 知
$$\frac{x^2}{a^2}+\frac{y^2}{b^2}=1 \quad (y\geqslant 0),$$

所以该方程所表示的曲线是椭圆周 $\dfrac{x^2}{a^2}+\dfrac{y^2}{b^2}=1$ 在上半复平面（包括实轴）上的部分.

例 1.6 将下列方程（t 为实参数）所表示的曲线用直角坐标方程表示出来：
(1) $z=t(1+\mathrm{i})$；　　(2) $z=a\cos t+\mathrm{i}a\sin t$（$a$ 为实常数）；
(3) $z=t+\dfrac{\mathrm{i}}{t}$；　　(4) $z=t^2+\dfrac{\mathrm{i}}{t^2}$.

解 (1) 设 $z=x+\mathrm{i}y$, 则
$$z=t(1+\mathrm{i}) \Longleftrightarrow x+\mathrm{i}y=t+\mathrm{i}t \Longleftrightarrow x=t, y=t \Longleftrightarrow y=x.$$

(2) 设 $z=x+\mathrm{i}y$, 则
$$z=a\cos t+\mathrm{i}a\sin t \Longleftrightarrow x=a\cos t, y=a\sin t \Longleftrightarrow x^2+y^2=a^2.$$

(3) 设 $z=x+\mathrm{i}y$, 则
$$z=t+\frac{\mathrm{i}}{t} \Longleftrightarrow x=t, y=\frac{1}{t} \Longleftrightarrow xy=1.$$

(4) 设 $z=x+\mathrm{i}y$, 则
$$z=t^2+\frac{\mathrm{i}}{t^2} \Longleftrightarrow x=t^2, y=\frac{1}{t^2} \Longleftrightarrow xy=1 \ (x,y>0).$$

1.1.4 复球面

除了用平面上的点或向量来表示复数外,还可以用球面上的点来表示复数. 现在我们就来介绍这种表示方法.

取一个与复平面切于原点 O 的球面,球面上的一点 S 与原点重合 (图 1.4),通过 S 作垂直于复平面的直线与球面相交于另一点 N. 我们称 N 为北极, S 为南极.

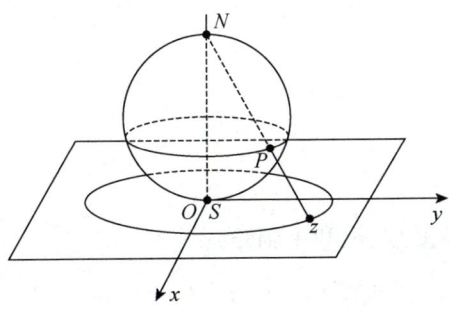

图 1.4

对于复平面上任何一点 z,如果用一条直线把点 z 与北极 N 连接起来,那么该直线一定与球面相交于异于北极 N 的一点 P;反之,对于球面上任何一个异于北极 N 的点 P,用一条直线把点 P 与北极 N 连接起来,这条直线就与复平面相交于一点 z. 这就表明,球面上的点,除去北极 N 外,与复数一一对应. 所以,我们可以用球面上的点来表示复数.

但是,对于球面上的北极 N,还没有复平面上的一个点与它对应. 从图 1.4 中容易看到,当点 z 无限地远离原点时(或者当复数 z 的模

$|z|$ 无限地变大时),点 P 就无限地接近于北极 N. 为了使复平面上的点与球面上的点都能一一对应起来,我们规定:复平面上有唯一一个"无穷远点",它与球面上的北极 N 相对应. 相应地,我们又规定:复数中有唯一一个"无穷大"与复平面上的无穷远点相对应,并把它记作 ∞. 因此,球面上的北极 N 就是复数无穷大 ∞ 的几何表示. 这样,对于球面上的每一点,都有唯一一个复数与之对应. 这样的球面称为<u>复球面</u>或<u>黎曼球面</u>. 我们把包括无穷远点在内的复平面称为<u>扩充复平面</u>. 不包括无穷远点在内的复平面也称为<u>有限复平面</u>. 复球面能把扩充复平面的无穷远点明显地表示出来,这就是它比有限复平面优越的地方.

下面规定关于复数无穷大 ∞ 的运算. 设 z 为复数,规定:

(1) 当 $z \neq \infty$ 时, $z \pm \infty = \infty \pm z = \infty$, $\dfrac{z}{\infty}=0$, $\dfrac{\infty}{z}=\infty$;

(2) 当 $z \neq 0$,但 z 可以为 ∞ 时, $\infty \cdot z = z \cdot \infty = \infty$, $\dfrac{z}{0}=\infty$;

(3) $\infty \pm \infty$, $\infty \cdot 0$, $\dfrac{\infty}{\infty}$, $\dfrac{0}{0}$ 没有意义.

注 ∞ 的实部、虚部及辐角均无意义. 这里我们引入的扩充复平面与无穷远点,在很多讨论中能够带来方便与和谐. 另外,如无特别说明,本书中所提到的复平面一般都指有限复平面.

习题 1.1

1. 求下列复数的实部、虚部、共轭复数、模和主辐角:

(1) $\dfrac{1}{3+2i}$; (2) $\dfrac{1}{i}-\dfrac{3i}{1-i}$;

(3) $\dfrac{(3+4i)(2-5i)}{2i}$; (4) $i^8 - 4i^{21} + i$.

2. 设复数 $z_1 = 2-i, z_2 = 1+i$,运用平行四边形法则表示下列复数所代表的向量:

(1) $z_1 + z_2$; (2) $z_1 - z_2$; (3) $3z_1 - 2z_2$.

3. 求复数 $-1-i$ 与 $-1+3i$ 的辐角及主辐角.

4. 证明虚数单位 i 具有如下性质:

$$-i = \dfrac{1}{i} = \bar{i}.$$

5. 解下列方程：

(1) $iz = 6 - 5iz$；

(2) $\dfrac{1-z}{z} = 1 - 5i$；

(3) $(2-i)z^2 + 6z = 0$；

(4) $z^2 + 25 = 0$.

6. 判断下列命题的真假：

(1) 若 c 为实常数，则 $c = \bar{c}$；

(2) 若 z 为纯虚数，则 $z = \bar{z}$；

(3) $i < 2i$；

(4) 零的辐角是零；

(5) 仅存在一个复数 z，使得 $\dfrac{1}{z} = -z$；

(6) $|z_1 + z_2| = |z_1| + |z_2|$；

(7) $\dfrac{1}{i}\bar{z} = \overline{iz}$.

7. 写出下列复数的三角表示式和指数表示式：

(1) πi；

(2) -2；

(3) $1 - i$；

(4) $\dfrac{1+i}{\sqrt{3}-i}$.

8. 指出下列各式中点 z 的轨迹或所在范围，并作图：

(1) $|z - 1| = 1$；

(2) $|z - i| \geqslant 3$；

(3) $\mathrm{Re}(z - 1) = 1$；

(4) $\mathrm{Im}(z) \leqslant 1$；

(5) $|z - i| = |z + i|$；

(6) $\arg(z - i) = \dfrac{\pi}{4}$.

§1.2 复数的乘幂与方根

1.2.1 复数的乘积与商

由复数乘法的定义我们知道，若用指数形式表示复数 z_1, z_2：
$$z_1 = r_1 e^{i\theta_1}, \quad z_2 = r_2 e^{i\theta_2},$$
则
$$z_1 z_2 = r_1 r_2 e^{i(\theta_1 + \theta_2)}. \tag{1.6}$$

于是，得到下面的定理.

定理 1.1 两个复数乘积的模等于它们的模的乘积；两个复数乘积的辐角等于它们的辐角的和.

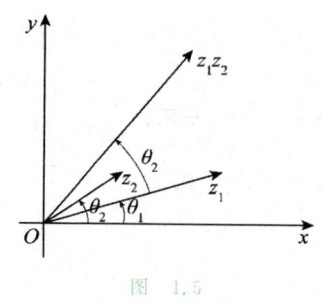

图 1.5

因此，当利用向量来表示复数时，可以说表示乘积 z_1z_2 的向量是从表示 z_1 的向量旋转一个角度 $\theta_2 = \text{Arg} z_2$，并伸长或缩短至 $|z_2|$ 倍得到的，如图 1.5 所示.

由此逐步可证，如果
$$z_k = r_k e^{i\theta_k} = r_k(\cos\theta_k + i\sin\theta_k)$$
$$(k = 1, 2, \cdots, n),$$

那么
$$z_1 z_2 \cdots z_n = r_1 r_2 \cdots r_n e^{i(\theta_1 + \theta_2 + \cdots + \theta_n)}$$
$$= r_1 r_2 \cdots r_n(\cos(\theta_1 + \theta_2 + \cdots + \theta_n) + i\sin(\theta_1 + \theta_2 + \cdots + \theta_n)). \tag{1.7}$$

按照复数除法的定义，当 $z_1 \neq 0$ 时，有
$$\frac{z_2}{z_1} = \frac{r_2}{r_1} e^{i(\theta_2 - \theta_1)}. \tag{1.8}$$

由此得到下面的定理.

定理 1.2 两个复数商的模等于它们的模的商；两个复数商的辐角等于被除数与除数的辐角的差.

例 1.7 将复数 $1+i$ 所对应的向量按顺时针方向旋转 $\dfrac{2\pi}{3}$，求此时向量所对应的复数 z.

解 因为 $1+i = \sqrt{2} e^{\frac{\pi}{4}i}$，所以 $1+i$ 按顺时针方向旋转 $\dfrac{2\pi}{3}$ 得到的复数为
$$z = \sqrt{2} e^{\frac{\pi}{4}i - \frac{2\pi}{3}i} = \sqrt{2} e^{-\frac{5\pi}{12}i}.$$

1.2.2 复数的乘幂

定义 1.1 n 个相同复数 z 的乘积称为 z 的 *n 次幂*，记作 z^n，即
$$z^n = \underbrace{z \cdot z \cdot \cdots \cdot z}_{n\text{个}}.$$

在 (1.7) 式中，如果我们令复数 $z_1, z_2, \cdots, z_n$ 都等于 z，那么对于任何正整数 n，有
$$z^n = r^n(\cos n\theta + i\sin n\theta). \tag{1.9}$$

若规定 $z^0 = 1$，显然上式对 $n = 0$ 也成立. 如果我们定义
$$z^{-n} = \frac{1}{z^n},$$

那么当 n 为负整数时，(1.9)式也是成立的.

特别地，当 z 的模 $r=1$，即 $z=\cos\theta+i\sin\theta$ 时，由(1.7)式有
$$(\cos\theta+i\sin\theta)^n = \cos n\theta + i\sin n\theta. \qquad (1.10)$$
这个公式称为**棣莫弗(De Moivre)公式**. 公式(1.9)及(1.10)有广泛的应用.

例 1.8 计算 $(1+i)^6$ 的值.

解 $1+i=\sqrt{2}\left(\cos\dfrac{\pi}{4}+i\sin\dfrac{\pi}{4}\right)$,

$(1+i)^6=(\sqrt{2})^6\left(\cos\dfrac{\pi}{4}+i\sin\dfrac{\pi}{4}\right)^6=8\left(\cos\dfrac{3\pi}{2}+i\sin\dfrac{3\pi}{2}\right)=-8i.$

例 1.9 如果复数 $z=e^{it}$，证明：

(1) $z^n+\dfrac{1}{z^n}=2\cos nt$；　　(2) $z^n-\dfrac{1}{z^n}=2i\sin nt$.

证明 由 $z=e^{it}$ 得

(1) $z^n+\dfrac{1}{z^n}=e^{nit}+e^{-nit}=\cos nt+i\sin nt+\cos nt-i\sin nt=2\cos nt$；

(2) $z^n-\dfrac{1}{z^n}=e^{nit}-e^{-nit}=\cos nt+i\sin nt-\cos nt+i\sin nt=2i\sin nt$.

1.2.3 复数的方根

下面我们来考虑与上述求复数的乘幂相反的问题：求方程 $w^n=z$ 的根 w，其中 z 为已知复数. 我们称 w 为 z 的 **n 次方根**，记为
$$w=\sqrt[n]{z}.$$

为了求出根 w，令
$$z=r(\cos\theta+i\sin\theta),\quad w=\rho(\cos\varphi+i\sin\varphi).$$
根据棣莫弗公式(1.10),有
$$\rho^n(\cos n\varphi+i\sin n\varphi)=r(\cos\theta+i\sin\theta),$$
所以
$$\rho^n=r,\quad n\varphi=\theta+2k\pi\quad (k=0,\pm 1,\pm 2,\cdots).$$
因此，z 的 n 次方根为
$$w=\sqrt[n]{z}=r^{\frac{1}{n}}\left(\cos\dfrac{\theta+2k\pi}{n}+i\sin\dfrac{\theta+2k\pi}{n}\right)\quad (k=0,\pm 1,\pm 2,\cdots).$$
显然，只要取 $k=0,1,2,\cdots,n-1$，就可以得到 n 个不同的值，依次记为

$w_0, w_1, w_2, \cdots, w_{n-1}$. 当 k 取其他值时,得到的一定是这 n 个值中的一个. 例如,当 $k=n$ 时,

$$w_n = r^{\frac{1}{n}}\left(\cos\frac{\theta+2n\pi}{n} + i\sin\frac{\theta+2n\pi}{n}\right) = r^{\frac{1}{n}}\left(\cos\frac{\theta}{n} + i\sin\frac{\theta}{n}\right) = w_0.$$

因此,$w = \sqrt[n]{z}$ 有 n 个不同的值,为

$$w_k = r^{\frac{1}{n}}\left(\cos\frac{\theta+2k\pi}{n} + i\sin\frac{\theta+2k\pi}{n}\right)$$

$$(k = 0, 1, 2, \cdots, n-1). \tag{1.11}$$

这表明,w 的 n 个值可由 w_0 绕原点依次旋转角度 $0, \dfrac{2\pi}{n}, \dfrac{4\pi}{n}, \cdots,$ $\dfrac{2(n-1)\pi}{n}$ 而得到. 所以,非零复数 z 的 n 个不同的 n 次方根均匀分布在以原点为圆心,$r^{\frac{1}{n}}$ 为半径的圆周的内接正 n 边形的 n 个顶点上(图 1.6 是 $n=6$ 的情形). 值得注意的是,通常我们取 θ 为主辐角.

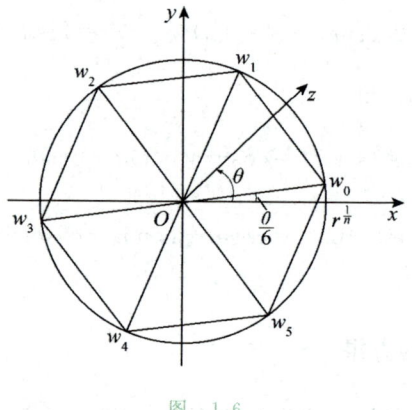

图 1.6

例 1.10 计算 $\sqrt[4]{-16}$ 的值.

解 因为 $-16 = 16(\cos\pi + i\sin\pi)$,所以由公式(1.11)得

$$\sqrt[4]{-16} = 2\left(\cos\frac{\pi+2k\pi}{4} + i\sin\frac{\pi+2k\pi}{4}\right) \quad (k=0,1,2,3).$$

于是,$\sqrt[4]{-16}$ 有四个值,分别如下:

$$w_0 = 2\left(\cos\frac{\pi}{4} + i\sin\frac{\pi}{4}\right) = \sqrt{2} + i\sqrt{2};$$

$$w_1 = 2\left(\cos\frac{3\pi}{4} + i\sin\frac{3\pi}{4}\right) = -\sqrt{2} + i\sqrt{2};$$

$$w_2 = 2\left(\cos\frac{5\pi}{4} + i\sin\frac{5\pi}{4}\right) = -\sqrt{2} - i\sqrt{2};$$

$$w_3 = 2\left(\cos\frac{7\pi}{4} + i\sin\frac{7\pi}{4}\right) = \sqrt{2} - i\sqrt{2}.$$

w_0, w_1, w_2, w_3 恰好是以原点为圆心，2 为半径的圆周 $|z|=2$ 的内接正方形的四个顶点，且

$$w_1 = iw_0, \quad w_2 = iw_1 = -w_0, \quad w_3 = iw_2 = -iw_0.$$

 习题 1.2

1. 一个复数乘以 $-i$，它的模和辐角有何改变？

2. 证明：对于任意整数 n，有 $|z^n| = |z|^n$（当 n 为负数时，$z \neq 0$）.

3. 如果复数 z_1, z_2, z_3 满足等式

$$\frac{z_2 - z_1}{z_3 - z_1} = \frac{z_1 - z_3}{z_2 - z_3},$$

证明：

$$|z_2 - z_1| = |z_3 - z_1| = |z_2 - z_3|.$$

4. 求下列各式的值：

(1) $(1-i)^4$； (2) $\left(\dfrac{1+\sqrt{3}i}{1-\sqrt{3}i}\right)^{10}$；

(3) $\sqrt[3]{-125}$； (4) $\sqrt[4]{1+i}$.

5. 化简 $(1+i)^n + (1-i)^n$，其中 n 是正整数.

6. 求解方程 $z^4 + 256 = 0$.

7. 求解方程 $z^2 - 4iz - (4-9i) = 0$.

8. 如果 $z + \dfrac{1}{z}$ 是实数，证明：$\text{Im}(z) = 0$ 或 $|z| = 1$.

§1.3 区域与复变函数

1.3.1 区域

现在，我们来研究复变量的问题. 同实变量一样，每个复变量都有自己的变化范围. 下面先介绍复平面上邻域、内点、外点、边界点的概念，再给出开集和区域等概念.

定义 1.2　设 z_0 是复平面上的定点,称满足不等式
$$|z-z_0|<\delta \tag{1.12}$$
的一切点所组成的集合 $\{z\mid |z-z_0|<\delta\}$ 为点 z_0 的 δ 邻域,简称邻域,其中 $\delta>0$.

点 z_0 的 δ 邻域实际是以点 z_0 为圆心,δ 为半径的圆周的内部所有点组成的集合,可简记为 $B(z_0,\delta)$. 另外,我们称满足不等式
$$0<|z-z_0|<\delta$$
的所有点组成的集合为 z_0 的去心 δ 邻域,简称去心邻域;而称满足不等式
$$|z|>R \quad (R>0) \tag{1.13}$$
的所有点(包括无穷远点)组成的集合为无穷远点的邻域,并用 $R<|z|<+\infty$ 表示无穷远点的去心邻域.也就是说,在扩充复平面中,去掉圆周 $|z|=R$ 及其内部点的点集为无穷远点的邻域;而在有限复平面中,去掉圆周 $|z|=R$ 及其内部点的点集为无穷远点的去心邻域.

定义 1.3　设 E 是复平面上的点集,z_0 是一个定点.若存在点 z_0 的一个邻域,使得该邻域内的一切点均属于 E,即存在 $\rho>0$,满足
$$B(z_0,\rho)=\{z\mid |z-z_0|<\rho\}\subset E,$$
则称 z_0 为 E 的内点.

定义 1.4　设 E 是复平面上的点集,z_0 是一个定点.若存在点 z_0 的一个邻域,使得该邻域内的一切点均不属于 E,即存在 $\rho>0$,满足
$$B(z_0,\rho)\cap E=\{z\mid |z-z_0|<\rho\}\cap E=\varnothing,$$
则称 z_0 为 E 的外点.

定义 1.5　设 E 是复平面上的点集,z_0 是一个定点.若点 z_0 的任何邻域都含有属于 E 的点和不属于 E 的点,即对于任意 $\rho>0$,存在 $z_1,z_2\in B(z_0,\rho)$,满足
$$z_1\in E, \quad z_2\notin E,$$
则称 z_0 为 E 的边界点.

显然,点集 E 的内点属于 E,而外点不属于 E,但边界点既可能属于 E,也可能不属于 E.

点集 E 的边界点的全体所组成的集合称为 E 的边界,记作 ∂E.

定义 1.6　设 E 是复平面上的点集.若 E 中的点全部是 E 的内点,则称 E 为开集.

定义 1.7　如果复平面上的点集 D 同时满足下列两个条件:

(1) 点集 D 由内点组成；

(2) 具有连通性：点集 D 中的任意两点 z_1, z_2 都可以用一条折线连接起来，且折线上的点全都属于该点集，

那么称 D 为 区域(图 1.7).

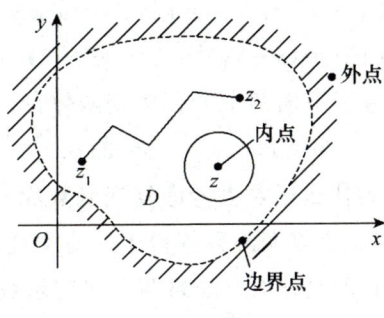

图 1.7

也就是说，连通的开集称为区域．通常把区域与它的边界一起构成的点集称为 闭区域．区域 D 与它的边界一起构成的闭区域记作 $\overline{D}$．区域可分为有界区域和无界区域，区域还有单连通与复连通之分．

定义 1.8 称没有重点的连续曲线为 简单曲线．若简单曲线的两个端点重合，则称它为 简单闭曲线，也称为 约尔当(Jordan)曲线．

设 D 是复平面上的一个区域．若位于 D 内的任何简单闭曲线的内部区域也都包含于 D，则称 D 是 单连通区域；否则，称 D 为 复连通区域．通俗地说，复平面上单连通区域就是不含有"洞"的区域，复连通区域就是含有"洞"的区域．

1.3.2 复变函数

设 G 是复平面上的点集．若对于 G 中任意一点 z，有确定的一个或多个复数 w 和它对应，则我们说在 G 上定义了一个 复变函数(简称 函数)，记作 $w=f(z)$，其中 z 称为 自变量，w 称为 因变量．如果 z 的一个值对应着 w 的一个值，那么称 $f(z)$ 是 单值函数；如果 z 的一个值对应着 w 的两个或两个以上的值，那么称 $f(z)$ 是 多值函数．集合 G 称为 $f(z)$ 的 定义域 或 定义集合；由对应于 G 中所有 z 的一切 w 值组成的集合 G^*，称为 $f(z)$ 的 值域 或 函数值集合．

在本书中，如无特别说明，所讨论的复变函数均指单值函数．另外，类似于实变函数(自变量和函数的取值都是实数)，复变函数也有反函数、复合函数的概念，这里就不再赘述．

由于给定了一个复数 $z = x + \mathrm{i}y$ 就相当于给定了两个实数 x, y，而

复数 $w=u+\mathrm{i}v$ 亦同样地对应着一对实数 u,v，所以复变函数中因变量 w 与自变量 z 之间的关系 $w=f(z)$ 相当于两个关系式：

$$u=u(x,y), \quad v=v(x,y), \tag{1.14}$$

它们确定了以 x,y 为自变量的两个二元实变函数.

例如，考察函数 $w=z^2$. 令 $z=x+\mathrm{i}y, w=u+\mathrm{i}v$，那么

$$u+\mathrm{i}v=(x+\mathrm{i}y)^2=x^2-y^2+2xy\mathrm{i},$$

因而函数 $w=z^2$ 对应于下面两个二元实变函数：

$$u=x^2-y^2, \quad v=2xy.$$

既然如此，我们为什么还要去考虑复变函数呢？实变函数不是更为人们所熟知吗？如果一个复变函数等价于一对实变函数，那么引入较不熟悉的复变函数，其目的是什么？如果两个实变函数 $u(x,y),v(x,y)$ 是随意选定的，二者之间没有特别的联系，那么确实没有必要将它们结合起来作为一个复变函数. 然而，在两个实变函数是紧密相关的一些情况下，把(1.14)式中的两个关系式缩写成一个关系式 $w=f(z)$ 更为有利.

在高等数学中，我们常常把实变函数用几何图形来表示. 这些几何图形可以直观地帮助我们理解和研究实变函数的性质. 对于复变函数，由于它反映了两对变量 u,v 和 x,y 之间的对应关系，因而无法用同一个平面上的几何图形表示出来，必须把它看成两个复平面上的点集之间的对应关系.

如果用 z 平面上的点表示自变量 z 的值，而用另一个复平面——w 平面上的点表示因变量 w 的值，那么函数 $w=f(z)$ 在几何上就可以看作把 z 平面上的一个点集 G（定义域）变到 w 平面上的一个点集 G^*（值域）的映射或变换. 通常称这个映射为由函数 $w=f(z)$ 所构成的映射. 如果 G 中的点 z 被 $w=f(z)$ 映射成 G^* 中的点 w，那么称 w 为点 z 的**像**，而称 z 为点 w 的**原像**.

例 1.11 复变函数 $w=\dfrac{1}{z}$ 把 z 平面上的圆周 $x^2+y^2=4$ 映射成 w 平面上怎样的图形？

解 令 $w=u+\mathrm{i}v, z=x+\mathrm{i}y$，则

$$w=u+\mathrm{i}v=\frac{1}{z}=\frac{1}{x+\mathrm{i}y}=\frac{x-\mathrm{i}y}{x^2+y^2} \Longrightarrow u=\frac{x}{x^2+y^2}, v=\frac{-y}{x^2+y^2}.$$

所以

$$u^2+v^2=\frac{1}{4}.$$

这是一个圆周,即 $w=\dfrac{1}{z}$ 把圆周 $x^2+y^2=4$ 映射成圆周

$$u^2+v^2=\dfrac{1}{4}.$$

例 1.12 研究什么图形经过映射 $w=z^2$ 后变为相互垂直的直线 $u=a,v=b(a,b>0)$.

解 令 $w=u+\mathrm{i}v,z=x+\mathrm{i}y$,则由 $w=(x+\mathrm{i}y)^2=x^2-y^2+2xy\mathrm{i}$ 易得

$$u=x^2-y^2,\quad v=2xy.$$

$w=z^2$ 可以视为从 z 平面到 w 平面的映射. 我们具体考察在 w 平面上相互垂直的直线 $u=a,v=b$,其原像在 z 平面上应该是什么. 由题设得到

$$u=x^2-y^2=a,\quad v=2xy=b\quad (a,b>0),$$

其中 $x^2-y^2=a$ 显然为双曲线,如图 1.8(a)中实线所示;$2xy=b$ 也为双曲线,如图 1.8(a)中虚线所示. 所以,这两条双曲线经过映射 $w=z^2$ 后变为相互垂直的直线 $u=a,v=b$.

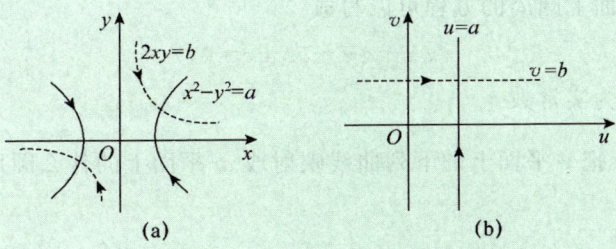

图 1.8

我们还可以进一步观察上述双曲线与直线对应的变化关系. 当点 z 在图 1.8(a)中双曲线 $x^2-y^2=a$ 的右分支上时,由 $u=x^2-y^2=a,v=2xy=b$ 得到

$$v=2y\sqrt{y^2+a},$$

因此该双曲线右分支的像可以表示为参数形式

$$u=a,\quad v=2y\sqrt{y^2+a}.$$

很明显,当点 z 沿该双曲线的右分支向上运动时,它的像沿图 1.8(b)中的直线 $u=a$ 向上运动. 同样,双曲线 $x^2-y^2=a$ 左分支的像的参数形式为

$$u=a,\quad v=-2y\sqrt{y^2+a},$$

且当点 z 沿该双曲线的左分支向下运动时,它的像也沿图 1.8(b)中的直线 $u=a$ 向上运动.

同理,也可以分析另一双曲线 $2xy=b$.

习题 1.3

1. 将方程 $z = ae^{it} + be^{-it}$ (a, b 为实常数)表示的曲线用一个直角坐标方程表示出来.

2. 指出下列各式中点 z 的轨迹或范围,并作图. 如果是区域,那么是有界区域,还是无界区域? 是开区域,还是闭区域? 是单连通区域,还是复连通区域?

   (1) $\text{Im}(z - 4i) = 2$;   (2) $|z + 3i| > 2$;

   (3) $|z - 2| + |z + 2| \leq 6$;   (4) $|z + 2| - |z - 2| > 1$.

3. 证明:如果复数 z 为实系数方程
$$a_0 z^n + a_1 z^{n-1} + \cdots + a_{n-1} z + a_n = 0$$
的根,那么 $\bar{z}$ 也是它的根.

4. 设三点 z_1, z_2, z_3 适合条件 $z_1 + z_2 + z_3 = 0$ 以及 $|z_1| = |z_2| = |z_3| = 1$,证明:$z_1, z_2, z_3$ 是内接于单位圆周 $|z| = 1$ 的正三角形的顶点.

5. 证明:复平面上圆周的方程可以写成
$$z\bar{z} + a\bar{z} + \bar{a}z + c = 0,$$
其中 a 为复常数,c 为实常数.

6. 映射 $w = \dfrac{1}{z}$ 把 z 平面上的下列曲线映射成 w 平面上的什么图形(其中 $z = x + iy$, $w = u + iv$)?

   (1) $x^2 + y^2 = 4$;   (2) $y = x$;

   (3) $y = 0$;   (4) $x = 1$.

§1.4 复变函数的极限和连续性

1.4.1 复变函数的极限

定义 1.9 设函数 $f(z)$ 定义在点 z_0 的去心邻域 $0 < |z - z_0| < \rho$ 上. 如果存在一个确定的常数 A,对于任意给定的 $\varepsilon > 0$,相应地必有一个正数 δ ($0 < \delta \leq \rho$,且 δ 与 ε 有关),使得当 $0 < |z - z_0| < \delta$ 时,有
$$|f(z) - A| < \varepsilon,$$
那么称 A 为 $f(z)$ 当 z 趋于 z_0 时的**极限**,记作
$$\lim_{z \to z_0} f(z) = A \quad \text{或} \quad \text{当 } z \to z_0 \text{ 时}, f(z) \to A.$$

这个定义的几何意义是：当动点 z 进入点 z_0 的充分小的去心 δ 邻域时，它的像 $f(z)$ 就落入 A 的预先任意给定的 ε 邻域中（图 1.9）. 这与一元实变函数极限的几何意义十分类似，只是这里用圆形邻域代替了那里的线形邻域.

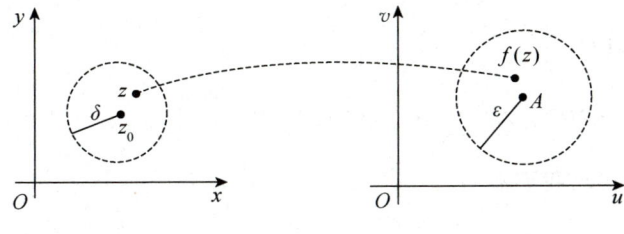

图 1.9

应当注意，定义中 z 趋于 z_0 的方式是任意的. 也就是说，无论 z 从什么方向，以何种方式趋于 z_0（类似于二元实变函数的极限），$f(z)$ 都要趋于同一个常数 A. 这比对一元实变函数极限定义的要求苛刻得多.

根据定义 1.9，容易得到下面两个关于极限计算的定理.

定理 1.3 设函数 $f(z)=u(x,y)+\mathrm{i}v(x,y)$，常数 $A=u_0+\mathrm{i}v_0$，点 $z_0=x_0+\mathrm{i}y_0$，则 $\lim\limits_{z\to z_0}f(z)=A$ 的充要条件是

$$\lim_{\substack{x\to x_0\\ y\to y_0}}u(x,y)=u_0,\quad \lim_{\substack{x\to x_0\\ y\to y_0}}v(x,y)=v_0.$$

这个定理将求复变函数 $f(z)=u(x,y)+\mathrm{i}v(x,y)$ 的极限转化为求两个二元实变函数 $u(x,y),v(x,y)$ 的极限.

定理 1.4 如果 $\lim\limits_{z\to z_0}f(z)=A,\lim\limits_{z\to z_0}g(z)=B$，那么

(1) $\lim\limits_{z\to z_0}(f(z)\pm g(z))=A\pm B$；

(2) $\lim\limits_{z\to z_0}f(z)g(z)=AB$；

(3) $\lim\limits_{z\to z_0}\dfrac{f(z)}{g(z)}=\dfrac{A}{B}$ $(B\neq 0)$.

例 1.13 计算极限 $\lim\limits_{z\to 2}\dfrac{z^2-4}{z-2}$ 及 $\lim\limits_{z\to 1+\mathrm{i}}\overline{z}$.

解 $\lim\limits_{z\to 2}\dfrac{z^2-4}{z-2}=\lim\limits_{z\to 2}\dfrac{(z-2)(z+2)}{z-2}=\lim\limits_{z\to 2}(z+2)=4$，

$\lim\limits_{z\to 1+\mathrm{i}}\overline{z}=\overline{1-\mathrm{i}}{1+\mathrm{i}}=-\mathrm{i}$.

例 1.14 证明：当 $z \to 0$ 时，函数 $f(z) = \dfrac{\mathrm{Re}(z)}{|z|}$ 的极限不存在.

证明 令 $z = x + \mathrm{i}y$，则
$$f(z) = \frac{\mathrm{Re}(z)}{|z|} = \frac{x}{\sqrt{x^2+y^2}}.$$

记 $f(z) = u(x,y) + \mathrm{i}v(x,y)$，则有
$$u(x,y) = \frac{x}{\sqrt{x^2+y^2}}, \quad v(x,y) = 0.$$

让 (x,y) 沿直线 $y = kx$ 趋于 $(0,0)$，我们有
$$\lim_{\substack{y=kx\\x\to 0}} u(x,y) = \lim_{\substack{y=kx\\x\to 0}} \frac{x}{\sqrt{x^2+y^2}} = \lim_{\substack{y=kx\\x\to 0}} \frac{x}{\sqrt{(1+k^2)x^2}} = \pm\frac{1}{\sqrt{1+k^2}}.$$

显然，上式极限随着 k 的不同而不同，所以 $\lim\limits_{\substack{x\to 0\\y\to 0}} u(x,y)$ 不存在. 虽然 $\lim\limits_{\substack{x\to 0\\y\to 0}} v(x,y) = 0$，但根据定理 1.3，极限 $\lim\limits_{z\to 0} f(z)$ 不存在.

例 1.14 也可以用另一种方法证明：

令 $z = r(\cos\theta + \mathrm{i}\sin\theta)$，则
$$f(z) = \frac{\mathrm{Re}(z)}{z} = \frac{r\cos\theta}{r} = \cos\theta.$$

所以，当 $z \to 0$ 时，$f(z)$ 不趋于任何一个定值. 故极限 $\lim\limits_{z\to 0} f(z)$ 不存在.

注 （1）一般来说，若要证明极限 $\lim\limits_{z\to z_0} f(z)$ 不存在，只要证明当 z 沿着两条不同路径趋于 z_0 时 $f(z)$ 的极限不相等即可；相反，若要证明极限 $\lim\limits_{z\to z_0} f(z)$ 存在，尽管验证了 z 沿无穷多条路径趋于 z_0 时 $f(z)$ 的极限存在且相等，也不能保证极限 $\lim\limits_{z\to z_0} f(z)$ 存在.

（2）将复变函数的极限作为一个整体时，它的计算与一元实变函数极限的计算相同，但如果按照实部与虚部形式展开复变函数，那么它的计算与二元实变函数极限的计算相同. 当然，复变函数也可按照其他两种形式（三角表示式和指数表示式）展开，进而计算它的极限.

1.4.2 复变函数的连续性

定义 1.10 如果 $\lim\limits_{z\to z_0} f(z) = f(z_0)$，那么称函数 $f(z)$ **在点 z_0 处连续**；如果 $f(z)$ 在区域 D 内处处连续，那么称 $f(z)$ **在区域 D 内连续**，也称 $f(z)$ 为区域 D 上的**连续函数**.

根据定义 1.10 和定理 1.3，容易证明下面的定理.

定理 1.5 函数 $f(z)=u(x,y)+iv(x,y)$ 在点 $z_0=x_0+iy_0$ 处连续的充要条件是函数 $u(x,y)$ 与 $v(x,y)$ 在点 (x_0,y_0) 处连续.

由定理 1.4 和定理 1.5,还可以推得下面的定理.

定理 1.6 (1) 在点 z_0 处连续的两个函数 $f(z)$ 与 $g(z)$ 的和、差、积、商(分母在点 z_0 处不为零)在点 z_0 处仍连续;

(2) 如果函数 $h=g(z)$ 在点 z_0 处连续,函数 $w=f(h)$ 在相应点 $h_0=g(z_0)$ 处连续,那么复合函数 $w=f(g(z))$ 在点 z_0 处连续.

从以上这些定理,我们可以推得有理整式(多项式)

$$w=P(z)=a_0+a_1z+a_2z^2+\cdots+a_nz^n$$

在复平面上任意点 z 处都是连续的;而有理分式

$$w=\frac{P(z)}{Q(z)}$$

在复平面上除去分母为零的点外是处处连续的,其中

$$P(z)=a_0+a_1z+a_2z^2+\cdots+a_nz^n,$$
$$Q(z)=b_0+b_1z+b_2z^2+\cdots+b_mz^m$$

为多项式.这些结论同实变函数极限的相应结论是一致的.

定义 1.11 设函数 $f(z)$ 在区域 D 上有定义.如果对于任意给定的 $\varepsilon>0$,存在 $\delta>0$,使得对于区域 D 内的任意两点 z' 和 z'',当满足 $|z'-z''|<\delta$ 时,有 $|f(z')-f(z'')|<\varepsilon$,则称 $f(z)$ 在 D 上**一致连续**.

有界闭区域上的连续函数具有下列几个**性质**:

(1) 有界闭区域 $\overline{D}$ 上的连续函数 $f(z)$ 是有界的;

(2) 有界闭区域 $\overline{D}$ 上的连续函数 $f(z)$ 的模 $|f(z)|$ 在 $\overline{D}$ 上至少取得最大值与最小值各一次;

(3) 有界闭区域 $\overline{D}$ 上的连续函数 $f(z)$ 在 $\overline{D}$ 上是一致连续的.

习题 1.4

1. 计算下列函数的极限:

(1) $\lim\limits_{z\to 1}\dfrac{z^2-1}{z-1}$;   (2) $\lim\limits_{z\to 0}(1-z)^{\frac{1}{z}}$.

2. 设函数 $f(z)=\begin{cases}\dfrac{xy}{x^2+y^2}, & z\neq 0 \\ 0, & z=0\end{cases}$ $(z=x+iy)$,证明: $f(z)$ 在原点处的极限不存在.

3. 讨论函数 $f(z)=z^3\text{Im}(z)$ 在复平面上的连续性.

4. 设函数 $f(z)$ 在点 z_0 处连续,且 $f(z_0)\neq 0$,证明:可以找到点 z_0 的一个邻域,使得在这个邻域内有 $f(z)\neq 0$.

5. 证明:连续函数 $f(z)$ 的模 $|f(z)|$ 也是连续的.

6. 证明:$\arg z$ 在原点与负实轴上不连续.

第 2 章 解析函数

复变函数的主要研究对象是解析函数.本章首先介绍复变函数的导数概念和求导法则,并在此基础上着重介绍解析函数的概念、柯西-黎曼(Cauchy-Riemann)条件及其判别方法;然后,介绍一些常见的初等函数,说明它们的解析性;最后,介绍解析函数的背景与历史注记.

复变函数 $w=f(z)$ 是从 z 平面到 w 平面的一个映射,记 $z=x+\mathrm{i}y$(以下均默认这一记法),则它可以表示为如下形式:
$$f(z)=u(x,y)+\mathrm{i}v(x,y).$$
由于
$$x=\frac{z+\bar{z}}{2}, \quad y=\frac{z-\bar{z}}{2\mathrm{i}},$$
故 $u(x,y)$ 和 $v(x,y)$ 是关于 z 和 $\bar{z}$ 的复变函数,从而 $f(z)$ 是关于 z 和 $\bar{z}$ 的复变函数. 而直观地说,解析函数是与 $\bar{z}$ 无关的复变函数.

§2.1 解析函数的概念

2.1.1 复变函数的导数

定义 2.1 设 $f(z)$ 是定义在点 z_0 的某个邻域上的函数. 若极限
$$\lim_{\Delta z \to 0}\frac{f(z_0+\Delta z)-f(z_0)}{\Delta z}$$
存在,则称 $f(z)$ 在点 z_0 处**可导**,并称该极限为 $f(z)$ 在点 z_0 处的**导数**,记作 $f'(z_0)$ 或 $\dfrac{\mathrm{d}f}{\mathrm{d}z}(z_0)$,即
$$f'(z_0)=\frac{\mathrm{d}f}{\mathrm{d}z}(z_0)=\lim_{\Delta z \to 0}\frac{f(z_0+\Delta z)-f(z_0)}{\Delta z}.$$

注 (1) 导数 $f'(z_0)$ 的定义形式还可以写成
$$f'(z_0)=\lim_{\Delta z \to 0}\frac{f(z_0+\Delta z)-f(z_0)}{\Delta z}=\lim_{z \to z_0}\frac{f(z)-f(z_0)}{z-z_0}.$$

(2) 由于 Δz 是复数,故它可以沿任意方向趋于 0,从而导数存在要求与 Δz 趋于 0 的方式无关,即无论以何种方式趋于 0,都要求比值 $\dfrac{f(z_0+\Delta z)-f(z_0)}{\Delta z}$ 趋于同一个常数. 这一限制比一元实变函数可导时的限制要严格得多,从而使得可导的复变函数具有许多独特的性质和应用.

如果函数 $f(z)$ 在区域 D 内处处可导,那么称 $f(z)$ 在**区域 D 内可导**,也称 $f(z)$ 为区域 D 上的**可导函数**. 这时对于区域 D 内的每一点 z,都有确定的导数与之对应,从而定义了区域 D 上的一个函数,称之为 $f(z)$ 的**导数函数**(简称**导数**),记为 $f'(z)$ 或 $\dfrac{\mathrm{d}f}{\mathrm{d}z}$,即

$$f'(z) = \frac{\mathrm{d}f}{\mathrm{d}z} = \lim_{\Delta z \to 0} \frac{f(z+\Delta z) - f(z)}{\Delta z}.$$

易见，由 $f(z)$ 可导可以推出 $f(z)$ 连续；反之，不一定成立.

例 2.1 判断下列函数是否可导，若可导，求出其导数：
(1) $f(z) = z^2$； (2) $f(z) = x + 2y\mathrm{i}$.

解 (1) 由于
$$\lim_{\Delta z \to 0} \frac{f(z+\Delta z) - f(z)}{\Delta z} = \lim_{\Delta z \to 0} \frac{(z+\Delta z)^2 - z^2}{\Delta z} = \lim_{\Delta z \to 0}(2z + \Delta z) = 2z,$$
因此 $f(z) = z^2$ 可导，且 $f'(z) = 2z$.

(2) $\lim_{\Delta z \to 0} \dfrac{f(z+\Delta z) - f(z)}{\Delta z} = \lim_{\Delta z \to 0} \dfrac{x + \Delta x + 2(y+\Delta y)\mathrm{i} - x - 2y\mathrm{i}}{\Delta z} = \lim_{\Delta z \to 0} \dfrac{\Delta x + 2\Delta y\mathrm{i}}{\Delta x + \Delta y\mathrm{i}}.$

考虑让 Δz 沿直线 $\Delta y = k\Delta x$ 趋于 0. 这时有
$$\lim_{\Delta z \to 0} \frac{\Delta x + 2\Delta y\mathrm{i}}{\Delta x + \Delta y\mathrm{i}} = \lim_{\Delta y = k\Delta x \to 0} \frac{\Delta x + 2k\Delta x\mathrm{i}}{\Delta x + k\Delta x\mathrm{i}} = \lim_{\Delta y = k\Delta x \to 0} \frac{1 + 2k\mathrm{i}}{1 + k\mathrm{i}} = \frac{1 + 2k\mathrm{i}}{1 + k\mathrm{i}}.$$

该极限随着 k 的不同而不同，与极限的唯一性矛盾，从而 $f(z) = x + 2y\mathrm{i}$ 处处不可导.

注意到，函数 $f(z) = z^2$ 的求导方法和实变函数情形下的求导方法相同. 事实上，根据定义 2.1，复变函数的求导方法完全类似于实变函数的求导方法，因而实变函数的求导法则都可以推广到复变函数上，而且证法也是完全类似的. 现将这些求导法则罗列在一起：

(1) $(f(z) \pm g(z))' = f'(z) \pm g'(z)$；

(2) $(f(z)g(z))' = f'(z)g(z) + f(z)g'(z)$；

(3) $\left(\dfrac{f(z)}{g(z)}\right)' = \dfrac{f'(z)g(z) - f(z)g'(z)}{(g(z))^2}$，其中 $g(z) \neq 0$；

(4) **复合函数求导法则**：设 $h(z) = g(f(z))$，则
$$h'(z) = (g(f(z)))' = g'(f(z))f'(z)；$$

(5) **反函数求导法则**：$f'(z) = \dfrac{1}{g'(w)}$，其中 $w = f(z)$ 与 $z = g(w)$ 是两个互为反函数的单值函数，且 $g'(w) \neq 0$.

2.1.2 复变函数的微分

和导数概念的情形一样，复变函数的微分概念与实变函数的微分概念在形式上完全相同.

定义 2.2 设函数 $w = f(z)$ 在点 z_0 处可导，则

$$f'(z_0) = \lim_{\Delta z \to 0} \frac{f(z_0 + \Delta z) - f(z_0)}{\Delta z}.$$

由此得

$$\frac{f(z_0 + \Delta z) - f(z_0)}{\Delta z} = f'(z_0) + \rho(\Delta z),$$

其中 $\lim_{\Delta z \to 0} \rho(\Delta z) = 0$,于是有

$$\Delta w = f(z_0 + \Delta z) - f(z_0) = f'(z_0)\Delta z + \rho(\Delta z)\Delta z,$$

且 $|\rho(\Delta z)\Delta z|$ 是 $|\Delta z|$ 的高阶无穷小. 把 $f'(z_0)\Delta z$ 称为 $w = f(z)$ 在点 z_0 处的**微分**,记作 $\mathrm{d}w$,即 $\mathrm{d}w = f'(z_0)\Delta z$. 这时也称 $w = f(z)$ 在点 z_0 处**可微**.

特别地,当 $f(z) = z$ 时,有 $\mathrm{d}z = \Delta z$. 于是,微分 $\mathrm{d}w = f'(z_0)\Delta z$ 通常写成以下形式:

$$\mathrm{d}w = f'(z_0)\mathrm{d}z.$$

如果函数 $w = f(z)$ 在区域 D 内处处可微,则称 $w = f(z)$ **在 D 内可微**,也称 $w = f(z)$ 为 D 上的**可微函数**.

显然,函数 $w = f(z)$ 可导与可微是等价的,且 $w = f(z)$ 的导数与微分之间有如下关系:

$$\mathrm{d}w = f'(z)\mathrm{d}z.$$

2.1.3 解析函数的概念

在复变函数理论中,重要的不是只在个别点处可导的函数,而是所谓的解析函数.

定义 2.3 如果函数 $f(z)$ 在点 z_0 的某个邻域内处处可导,那么称 $f(z)$ 在点 z_0 处**解析**.

如果函数 $f(z)$ 在区域 D 内每一点都解析,那么称 $f(z)$ 在**区域 D 内解析**,也称 $f(z)$ 为 D 上的**解析函数**或**全纯函数**. 如果 $f(z)$ 在点 z_0 处不解析,那么称 z_0 为 $f(z)$ 的**奇点**.

由定义 2.3 可知,若函数 $f(z)$ 在点 z_0 处解析,则它必在该点处可导;反之,不一定成立. 所以,函数 $f(z)$ 在一点处解析比在该点处可导的要求高. 不过,函数 $f(z)$ 在一个区域内解析与在该区域内可导是等价的. 从例 2.1 易见,函数 $f(z) = z^2$ 在复平面内是解析的,而函数 $f(z) = x + 2y\mathrm{i}$ 却处处不解析.

根据求导法则,不难证明下面的定理.

定理 2.1 (1) 在区域 D 内解析的两个函数 $f(z)$ 与 $g(z)$ 的和、差、积、商(除去分母为零的点)在 D 内解析.

(2) 设函数 $h=g(z)$ 在 z 平面上的区域 D 内解析,函数 $w=f(h)$ 在 h 平面上的区域 G 内解析.如果对 D 内的每一点 z,函数 $g(z)$ 的对应值 h 都属于 G,那么复合函数 $w=f(g(z))$ 在 D 内解析.

从这个定理可以推出,所有多项式在复平面内是处处解析的,任何一个有理分式在不含分母为零的点的区域内是解析的,分母为零的点是它的奇点.

例 2.2 求函数 $f(z)=\dfrac{z+1}{z(z^2+1)}$ 及 $g(z)=\dfrac{z-2}{(z+1)^2(z^2+4)}$ 的奇点.

解 $f(z),g(z)$ 都是有理分式.当且仅当 $z=0,\pm i$ 时,$f(z)$ 的分母 $z(z^2+1)=0$;当且仅当 $z=-1,\pm 2i$ 时,$g(z)$ 的分母 $(z+1)^2(z^2+4)=0$.所以,$f(z)$ 的奇点为 $z=0,\pm i$;$g(z)$ 的奇点为 $z=-1,\pm 2i$.

例 2.3 讨论函数 $w=\dfrac{1}{z^2}$ 的解析性.

解 因为
$$\frac{\mathrm{d}w}{\mathrm{d}z}=-\frac{2}{z^3} \quad (z\neq 0),$$
所以 $w=\dfrac{1}{z^2}$ 在复平面内除点 $z=0$ 外处处可导,从而在复平面内除点 $z=0$ 外处处解析,而 $z=0$ 是它的奇点.

习题 2.1

1. 利用导数的定义证明:

(1) $(z^4)'=4z^3$; (2) $\left(-\dfrac{1}{z}\right)'=\dfrac{1}{z^2}$.

2. 求下列函数的奇点:

(1) $f(z)=\dfrac{z-1}{z^2(z+1)}$; (2) $f(z)=\dfrac{z+1}{(z^2+4)(z-1)}$.

3. 判别下列命题的真假:

(1) 若 z_0 为函数 $f(z)$ 的一个奇点,那么 $f'(z_0)$ 在点 z_0 处不存在;

(2) 若函数 $f(z)$ 在区域 D 内解析,那么函数 $2iz^2 f(z)$ 在 D 内也解析.

4. 下列函数在何处有导数？并求出其导数.

(1) $(z-1)^n$； (2) $\dfrac{1}{z^2-1}$； (3) $\dfrac{az+b}{cz+d}$ $\begin{pmatrix} a,b,c,d \text{ 为常数,} \\ \text{且 } c,d \text{ 不全为零} \end{pmatrix}$

(4) $\bar{z}$； (5) $|z|^2 z$； (6) z^3+2iz.

5. 函数的可导性与解析性有什么不同？

6. 证明：若函数 $f(z),g(z)$ 在点 z_0 处解析，且 $f(z_0)=g(z_0)=0$，但 $g'(z_0)\neq 0$，则
$$\lim_{z\to z_0}\frac{f(z)}{g(z)}=\lim_{z\to z_0}\frac{f'(z)}{g'(z)}.$$

§2.2 函数解析的充要条件

在上一节中我们发现，要判断一个函数是否解析，如果只根据解析函数的定义，这往往是困难的. 因此，需要寻找判断函数解析性的简便方法.

函数 $f(z)=u(x,y)+iv(x,y)$ 连续的充要条件是二元实变函数 $u(x,y),v(x,y)$ 均连续. 那么，我们自然要问：对函数 $f(z)=u(x,y)+iv(x,y)$ 可导性的判断能否转化为判断二元实变函数 $u(x,y),v(x,y)$ 是否存在偏导数呢？我们前面讨论了函数 $f(z)=x+2yi$ 的可导性及连续性，该函数在复平面内处处连续，而且 $u(x,y)=x,v(x,y)=2y$ 的所有偏导数均存在且连续，但该函数在复平面内处处不可导. 也就是说，一个复变函数的可导性并不等价于它的实部 $u(x,y)$ 与虚部 $v(x,y)$ 的可导性.

如果函数 $f(z)$ 可导，那么它的实部 $u(x,y)$ 与虚部 $v(x,y)$ 应满足什么条件呢？下面的定理回答了这一问题.

定理 2.2　设函数 $f(z)=u(x,y)+iv(x,y)$ 在区域 D 上有定义，$z=x+iy$ 是 D 内的一点，则 $f(z)$ 在点 z 处可导（可微）的充要条件是函数 $u(x,y),v(x,y)$ 在点 (x,y) 处可微，并且满足

$$\frac{\partial u}{\partial x}=\frac{\partial v}{\partial y},\quad \frac{\partial u}{\partial y}=-\frac{\partial v}{\partial x}. \tag{2.1}$$

这里(2.1)式称为**柯西-黎曼条件**或**柯西-黎曼方程**，也称 **C-R 条件**或 **C-R 方程**.

证明　必要性　若 $f(z)$ 在点 $z\in D$ 处可导（可微），则有
$$\Delta f=f'(z)\Delta z+\rho(\Delta z)\Delta z,$$

且$|\rho(\Delta z)\Delta z|$是$|\Delta z|$的高阶无穷小. 令
$$f'(z)=a+\mathrm{i}b, \quad \rho(\Delta z)=\rho_1+\mathrm{i}\rho_2,$$
由于$\Delta z=\Delta x+\mathrm{i}\Delta y, \Delta f=\Delta u+\mathrm{i}\Delta v$, 则有
$$\begin{aligned}\Delta u+\mathrm{i}\Delta v &=(a+\mathrm{i}b)(\Delta x+\mathrm{i}\Delta y)+(\rho_1+\mathrm{i}\rho_2)(\Delta x+\mathrm{i}\Delta y)\\ &=a\Delta x-b\Delta y+\rho_1\Delta x-\rho_2\Delta y+\mathrm{i}(b\Delta x+a\Delta y+\rho_2\Delta x+\rho_1\Delta y),\end{aligned}$$
从而
$$\begin{cases}\Delta u=a\Delta x-b\Delta y+\rho_1\Delta x-\rho_2\Delta y,\\ \Delta v=b\Delta x+a\Delta y+\rho_2\Delta x+\rho_1\Delta y.\end{cases}$$
由于$\lim\limits_{\Delta z\to 0}\rho(\Delta z)=0$, 根据函数极限存在的必要条件, 有
$$\lim_{\Delta z\to 0}\rho_1=0, \quad \lim_{\Delta z\to 0}\rho_2=0,$$
因此
$$\begin{aligned}\Delta u &=a\Delta x-b\Delta y+\rho_1\Delta x-\rho_2\Delta y\\ &=a\Delta x-b\Delta y+o(\sqrt{(\Delta x)^2+(\Delta y)^2}),\\ \Delta v &=b\Delta x+a\Delta y+\rho_2\Delta x+\rho_1\Delta y\\ &=b\Delta x+a\Delta y+o(\sqrt{(\Delta x)^2+(\Delta y)^2}).\end{aligned}$$
所以, $u(x,y)$和$v(x,y)$在点(x,y)处可微, 而且满足方程
$$\frac{\partial u}{\partial x}=\frac{\partial v}{\partial y}=a, \quad \frac{\partial u}{\partial y}=-\frac{\partial v}{\partial x}=-b.$$
这就是$f(z)=u(x,y)+\mathrm{i}v(x,y)$在区域$D$内点$z=x+\mathrm{i}y$处可导的必要条件.

充分性 由于$\Delta f=\Delta u+\mathrm{i}\Delta v$, 又知$u(x,y)$和$v(x,y)$在点$(x,y)$处可微, 可得
$$\begin{aligned}\Delta u &=\frac{\partial u}{\partial x}\Delta x+\frac{\partial u}{\partial y}\Delta y+o(\sqrt{(\Delta x)^2+(\Delta y)^2})\\ &=\frac{\partial u}{\partial x}\Delta x+\frac{\partial u}{\partial y}\Delta y+\varepsilon_1\Delta x+\varepsilon_2\Delta y,\\ \Delta v &=\frac{\partial v}{\partial x}\Delta x+\frac{\partial v}{\partial y}\Delta y+o(\sqrt{(\Delta x)^2+(\Delta y)^2})\\ &=\frac{\partial v}{\partial x}\Delta x+\frac{\partial v}{\partial y}\Delta y+\varepsilon_3\Delta x+\varepsilon_4\Delta y,\end{aligned}$$
其中$\lim\limits_{\substack{\Delta x\to 0\\ \Delta y\to 0}}\varepsilon_k=0 \ (k=1,2,3,4)$, 因此
$$\begin{aligned}\Delta f &=f(z+\Delta z)-f(z)\\ &=\left(\frac{\partial u}{\partial x}+\mathrm{i}\frac{\partial v}{\partial x}\right)\Delta x+\left(\frac{\partial u}{\partial y}+\mathrm{i}\frac{\partial v}{\partial y}\right)\Delta y+(\varepsilon_1+\mathrm{i}\varepsilon_3)\Delta x+(\varepsilon_2+\mathrm{i}\varepsilon_4)\Delta y.\end{aligned}$$
根据C-R条件

$$\frac{\partial u}{\partial x}=\frac{\partial v}{\partial y}, \quad \frac{\partial u}{\partial y}=-\frac{\partial v}{\partial x}=i^2\frac{\partial v}{\partial x},$$

得

$$\begin{aligned}\Delta f &= f(z+\Delta z)-f(z)\\ &=\left(\frac{\partial u}{\partial x}+i\frac{\partial v}{\partial x}\right)(\Delta x+i\Delta y)+(\varepsilon_1+i\varepsilon_3)\Delta x+(\varepsilon_2+i\varepsilon_4)\Delta y\end{aligned}$$

或

$$\frac{f(z+\Delta z)-f(z)}{\Delta z}=\frac{\partial u}{\partial x}+i\frac{\partial v}{\partial x}+(\varepsilon_1+i\varepsilon_3)\frac{\Delta x}{\Delta z}+(\varepsilon_2+i\varepsilon_4)\frac{\Delta y}{\Delta z}.$$

因为 $\left|\frac{\Delta x}{\Delta z}\right|\leqslant 1, \left|\frac{\Delta y}{\Delta z}\right|\leqslant 1$,所以当 $\Delta z\to 0$ 时,上式右端最后两项都趋于 0.因此

$$f'(z)=\lim_{\Delta z\to 0}\frac{f(z+\Delta z)-f(z)}{\Delta z}=\frac{\partial u}{\partial x}+i\frac{\partial v}{\partial x}.$$

这就是说,$f(z)=u(x,y)+iv(x,y)$ 在区域 D 内点 $z=x+iy$ 处可导.

由定理 2.2 的证明及 C-R 条件,立即可以得到函数 $f(z)=u(x,y)+iv(x,y)$ 在点 $z=x+iy$ 处的导数公式:

$$f'(z)=\frac{\partial u}{\partial x}+i\frac{\partial v}{\partial x}. \tag{2.2}$$

当然,还可以根据具体的题目条件,利用 C-R 条件将公式(2.2)换成其他形式.

由此就可以得出函数解析的充要条件.

定理 2.3 函数 $f(z)=u+iv$ 在区域 D 内解析的充要条件是函数 $u=u(x,y),v=v(x,y)$ 在 D 内可微,且满足 C-R 条件

$$\frac{\partial u}{\partial x}=\frac{\partial v}{\partial y}, \quad \frac{\partial u}{\partial y}=-\frac{\partial v}{\partial x}.$$

定理 2.2 和定理 2.3 是本章的主要定理,它们不但提供了判断函数 $f(z)$ 在某一点处是否可导和在某一区域内是否解析的常用方法,而且给出了一个简单的导数公式——(2.2)式.

满足 C-R 条件是定理 2.3 的主要条件.如果函数 $f(z)$ 在区域 D 内不满足 C-R 条件,那么 $f(z)$ 在 D 内不可导(不解析);如果函数 $f(z)$ 在区域 D 内满足 C-R 条件,并且 $u(x,y)$ 和 $v(x,y)$ 在 D 内具有一阶连续偏导数(因而 $u(x,y)$ 和 $v(x,y)$ 在 D 内可微),那么 $f(z)$ 在 D 内可导(解析).反之,若函数 $f(z)$ 在区域 D 可导(解析),则 C-R 条件必成立.

例 2.4 判断下列函数在何处可导,在何处解析:

(1) $f(z)=x+2y\mathrm{i}$; (2) $f(z)=z\mathrm{Re}(z)$;

(3) $f(z)=\mathrm{e}^x(\cos y+\mathrm{i}\sin y)$.

解 (1) 因为 $u(x,y)=x$, $v(x,y)=2y$,所以

$$\frac{\partial u}{\partial x}=1,\quad \frac{\partial u}{\partial y}=0,\quad \frac{\partial v}{\partial x}=0,\quad \frac{\partial v}{\partial y}=2.$$

可见不满足 C-R 条件,因此 $f(z)=x+2y\mathrm{i}$ 在复平面内处处不可导,处处不解析.

(2) 由 $f(z)=z\mathrm{Re}(z)=(x+\mathrm{i}y)x$ 得 $u(x,y)=x^2$, $v(x,y)=xy$,所以

$$\frac{\partial u}{\partial x}=2x,\quad \frac{\partial u}{\partial y}=0,\quad \frac{\partial v}{\partial x}=y,\quad \frac{\partial v}{\partial y}=x.$$

容易看出,这四个偏导数处处连续,但是仅当 $x=y=0$ 时,它们才满足 C-R 条件,因而 $f(z)$ 仅在点 $z=0$ 处可导,在复平面内处处不解析.

(3) 因为 $u(x,y)=\mathrm{e}^x\cos y$, $v(x,y)=\mathrm{e}^x\sin y$,所以

$$\frac{\partial u}{\partial x}=\mathrm{e}^x\cos y,\quad \frac{\partial u}{\partial y}=-\mathrm{e}^x\sin y,$$

$$\frac{\partial v}{\partial x}=\mathrm{e}^x\sin y,\quad \frac{\partial v}{\partial y}=\mathrm{e}^x\cos y.$$

从而

$$\frac{\partial u}{\partial x}=\frac{\partial v}{\partial y},\quad \frac{\partial v}{\partial x}=-\frac{\partial u}{\partial y}.$$

又由于上述四个偏导数都是连续的,所以 $f(z)$ 在复平面内处处可导,处处解析,并且根据 (2.2) 式有

$$f'(z)=\frac{\partial u}{\partial x}+\mathrm{i}\frac{\partial v}{\partial x}=\mathrm{e}^x(\cos y+\mathrm{i}\sin y)=f(z).$$

注 例 2.4(3)中函数 $f(z)$ 的特点在于它的导数是其本身,以后我们将知道这个函数就是复变函数中的指数函数.

例 2.5 设 $f(z)=my^3+nx^2y+\mathrm{i}(x^3+lxy^2)$ 为解析函数,试确定实常数 l,m,n 的值.

解 这里 $u(x,y)=my^3+nx^2y$, $v(x,y)=x^3+lxy^2$. 由于 $f(z)$ 为解析函数,因此 C-R 条件成立,即

$$\frac{\partial u}{\partial x}=\frac{\partial v}{\partial y},\quad \frac{\partial u}{\partial y}=-\frac{\partial v}{\partial x},$$

从而

$$2nxy=2lxy,\ 3my^2+nx^2=-3x^2+ly^2 \Longrightarrow n=l=-3, m=1.$$

例 2.6 已知函数 $f(z)=xy+\mathrm{i}\left(\dfrac{1}{2}y^2-\dfrac{1}{2}x^2\right)$ 解析,求 $f'(z)$.

解 这里 $u(x,y)=xy$,$v(x,y)=\dfrac{1}{2}y^2-\dfrac{1}{2}x^2$. 由于 $f(z)$ 解析,因此
$$f'(z)=\frac{\partial u}{\partial x}+\mathrm{i}\frac{\partial v}{\partial x}=y-\mathrm{i}x.$$

更一般地,若函数 $f(z)=u(x,y)+\mathrm{i}v(x,y)$ 解析,其中 $u(x,y)$ 已知,$v(x,y)$ 未知,也可以求出 $f'(z)$. 例如,设函数 $f(z)=2(x-1)y+\mathrm{i}v(x,y)$ 解析,利用 C-R 条件,有
$$\begin{aligned}f'(z)&=\frac{\partial u}{\partial x}+\mathrm{i}\frac{\partial v}{\partial x}=\frac{\partial u}{\partial x}-\mathrm{i}\frac{\partial u}{\partial y}\\&=2y-2\mathrm{i}(x-1).\end{aligned}$$

同样,若函数 $f(z)=u(x,y)+\mathrm{i}v(x,y)$ 解析,其中 $u(x,y)$ 未知,$v(x,y)$ 已知,也可以求出 $f'(z)$.

例 2.7 证明:如果 $f'(z)$ 在区域 D 处处为零,那么函数 $f(z)$ 在 D 内为常数.

证明 设 $f(z)=u(x,y)+\mathrm{i}v(x,y)$. 在 D 内,因为
$$f'(z)=\frac{\partial u}{\partial x}+\mathrm{i}\frac{\partial v}{\partial x}=\frac{\partial v}{\partial y}-\mathrm{i}\frac{\partial u}{\partial y}\equiv 0,$$
所以
$$\frac{\partial u}{\partial x}=\frac{\partial u}{\partial y}=\frac{\partial v}{\partial x}=\frac{\partial y}{\partial x}\equiv 0,$$
从而
$$u(x,y)=\text{常数},\quad v(x,y)=\text{常数}.$$
因此,$f(z)=u(x,y)+\mathrm{i}v(x,y)$ 在 D 内为常数.

注 例 2.7 给出了解析函数的一个重要性质,这个性质很有用,在许多实际问题中都需要用到.

习题 2.2

1. 判断下列命题是否成立:

(1) 如果 $\dfrac{\partial u}{\partial x}=\dfrac{\partial v}{\partial y}$,$\dfrac{\partial v}{\partial x}=-\dfrac{\partial u}{\partial y}$ 在点 z_0 处同时成立,那么函数 $f(z)=u(x,y)+\mathrm{i}v(x,y)$

在点 z_0 处解析;

(2) 如果函数 $f(z)=u(x,y)+\mathrm{i}v(x,y)$ 在点 z_0 处可导,那么在点 z_0 处公式

$$f'(z)=\frac{\partial u}{\partial x}+\mathrm{i}\frac{\partial v}{\partial x}$$

成立;

(3) 如果函数 $f(z)$ 在区域 D 内解析,且 $|f(z)|$ 在 D 内为常数,那么 $f(z)$ 在 D 内为常数;

(4) 如果 z_0 为函数 $f(z)$ 的一个奇点,那么 C-R 条件在点 z_0 处必不成立.

2. 讨论下列函数在何处满足 C-R 条件:

(1) $f(z)=3-z+2z^2$;   (2) $f(z)=\dfrac{1}{z}$;

(3) $f(z)=x$;   (4) $f(z)=2x^3+3y^3\mathrm{i}$.

3. 求出实常数 a,b,c,使下列函数解析:

(1) $f(z)=x+ay+\mathrm{i}(bx+cy)$;   (2) $f(z)=x^2+2xy-y^2+\mathrm{i}(y^2+axy-x^2)$.

4. 下列函数在何处可导? 在何处解析?

(1) $f(z)=x^2-\mathrm{i}y$;   (2) $f(z)=\mathrm{e}^x(x\cos y-\mathrm{i}y\sin y)+\mathrm{e}^x(y\cos y+\mathrm{i}x\sin y)$;

(3) $f(z)=xy^2+\mathrm{i}x^2y$;   (4) $f(z)=x^2+\mathrm{i}y^2$.

5. 设函数 $f(z)=x^3+y^3+\mathrm{i}x^2y^2$,求 $f'\left(-\dfrac{3}{2}+\dfrac{3}{2}\mathrm{i}\right)$.

6. 设函数

$$f(z)=\begin{cases}\dfrac{xy^2(x+\mathrm{i}y)}{x^2+y^4}, & z\neq 0,\\ 0, & z=0,\end{cases}$$

证明: $f(z)$ 在原点处满足 C-R 条件,但不可导.

7. 判断下列命题是否成立,若成立,请证明;若不成立,请举出反例:

(1) 如果函数 $f(z)$ 在点 z_0 处连续,那么 $f'(z_0)$ 存在.

(2) 如果 $f'(z_0)$ 存在,那么函数 $f(z)$ 在点 z_0 处解析.

(3) 如果 z_0 是函数 $f(z)$ 的奇点,那么 $f(z)$ 在点 z_0 处不可导.

(4) 如果 z_0 是函数 $f(z),g(z)$ 的奇点,那么 z_0 也是函数 $f(z)+g(z),\dfrac{f(z)}{g(z)}$ 的奇点.

(5) 如果函数 $u(x,y),v(x,y)$ 可导(指一阶偏导数存在),那么函数 $f(z)=u(x,y)+\mathrm{i}v(x,y)$ 也可导.

(6) 设函数 $f(z)=u(x,y)+\mathrm{i}v(x,y)$ 在区域 D 内解析. 如果 $u(x,y)$ 是实常数,那么 $f(z)$ 在 D 内是常数;如果 $v(x,y)$ 是实常数,那么 $f(z)$ 在 D 内是常数.

8. 设函数 $f(z)=u(r,\theta)+\mathrm{i}v(r,\theta), z=r\mathrm{e}^{\mathrm{i}\theta}$，证明：$f(z)$ 在点 z 处可导的充要条件是函数 $u(r,\theta), v(r,\theta)$ 在点 (r,θ) 处可微，且满足<u>极坐标系下的 C-R 条件</u>

$$\frac{\partial u}{\partial r}=\frac{1}{r}\cdot\frac{\partial v}{\partial \theta},\quad \frac{\partial v}{\partial r}=-\frac{1}{r}\cdot\frac{\partial u}{\partial \theta}\quad (r>0);$$

而且这时有

$$f'(z)=(\cos\theta-\mathrm{i}\sin\theta)\left(\frac{\partial u}{\partial r}+\mathrm{i}\frac{\partial v}{\partial r}\right)=\frac{r}{z}\left(\frac{\partial u}{\partial r}+\mathrm{i}\frac{\partial v}{\partial r}\right).$$

§2.3 初等函数

初等函数是一类最简单、最基本的函数. 下面我们把实变函数中的初等函数概念推广到复变函数中，并讨论其性质，特别是解析性. 在学习本节内容时，特别要注意与实变函数中的初等函数相比较，注意它们的不同点.

2.3.1 指数函数

在高等数学中，我们已经知道实变函数中的指数函数 e^x 的概念和性质. 由此，我们设 $z=x+\mathrm{i}y$，定义<u>指数函数</u>为

$$\mathrm{e}^z=\mathrm{e}^{x+\mathrm{i}y}=\mathrm{e}^x(\cos y+\mathrm{i}\sin y), \tag{2.3}$$

记作 e^z 或 $\exp z$. 例如：

$$\mathrm{e}^{1+\mathrm{i}}=\mathrm{e}(\cos 1+\mathrm{i}\sin 1),\quad \mathrm{e}^{\mathrm{i}\pi}=\mathrm{e}^0(\cos\pi+\mathrm{i}\sin\pi)=-1.$$

$$\mathrm{e}^{\mathrm{i}\frac{\pi}{2}}=\mathrm{e}^0\left(\cos\frac{\pi}{2}+\mathrm{i}\sin\frac{\pi}{2}\right)=\mathrm{i}.$$

当 z 为实数时，由于 $y=0, \cos y+\mathrm{i}\sin y=1$，这样定义的指数函数就和实变函数中的指数函数相一致. 由上一节中的例 2.4(3) 我们知道，指数函数 e^z 在复平面上处处解析，且

$$(\mathrm{e}^z)'=\mathrm{e}^z.$$

指数函数还具有如下一些<u>性质</u>：

(1) 对于任何复数 z，都有 $\mathrm{e}^z\neq 0$.

这是因为 $|\mathrm{e}^z|=\mathrm{e}^x\neq 0$.

(2) $|\mathrm{e}^z|=\mathrm{e}^x$, $\operatorname{Arg}\mathrm{e}^z=y+2k\pi\ (k\in\mathbf{Z})$.

(3) $\lim\limits_{z\to\infty}\mathrm{e}^z$ 不存在.

这是因为，当 z 沿正实轴趋于 ∞ 时，$\mathrm{e}^z\to\infty$；而当 z 沿负实轴趋于 ∞ 时，$\mathrm{e}^z\to 0$. 由此可知，$\lim\limits_{z\to\infty}\mathrm{e}^z$ 不存在，e^∞ 无意义.

(4) **乘法公式**：$e^{z_1} \cdot e^{z_2} = e^{z_1+z_2}$.

事实上,设 $z_1 = x_1 + iy_1, z_2 = x_2 + iy_2$,则
$$e^{z_1} \cdot e^{z_2} = e^{x_1}(\cos y_1 + i\sin y_1) \cdot e^{x_2}(\cos y_2 + i\sin y_2)$$
$$= e^{x_1+x_2}(\cos(y_1+y_2) + i\sin(y_1+y_2)) = e^{z_1+z_2}.$$

(5) $e^{z+2k\pi i} = e^z \cdot e^{2k\pi i} = e^z \quad (k \in \mathbf{Z})$.

这就是说,e^z 是一个以 $2\pi i$ 为周期的周期函数,这个性质是实变函数 e^x 所没有的.

2.3.2 对数函数

和实变函数一样,复变函数中的对数函数定义为指数函数的反函数. 我们把满足方程
$$e^w = z \quad (z \neq 0)$$
的函数 $w = f(z)$ 称为**对数函数**. 令 $z = re^{i\theta}, w = u + iv$,则方程 $e^w = z$ 就变成
$$e^{u+iv} = e^u \cdot e^{iv} = re^{i\theta}.$$
比较上式两端,得到
$$u = \ln r, \quad v = \theta + 2k\pi \quad (k \in \mathbf{Z}),$$
因此
$$w = \ln|z| + i\arg z + 2k\pi i = \ln|z| + i\text{Arg} z \quad (k \in \mathbf{Z}).$$

由于 $\text{Arg} z$ 为多值函数,所以对数函数 $w = f(z)$ 为多值函数,并且每两个值之间相差 $2\pi i$ 的整数倍. 通常将对数函数记作 $\text{Ln} z$,即
$$\text{Ln} z = \ln|z| + i\arg z + 2k\pi i = \ln|z| + i\text{Arg} z \quad (k \in \mathbf{Z}). \quad (2.4)$$

为了便于应用,我们取 $\ln|z| + i\arg z$ 作为 $\ln z$,称之为 $\text{Ln} z$ 的**主值**,即
$$\ln z = \ln|z| + i\arg z. \quad (2.5)$$

于是,我们有
$$\text{Ln} z = \ln z + 2k\pi i \quad (k \in \mathbf{Z}). \quad (2.6)$$

对于每个固定的 k,(2.6)式为一个单值函数,称之为 $\text{Ln} z$ 的一个**分支**.

特别地,当 $z = x > 0$ 时,$\text{Ln} z$ 的主值为 $\ln z = \ln x$,它就是实变函数中的对数函数.

例 2.8 求 $\text{Ln} 1, \text{Ln}(-1), \text{Ln}(1+i)$ 和它们的主值.

解 $\text{Ln} 1 = \ln|1| + i\arg 1 + 2k\pi i = 2k\pi i \ (k \in \mathbf{Z})$,其主值为
$$\ln 1 = 0;$$

$$\mathrm{Ln}(-1) = \ln|-1| + \mathrm{i}\arg(-1) + 2k\pi\mathrm{i} = \pi\mathrm{i} + 2k\pi\mathrm{i} \ (k \in \mathbf{Z}),\text{其主值为}$$
$$\ln(-1) = \pi\mathrm{i};$$
$$\mathrm{Ln}(1+\mathrm{i}) = \ln|1+\mathrm{i}| + \mathrm{i}\arg(1+\mathrm{i}) + 2k\pi\mathrm{i} = \ln\sqrt{2} + \frac{\pi}{4}\mathrm{i} + 2k\pi\mathrm{i} \ (k \in \mathbf{Z}),\text{其主值为}$$
$$\ln(1+\mathrm{i}) = \ln\sqrt{2} + \frac{\pi}{4}\mathrm{i}.$$

在实数域中,负数无对数. 例 2.8 说明,这个事实在复数域中不再成立,而且正实数的对数也是无穷多个值的. 因此,复变函数中的对数函数是实变函数中的对数函数的推广,实变函数中的对数函数的许多性质都可以推广到复变函数中的对数函数上,但是由于 $\mathrm{Ln}z$ 是多值函数,所以复变函数中的情形要比实变函数中的情形复杂得多.

对数函数具有如下**性质**:

(1) $\mathrm{Ln}z$ 的定义域为 $\{z | z \in \mathbf{C}, z \neq 0\}$;

(2) $\mathrm{Ln}z_1 z_2 = \mathrm{Ln}z_1 + \mathrm{Ln}z_2$, $\mathrm{Ln}\dfrac{z_1}{z_2} = \mathrm{Ln}z_1 - \mathrm{Ln}z_2$.

这里的等式应理解为集合意义下的等式. 另外,可以验证
$$\mathrm{Ln}z^n = n\mathrm{Ln}z, \quad \mathrm{Ln}\sqrt[n]{z} = \frac{1}{n}\mathrm{Ln}z$$
不再成立,其中 $n > 1$ 为正整数. 例如,当 $n = 2, z = \mathrm{i}$ 时,有
$$\mathrm{Ln}\mathrm{i}^2 = \mathrm{Ln}(-1) = \pi\mathrm{i} + 2k\pi\mathrm{i} \quad (k \in \mathbf{Z}),$$
$$2\mathrm{Ln}\mathrm{i} = 2(\ln 1 + \mathrm{i}\arg\mathrm{i} + 2k\pi\mathrm{i}) = \pi\mathrm{i} + 4k\pi\mathrm{i} \quad (k \in \mathbf{Z}),$$
显然 $\mathrm{Ln}\mathrm{i}^2 \neq 2\mathrm{Ln}\mathrm{i}$.

(3) $\mathrm{Ln}z$ 的各分支在除去原点及负实轴的复平面内处处解析,且有相同的导数,即
$$(\mathrm{Ln}z)' = \frac{1}{z}.$$

事实上,就主值 $\ln z = \ln|z| + \mathrm{i}\arg z$ 而言,其中 $\ln|z|$ 显然在复平面内除原点外都是连续的,而 $\arg z$ 在原点处与负实轴上都不连续,因为当 $x < 0$ 时,有
$$\lim_{y \to 0^-} \arg z = -\pi, \quad \lim_{y \to 0^+} \arg z = \pi.$$

于是,$\ln z$ 在除去原点及负实轴的复平面内处处连续. 由反函数求导法则(见§2.1)可知
$$\frac{\mathrm{d}\ln z}{\mathrm{d}z} = \frac{1}{\dfrac{\mathrm{d}e^w}{\mathrm{d}w}} = \frac{1}{e^w} = \frac{1}{z}.$$

综上所述，ln z 在除去原点及负实轴的复平面内处处解析. 再由(2.6)式就可以知道，Ln z 的各分支在除去原点及负实轴的复平面内处处解析，且有相同的导数.

以后涉及对数函数 Ln z 时，指的都是除去原点及负实轴的复平面内的某个分支.

2.3.3 乘幂函数与幂函数

在高等数学中我们知道，如果 a 为正数，b 为实数，那么乘幂 a^b 可以表示为 $a^b = e^{b \ln a}$. 现在将它推广到复数的情形.

定义 2.4 设 b 是任意一个复数，$z \neq 0$，定义 z^b 为

$$z^b = e^{b \mathrm{Ln} z}, \tag{2.7}$$

称之为**乘幂函数**.

特别地，当 b 为正整数 n 时，称 $z^b = z^n$ 为**幂函数**.

由于 Ln z 为多值函数，因此乘幂函数一般也是多值函数. 而若 b 为正整数 n，由于

$$z^n = e^{n \mathrm{Ln} z} = e^{n(\ln|z| + i \arg z + 2k\pi i)} = e^{n(\ln|z| + i \arg z)} \cdot e^{2kn\pi i} = e^{n \ln z} \quad (k \in \mathbf{Z}),$$

所以 z^n 具有单一的值；若 b 为 $\dfrac{1}{n}$，由于

$$z^{\frac{1}{n}} = e^{\frac{1}{n} \mathrm{Ln} z} = e^{\frac{1}{n}(\ln|z| + i \arg z + 2k\pi i)}$$

$$= |z|^{\frac{1}{n}} \left(\cos \frac{\arg z + 2k\pi}{n} + i \sin \frac{\arg z + 2k\pi}{n} \right)$$

$$= \sqrt[n]{z} \quad (k \in \mathbf{Z}),$$

所以 $z^{\frac{1}{n}}$ 具有 n 个值，即当 $k = 0, 1, 2, \cdots, n-1$ 时相应的 z 的 n 次方根：$w_0, w_1, \cdots, w_{n-1}$.

例 2.9 求 $1^{\sqrt{2}}$ 和 i^i 的值.

解 $1^{\sqrt{2}} = e^{\sqrt{2} \mathrm{Ln} 1} = e^{2k\pi i \sqrt{2}} = \cos(2\sqrt{2} k\pi) + i \sin(2\sqrt{2} k\pi) \quad (k \in \mathbf{Z}),$

$i^i = e^{i \mathrm{Ln} i} = e^{i(\frac{\pi}{2} i + 2k\pi i)} = e^{-(\frac{\pi}{2} + 2k\pi)} \quad (k \in \mathbf{Z}).$

2.3.4 三角函数和双曲函数

当指数函数 e^z 中 $z = \pm iy$ 时，我们有

$$e^{iy} = \cos y + i \sin y, \quad e^{-iy} = \cos y - i \sin y.$$

上两式相加与相减，分别得到

$$\cos y = \frac{e^{iy} + e^{-iy}}{2}, \quad \sin y = \frac{e^{iy} - e^{-iy}}{2i}.$$

现在仿照这两个等式,把余弦函数和正弦函数的定义推广到自变量取复数的情形.

我们分别定义**余弦函数**和**正弦函数**如下:

$$\cos z = \frac{e^{iz} + e^{-iz}}{2}, \quad \sin z = \frac{e^{iz} - e^{-iz}}{2i}. \tag{2.8}$$

根据这个定义,容易得到关于余弦函数和正弦函数的如下**性质**:

(1) $\cos z, \sin z$ 均为单值函数;

(2) $\cos z, \sin z$ 均为以 2π 为周期的周期函数;

(3) $\cos z$ 为偶函数,$\sin z$ 为奇函数;

(4) $\cos(z_1 \pm z_2) = \cos z_1 \cos z_2 \mp \sin z_1 \sin z_2$,
$\sin(z_1 \pm z_2) = \sin z_1 \cos z_2 \pm \cos z_1 \sin z_2$;

(5) $\sin^2 z + \cos^2 z = 1$;

(6) $(\cos z)' = -\sin z$,$(\sin z)' = \cos z$.

可见,$\cos z, \sin z$ 都是复平面内的解析函数,且导数公式与实变函数的情形完全相同.

注 $\cos z, \sin z$ 在复数域内的有界性不再成立.事实上,由(2.8)式得到

$$\cos iy = \frac{e^y + e^{-y}}{2}, \quad \sin iy = \frac{e^{-y} - e^y}{2i}.$$

当 $y \to \infty$ 时,$|\cos iy|$,$|\sin iy|$ 都趋于 $+\infty$,因此 $|\cos z| \leqslant 1$,$|\sin z| \leqslant 1$ 在复数域内不再成立.可见,$\cos z, \sin z$ 虽然保持了与其相应的实变函数 $\cos x, \sin x$ 的一些基本性质,但是它们之间也有本质的差异.

例 2.10 求方程 $\sin z = 0$ 的全部解.

解 方程 $\sin z = 0$ 可化为

$$\sin z = \frac{e^{iz} - e^{-iz}}{2i} = 0.$$

由此得

$$e^{iz} - e^{-iz} = 0, \quad 即 \quad e^{2iz} = 1,$$

解得

$$z = \frac{\text{Ln} 1}{2i} = k\pi \quad (k \in \mathbf{Z}).$$

注 我们发现,方程 $\sin z = 0$ 的解与方程 $\sin x = 0$ 的解相同.

其他三角函数的定义如下:

$$\tan z = \frac{\sin z}{\cos z}, \quad \cot z = \frac{\cos z}{\sin z},$$

$$\sec z = \frac{1}{\cos z}, \quad \csc z = \frac{1}{\sin z},$$

它们依次称为<u>正切函数</u>、<u>余切函数</u>、<u>正割函数</u>和<u>余割函数</u>. 读者可仿照三角函数 $\cos z, \sin z$,讨论它们的周期性、奇偶性与解析性等.

与三角函数 $\cos z, \sin z$ 密切相关的还有双曲函数. 类似于实变函数中双曲函数的定义,我们可以定义:

$$\operatorname{ch} z = \frac{e^z + e^{-z}}{2}, \quad \operatorname{sh} z = \frac{e^z - e^{-z}}{2}, \quad \operatorname{th} z = \frac{e^z - e^{-z}}{e^z + e^{-z}},$$

它们依次称为<u>双曲正弦函数</u>、<u>双曲余弦函数</u>和<u>双曲正切函数</u>.

三角函数 $\cos z, \sin z$ 的周期均为 2π;双曲函数 $\operatorname{ch} z, \operatorname{sh} z$ 的周期均为 $2\pi \mathrm{i}$,在复变函数里,两者本质一样.

2.3.5 反三角函数和反双曲函数

反三角函数定义为三角函数的反函数. 设

$$z = \cos w,$$

称 $z = \cos w$ 的反函数为<u>反余弦函数</u>,记作

$$w = \operatorname{Arccos} z.$$

由 $z = \cos w = \dfrac{e^{\mathrm{i}w} + e^{-\mathrm{i}w}}{2}$ 得

$$e^{2\mathrm{i}w} - 2z e^{\mathrm{i}w} + 1 = 0,$$

进而解得

$$e^{\mathrm{i}w} = z + \sqrt{z^2 - 1},$$

其中 $\sqrt{z^2 - 1}$ 应理解为双值函数. 因此,上式两端取对数,得

$$\operatorname{Arccos} z = -\mathrm{i} \operatorname{Ln}(z + \sqrt{z^2 - 1}).$$

显然,$\operatorname{Arccos} z$ 是一个多值函数,它的多值性正是 $\cos w$ 的奇偶性和周期性的反映.

用同样的方法可以定义其他反三角函数和反双曲函数:

<u>反正弦函数</u>:$\operatorname{Arcsin} z = -\mathrm{i} \operatorname{Ln}(\mathrm{i}z + \sqrt{1 - z^2})$;

<u>反正切函数</u>:$\operatorname{Arctan} z = -\dfrac{\mathrm{i}}{2} \operatorname{Ln} \dfrac{1 + \mathrm{i}z}{1 - \mathrm{i}z}$;

<u>反双曲正弦函数</u>:$\operatorname{Arsh} z = \operatorname{Ln}(z + \sqrt{z^2 + 1})$;

反双曲余弦函数：$\text{Arch}z = \text{Ln}(z+\sqrt{z^2-1})$；

反双曲正切函数：$\text{Arth}z = \dfrac{1}{2}\text{Ln}\dfrac{1+z}{1-z}$.

习题 2.3

1. 计算下列各式的值：

(1) e^{3+i}；

(2) $\text{Ln}(-3+4i)$；

(3) $\sin i$；

(4) $(1+i)^2$；

(5) i^{1+i}；

(6) $\cos(1+i)$.

2. 证明：

(1) $(\text{sh}z)' = \text{ch}z$；

(2) $(\text{ch}z)' = \text{sh}z$.

3. 举例说明下列等式不正确：

(1) $\text{Ln}z^2 = 2\text{Ln}z$；

(2) $\text{Ln}\sqrt{z} = \dfrac{1}{2}\text{Ln}z$.

4. 下列等式是否正确？

(1) $\overline{e^z} = e^{\bar{z}}$；

(2) $\overline{\cos z} = \cos \bar{z}$；

(3) $\overline{\sin z} = \sin \bar{z}$.

5. 解下列方程：

(1) $\cos z = 0$；

(2) $\sin z + \cos z = 0$；

(3) $e^z = 1+\sqrt{3}i$；

(4) $\ln z = \dfrac{\pi}{2}i$.

6. 证明下列等式：

(1) $\text{Ln}(z_1 z_2) = \text{Ln}z_1 + \text{Ln}z_2$；

(2) $\text{Ln}\dfrac{z_1}{z_2} = \text{Ln}z_1 - \text{Ln}z_2$.

7. 证明下列等式：

(1) $\sin^2 z + \cos^2 z = 1$；

(2) $\cos(z_1+z_2) = \cos z_1 \cos z_2 - \sin z_1 \sin z_2$；

(3) $\sin(z_1+z_2) = \sin z_1 \cos z_2 + \cos z_1 \sin z_2$；

(4) $\cos(x+iy) = \cos x \text{ch} y - i\sin x \text{sh} y$；

(5) $\sin(x+iy) = \sin x \text{ch} y + i\cos x \text{sh} y$；

(6) $\text{ch}^2 y - \text{sh}^2 y = 1$.

§2.4 背景与历史注记

(1) 复变函数理论始于 18 世纪欧拉、达朗贝尔(d'Alembert)和拉普拉斯(Laplace)的研究工作. 他们在高斯(Gauss)、韦塞尔(Wessel)、阿尔冈(Argand)建立复数直观意义(即把复数与平面向量对应起来)的基础上,对单复变函数理论进行了探索,但他们的工作仅局限于对 $f(z)$ 的实部和虚部分开的情形进行研究. 复变函数理论的全面兴起是在 19 世纪. 像微积分的直接扩展——分析学统治了 18 世纪那样,复变函数理论曾统治了整个 19 世纪. 柯西、黎曼、魏尔斯特拉斯(Weierstrass)是复变函数理论的三个主要奠基人.

(2) 1752 年,法国数学家达朗贝尔在他的《流体阻尼的一种新理论》一书中,考虑在什么条件下,当平面上区域 D 内的点 (x,y) 趋于某一点时,复变函数 $w=f(z)=u(x,y)+iv(x,y)$ 存在导数. 由于达朗贝尔考虑的是流体,因而这里要求与点 (x,y) 所沿的路径无关. 这个问题的答案是: $w=f(z)$ 在区域 D 内可导的充要条件是其实部 $u(x,y)$ 和虚部 $v(x,y)$ 在区域 D 内可微,并且有

$$\frac{\partial u}{\partial x} = \frac{\partial v}{\partial y}, \quad \frac{\partial u}{\partial y} = -\frac{\partial v}{\partial x}. \tag{2.9}$$

欧拉在 1777 年讨论复变函数积分 $\int_C f(z)\mathrm{d}z$ 时,也导出了这一关系式,因而有人称之为达朗贝尔-欧拉条件.

关于复变函数的第一篇重要论文是柯西于 1814 年在巴黎科学院宣读的《关于定积分理论的报告》,他以(2.9)式为基础,建立了从实数域到复数域的全部理论. 1846 年,黎曼第一个提出了 $\dfrac{\mathrm{d}f}{\mathrm{d}z}=\lim\limits_{\Delta z \to 0}\dfrac{f(z+\Delta z)-f(z)}{\Delta z}$ 应与 Δz 趋于 0 的方式无关,从而也得到了(2.9)式. 他又在 1851 年通过(2.9)式建立了单值解析函数的定义,并用它们刻画解析函数的内在特征. 现在称(2.9)式为柯西-黎曼条件或柯西-黎曼方程,也称为 C-R 条件或 C-R 方程.

(3) 1714 年,英国数学家科茨(Cotes)在《对数计算》中给出了一个关于复数的定理,用现代符号表示即为

$$iv = \ln(\cos v + i\sin v).$$

该结果由欧拉于 1748 年重新发现,并表示成如下形式:

$$\mathrm{e}^{\pm iv} = \cos v \pm i\sin v.$$

这一等式充分揭示了三角函数与指数函数的密切关系. 欧拉还由此导

出了公式
$$(\cos v + i\sin v)^n = \cos nv + i\sin nv.$$
这一公式称为棣莫弗公式,最早是由法国数学家棣莫弗于 1722 年发现的,但他并未写出最终结果. 欧拉最初讨论 n 为整数的情形,后又推广到 n 为任意实数. 欧拉还发现了欧拉公式 $e^{i\pi} = -1$. 后人将其改写成 $e^{i\pi} + 1 = 0$. 该公式兼容了数学中最重要的五个常数和两个运算符号,成为数学内在统一和数学美学的典范.

(4) 1846 年,柯西曾研究过多值函数. 他虽然引入了分支切割的概念和其他新的术语,给出了关于复变函数性质的一些更谨慎的叙述,但对极点与支点的叙述仍然是混淆的.

澄清多值函数概念,建立多值函数的宽广理论,从而开创了反函数理论新发展时期的是德国数学家黎曼. 他继承并极大地发展了柯西的思想,抓住了解析函数是黎曼面上的函数这个关键点. 黎曼在柯西研究的基础上,做出了卓越的成果. 他在高斯指导下完成的博士论文《单复变函数的一般理论基础》,是复变函数理论的一篇基本论文. 他创造了黎曼面这种模型,用以代替通常的 z 平面,从而提供了描述多值函数的一个方法,使多值函数和分支、支点、支割线等概念有了几何的明显表示和说明,而且有效地使多值函数在黎曼面上成为单值函数. 这样就可以把单值函数的有关定理推广到多值函数的情形. 例如,单值函数沿一个区域(在其内函数解析)的边界曲线的积分为零的柯西-古萨(Cauchy-Goursat)定理,被黎曼推广到多值函数上.

(5) 欧拉生于瑞士的巴塞尔,卒于俄国的圣彼得堡. 欧拉的贡献遍及数学各领域,是数学史上最伟大的数学家之一,也是最多产的数学家.

欧拉的数学生涯开始于牛顿(Newton)去世的那一年. 那确实是不可多得的年代,解析几何、微积分的发展已达到相当的程度,并被应用到各领域中. 欧拉恰逢其时,再加上自身的才华,使他能够对整个数学——纯数学和应用数学进行系统研究.

从 18 世纪的数学发展来看,欧拉的名字几乎无处不在. 几何、代数、微积分中有他创立的法则,微分方程、变分法、拓扑学、概率论、数论中有他发明的定理. 历史学家将欧拉同阿基米德(Archimedes)、牛顿、高斯并称为数学史上的"四杰",数学史家称他为"数学家之英雄". 他是一个百科全书型的数学家,他在任何领域都能发现数学,在任何情况下都能进行研究.

欧拉最先把对数定义为乘方的逆运算,并且最先发现了对数是无穷多值的.他使三角学跳出了只研究三角表这个圈子,对整个三角学做了分析性研究,使三角学成为一门系统的学科.他得到的著名公式 $e^{i\theta}=\cos\theta+i\sin\theta$ 又把三角函数与指数函数联系起来.

欧拉热心于数学的普及工作,他编写的《无穷小分析引论》《微分学原理》和《积分学原理》对数学产生了深远的影响.从这三部著作中可以发现,欧拉做了众多数学家们所没有做的事情——解释了他是如何发现结果的.作为教科书,这三部著作对数学分析的影响可与欧几里得(Euclid)的《几何原本》相媲美.

欧拉研究问题最鲜明的特点是:他把数学研究之手伸入自然与社会的深层.他不仅是杰出的数学家,而且也是理论联系实际的巨匠和应用数学大师.

欧拉一生乐观、宽厚,甚至在1771年眼睛完全失明后,仍保持乐观的性格,借由口述给其助理的方式来继续从未停歇的数学创作,并以这种方式又发表了论文四百多篇和多部著作,这占他全部著作的半数以上.他的智慧使他能巧妙地把握各种概念和想法而无须将它们写在纸上,他非凡的记忆力使他的大脑犹如一个堆满知识的图书馆.欧拉旺盛的精力和专研精神一直坚持到生命的最后一刻.虽然欧拉逝世已有两百多年,但他今天仍然活在数学的每个角落.

第 3 章 复变函数的积分

　　复变函数的积分是复变函数理论的核心内容,关于复变函数研究的许多结论都是通过积分来讨论或表示的.根据复变函数的积分理论,我们将得到解析函数的导数仍为解析函数这一重要结论.

　　在本章中,我们首先介绍复变函数积分的概念、性质和计算;然后,介绍柯西-古萨定理及其推广,并在此基础上证明解析函数的导数仍为解析函数,进而得到一些计算特殊闭曲线积分的公式(柯西积分公式和高阶导数公式);最后,通过引入调和函数这一重要概念给出解析函数的实部和虚部之间的内在联系.

　　本章建立的柯西-古萨定理和柯西积分公式很重要,它们是复变函数理论的基本定理和基本公式,以后各章内容都直接或间接地和它们有着重要联系.

§3.1 复变函数积分的概念与性质

3.1.1 有向曲线

在讨论复变函数的积分时,需用到有向曲线的概念.如果一条曲线规定了其起点和终点,则称该曲线为**有向曲线**.有向曲线的方向规定如下:

定义 3.1 设曲线 C 不是闭曲线,A,B 为它的两个端点.若规定 A 为曲线 C 的起点,B 为曲线 C 的终点,则规定沿曲线 C 从起点 A 到终点 B 的方向为曲线 C 的**正方向**(简称**正向**)[图 3.1(a)],并把正向曲线 C 记为 C 或 C^+;规定沿曲线 C 从终点 B 到起点 A 的方向称为曲线 C 的**负方向**(简称**负向**),并把负向曲线 C 记为 C^-. 如果曲线 C 是简单闭曲线,通常规定逆时针方向为曲线 C 的**正向**[图 3.1(b)],顺时针方向为曲线 C 的**负向**. 如果曲线 C 是复平面内某一复连通区域的边界曲线,则曲线 C 的**正向**规定为:当人沿着曲线 C 的正向行走时,人附近的部分区域总保持在人的左侧,即外部边界曲线取逆时针方向为正向,内部边界曲线取顺时针方向为正向,如图 3.1(c)所示.

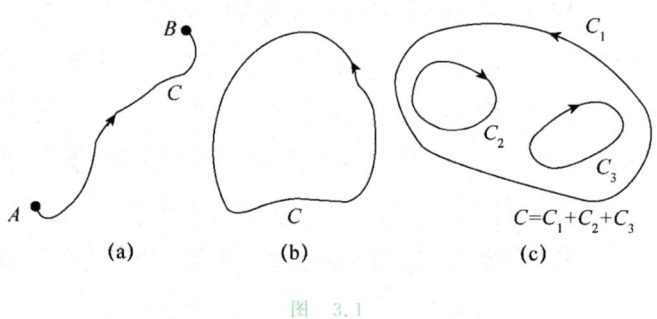

图 3.1

3.1.2 复变函数积分的概念

定义 3.2 设复变函数 $w=f(z)$ 在分段光滑的有向曲线 C 上有定义,且曲线 C 以 a 为起点,b 为终点,如图 3.2 所示.在起点 a 和终点 b 之间任意插入 $n-1$ 个分点 $z_1, z_2, \cdots, z_{n-1}$,把曲线 C 分割成 n 段小弧,并记 $a=z_0, b=z_n$. 在小弧 $\Delta s_k = \widehat{z_{k-1}z_k}(k=1,2,\cdots,n)$ 上任取一点 ξ_k,并做和式 $\sum_{k=1}^{n} f(\xi_k)\Delta z_k$,其中 $\Delta z_k = z_k - z_{k-1}$. 小弧 $\Delta s_k (k=1,2,\cdots,n)$ 的长

度仍记为 Δs_k，并记 $\lambda = \max\limits_{1 \leqslant k \leqslant n} \{\Delta s_k\}$. 如果不论分割和 $\xi_k (k = 1, 2, \cdots, n)$ 的取法如何，极限 $\lim\limits_{\lambda \to 0} \sum\limits_{k=1}^{n} f(\xi_k) \Delta z_k$ 总是存在的，则称复变函数 $f(z)$ 在曲线 C 上是**可积**的，并将此极限记作 $\int_C f(z) \mathrm{d}z$，即

$$\int_C f(z) \mathrm{d}z = \lim_{\lambda \to 0} \sum_{k=1}^{n} f(\xi_k) \Delta z_k, \tag{3.1}$$

称之为**复变函数 $f(z)$ 沿曲线 C 的积分**，简称**复变函数积分**或**复积分**，其中 $f(z)$ 称为**被积函数**，C 称为**积分曲线**或**积分路径**. 如果积分曲线 C 是闭曲线，则记 $\int_C f(z) \mathrm{d}z$ 为 $\oint_C f(z) \mathrm{d}z$.

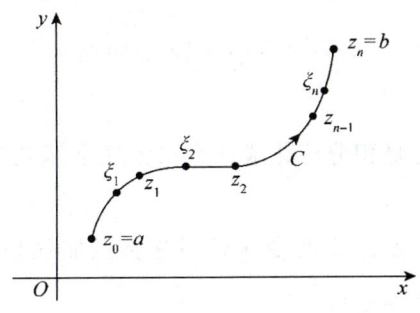

图 3.2

特别地，如果积分曲线 C 是 x 轴上介于点 x_1, x_2 之间的线段，被积函数为 $w = f(x)$，则复积分就是定积分. 因此，复积分是定积分的推广，也可以说定积分是复积分的特殊情形.

3.1.3 复变函数积分的存在性与计算

定理 3.1 设有向曲线 C 分段光滑，函数 $f(z) = u(x, y) + \mathrm{i} v(x, y)$ 在曲线 C 上连续，则函数 $f(z)$ 在曲线 C 上可积，且

$$\int_C f(z) \mathrm{d}z = \int_C u(x, y) \mathrm{d}x - v(x, y) \mathrm{d}y + \mathrm{i} \int_C u(x, y) \mathrm{d}y + v(x, y) \mathrm{d}x. \tag{3.2}$$

证明 设曲线 C 以 A 为起点，B 为终点，在曲线 C 上任意插入 $n-1$ 个分点 $z_1, z_2, \cdots, z_{n-1}$，把曲线 C 分割成 n 段小弧，并记 $z_0 = A, z_n = B$. 设 $z_k = x_k + \mathrm{i} y_k (k = 1, 2, \cdots, n)$，则

$$\Delta z_k = z_k - z_{k-1} = x_k + \mathrm{i} y_k - (x_{k-1} + \mathrm{i} y_{k-1})$$
$$= x_k - x_{k-1} + \mathrm{i}(y_k - y_{k-1}) = \Delta x_k + \mathrm{i} \Delta y_k.$$

在小弧 $\Delta s_k = \widehat{z_{k-1} z_k} (k=1,2,\cdots,n)$ 上任取一点 $\xi_k = \zeta_k + \mathrm{i}\eta_k$，则

$$\sum_{k=1}^{n} f(\xi_k) \Delta z_k = \sum_{k=1}^{n} (u(\zeta_k, \eta_k) + \mathrm{i}v(\zeta_k, \eta_k))(\Delta x_k + \mathrm{i}\Delta y_k)$$

$$= \sum_{k=1}^{n} (u(\zeta_k, \eta_k) \Delta x_k - v(\zeta_k, \eta_k) \Delta y_k)$$

$$+ \mathrm{i}(u(\zeta_k, \eta_k) \Delta y_k + v(\zeta_k, \eta_k) \Delta x_k).$$

因为函数 $f(z) = u(x,y) + \mathrm{i}v(x,y)$ 在曲线 C 上连续，所以二元实变函数 $u(x,y)$ 和 $v(x,y)$ 在曲线 C 上连续．根据二元实变函数对坐标的曲线积分的性质，可知

$$\lim_{\lambda \to 0} \sum_{k=1}^{n} (u(\zeta_k, \eta_k) \Delta x_k - v(\zeta_k, \eta_k) \Delta y_k) + \mathrm{i}(u(\zeta_k, \eta_k) \Delta y_k + v(\zeta_k, \eta_k) \Delta x_k)$$

$$= \int_C u(x,y) \mathrm{d}x - v(x,y) \mathrm{d}y + \mathrm{i} \int_C u(x,y) \mathrm{d}y + v(x,y) \mathrm{d}x.$$

所以，结论得证．

(3.2)式意味着，复积分可化成两个二元实变函数对坐标的曲线积分进行计算．

根据定理 3.1 以及二元实变函数对坐标的曲线积分的性质，不难验证复积分具有下列性质：

性质 1　设函数 $f_1(z)$ 和 $f_2(z)$ 在曲线 C 上可积，则对于任意常数 k_1, k_2，有

$$\int_C k_1 f_1(z) + k_2 f_2(z) \mathrm{d}z = k_1 \int_C f_1(z) \mathrm{d}z + k_2 \int_C f_2(z) \mathrm{d}z.$$

性质 2　若函数 $f(z)$ 在曲线 C 上可积，且曲线 C 由有向曲线 C_1 和 C_2 连接而成（C_1 的终点与 C_2 的起点连接），则

$$\int_C f(z) \mathrm{d}z = \int_{C_1} f(z) \mathrm{d}z + \int_{C_2} f(z) \mathrm{d}z.$$

性质 3　若积分曲线的方向发生改变，则积分值改变符号，即

$$\int_{C^-} f(z) \mathrm{d}z = -\int_C f(z) \mathrm{d}z.$$

性质 4　设曲线 C 的长度为 l，函数 $f(z)$ 在曲线 C 上可积，且满足 $|f(z)| \leq M$，则

$$\left| \int_C f(z) \mathrm{d}z \right| \leq \int_C |f(z)| \mathrm{d}s \leq Ml.$$

证明　由于

$$\left| \sum_{k=1}^{n} f(\xi_k) \Delta z_k \right| \leq \sum_{k=1}^{n} |f(\xi_k)| |\Delta z_k| \leq \sum_{k=1}^{n} |f(\xi_k)| \Delta s_k,$$

两端取极限可得

$$\left|\int_C f(z)\mathrm{d}z\right| \leqslant \int_C |f(z)|\mathrm{d}s.$$

又因为
$$\sum_{k=1}^n |f(\xi_k)|\Delta s_k \leqslant M\sum_{k=1}^n \Delta s_k,$$

所以
$$\left|\int_C f(z)\mathrm{d}z\right| \leqslant \int_C |f(z)|\mathrm{d}s \leqslant \int_C M\mathrm{d}s = Ml.$$

为了方便记忆,可令 $\mathrm{d}z=\mathrm{d}x+\mathrm{i}\mathrm{d}y$,则(3.2)式可简写成
$$\int_C f(z)\mathrm{d}z = \int_C (u(x,y)+\mathrm{i}v(x,y))(\mathrm{d}x+\mathrm{i}\mathrm{d}y). \tag{3.3}$$

进一步,如果我们假设曲线 C 的参数方程为 $z=z(t)=\varphi(t)+\mathrm{i}\psi(t)$,起点和终点所对应的参数分别为 α 和 β,则

$$\int_C u(x,y)\mathrm{d}x - v(x,y)\mathrm{d}y + \mathrm{i}\int_C u(x,y)\mathrm{d}y + v(x,y)\mathrm{d}x$$
$$= \int_\alpha^\beta (u(\varphi(t),\psi(t))\varphi'(t) - v(\varphi(t),\psi(t))\psi'(t))\mathrm{d}t$$
$$+ \mathrm{i}\int_\alpha^\beta (u(\varphi(t),\psi(t))\psi'(t) + v(\varphi(t),\psi(t))\varphi'(t))\mathrm{d}t$$
$$= \int_\alpha^\beta (u(\varphi(t),\psi(t)) + \mathrm{i}v(\varphi(t),\psi(t))(\varphi'(t)+\mathrm{i}\psi'(t))\mathrm{d}t$$
$$= \int_\alpha^\beta f(z(t))z'(t)\mathrm{d}t.$$

所以
$$\int_C f(z)\mathrm{d}z = \int_\alpha^\beta f(z(t))z'(t)\mathrm{d}t. \tag{3.4}$$

这意味着,复积分的计算最终可归结为定积分的计算.

例 3.1 计算复积分 $\int_C z\mathrm{d}z$,其中 C 为从原点到点 $1+2\mathrm{i}$ 的线段.

解 C 的参数方程为 $x=t, y=2t$,即 $z(t)=t+2t\mathrm{i}$,其中参数 t 在起点处取值为 0,在终点处取值为 1,所以
$$\int_C z\mathrm{d}z = \int_0^1 (t+2t\mathrm{i})(1+2\mathrm{i})\mathrm{d}t = \frac{1}{2}(1+2\mathrm{i})^2.$$

注 我们有
$$\int_C z\mathrm{d}z = \int_C (x+\mathrm{i}y)(\mathrm{d}x+\mathrm{i}\mathrm{d}y) = \int_C (x\mathrm{d}x - y\mathrm{d}y) + \mathrm{i}\int_C (x\mathrm{d}y + y\mathrm{d}x).$$

根据高等数学的相关理论可知,上式右端两个二元实变函数对坐标的曲线积分均与路径无关,所以不论 C 是怎样的从原点到点 $1+2\mathrm{i}$ 的曲线,$\int_C z\mathrm{d}z$ 的值都等于 $\frac{1}{2}(1+2\mathrm{i})^2$.

例 3.2 计算复积分 $\int_C \text{Im}(z)\mathrm{d}z$，其中 C 为：

(1) 从原点到点 $z_0 = 1+\mathrm{i}$ 的线段 C_1（图 3.3）；

(2) 从原点到点 $z_1 = 1$ 的线段 C_2 和从点 $z_1 = 1$ 到点 $z_0 = 1+\mathrm{i}$ 的线段 C_3 组成的折线（图 3.3）．

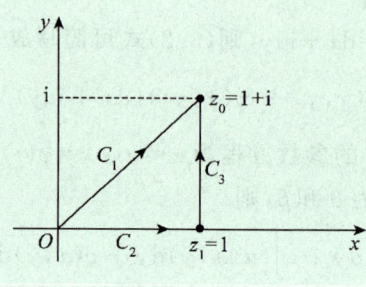

图 3.3

解 (1) C_1 的参数方程为 $z = t + \mathrm{i}t\ (0 \leqslant t \leqslant 1)$，所以

$$\int_C \text{Im}(z)\mathrm{d}z = \int_{C_1} \text{Im}(z)\mathrm{d}z = \int_0^1 t(1+\mathrm{i})\mathrm{d}t = \frac{1}{2}(1+\mathrm{i}).$$

(2) C_2 的参数方程为 $z = t\ (0 \leqslant t \leqslant 1)$，$C_3$ 的参数方程为 $z = 1 + \mathrm{i}t\ (0 \leqslant t \leqslant 1)$，所以

$$\int_C \text{Im}(z)\mathrm{d}z = \int_{C_2} \text{Im}(z)\mathrm{d}z + \int_{C_3} \text{Im}(z)\mathrm{d}z = \int_0^1 0\mathrm{d}t + \int_0^1 \mathrm{i}t\mathrm{d}t = \frac{1}{2}\mathrm{i}.$$

注 在例 3.2 中，虽然两条积分曲线的起点和终点相同，但由于路径不同，积分值也不同．

例 3.3 设 C 是以点 z_0 为圆心，r 为半径的正向圆周，n 为整数，计算复积分 $\oint_C \dfrac{\mathrm{d}z}{(z-z_0)^{n+1}}$．

解 C 的参数方程为 $z = z_0 + r\mathrm{e}^{\mathrm{i}t}\ (0 \leqslant t \leqslant 2\pi)$，于是

$$\oint_C \frac{\mathrm{d}z}{(z-z_0)^{n+1}} = \int_0^{2\pi} \frac{\mathrm{i}r\mathrm{e}^{\mathrm{i}t}}{r^{n+1}\mathrm{e}^{\mathrm{i}(n+1)t}}\mathrm{d}t = \int_0^{2\pi} \frac{\mathrm{i}}{r^n \mathrm{e}^{\mathrm{i}nt}}\mathrm{d}t = \frac{\mathrm{i}}{r^n}\int_0^{2\pi} \mathrm{e}^{-\mathrm{i}nt}\mathrm{d}t.$$

当 $n = 0$ 时，$\dfrac{\mathrm{i}}{r^n}\int_0^{2\pi} \mathrm{e}^{-\mathrm{i}nt}\mathrm{d}t = \mathrm{i}\int_0^{2\pi}\mathrm{d}t = 2\pi\mathrm{i}$；

当 $n \neq 0$ 时，$\dfrac{\mathrm{i}}{r^n}\int_0^{2\pi} \mathrm{e}^{-\mathrm{i}nt}\mathrm{d}t = \dfrac{\mathrm{i}}{r^n}\int_0^{2\pi}(\cos nt - \mathrm{i}\sin nt)\mathrm{d}t = 0.$

所以

$$\oint_C \frac{\mathrm{d}z}{(z-z_0)^{n+1}} = \begin{cases} 2\pi\mathrm{i}, & n=0, \\ 0, & n \neq 0. \end{cases}$$

注 例 3.3 中这个复积分的特点是积分值与圆周的圆心 z_0 和半径 r 无关. 这个结果以后要经常用到, 应牢记.

例 3.4 设 C 是以点 z_0 为圆心, r 为半径的正向圆周, 计算复积分 $\oint_C (z^2+z)\mathrm{d}z$.

解 C 的参数方程为 $z(t) = z_0 + r\mathrm{e}^{\mathrm{i}t} (0 \leqslant t \leqslant 2\pi)$, 所以

$$\begin{aligned}
\oint_C (z^2+z)\mathrm{d}z &= \int_0^{2\pi} [(z_0+r\mathrm{e}^{\mathrm{i}t})^2 + (z_0+r\mathrm{e}^{\mathrm{i}t})]\mathrm{i}r\mathrm{e}^{\mathrm{i}t}\mathrm{d}t \\
&= \int_0^{2\pi} (z_0^2 + 2z_0 r\mathrm{e}^{\mathrm{i}t} + r^2\mathrm{e}^{2\mathrm{i}t} + z_0 + r\mathrm{e}^{\mathrm{i}t})\mathrm{i}r\mathrm{e}^{\mathrm{i}t}\mathrm{d}t \\
&= \mathrm{i}r(z_0^2+z_0)\int_0^{2\pi}\mathrm{e}^{\mathrm{i}t}\mathrm{d}t + (2z_0 r+r)\mathrm{i}r\int_0^{2\pi}\mathrm{e}^{2\mathrm{i}t}\mathrm{d}t + \mathrm{i}r^3\int_0^{2\pi}\mathrm{e}^{3\mathrm{i}t}\mathrm{d}t. \quad (3.5)
\end{aligned}$$

对于任意非零整数 n, 有

$$\int_0^{2\pi} \mathrm{e}^{n\mathrm{i}t}\mathrm{d}t = \int_0^{2\pi}(\cos nt + \mathrm{i}\sin nt)\mathrm{d}t = 0,$$

故由 (3.5) 式可得

$$\oint_C (z^2+z)\mathrm{d}z = 0.$$

注 例 3.4 说明, 对于任意圆周 C, 复积分 $\oint_C (z^2+z)\mathrm{d}z$ 的值均是零. 实际上, 对于任意分段光滑闭曲线 C, 复积分 $\oint_C (z^2+z)\mathrm{d}z$ 的值也均为零. 我们将在下一节对此做出解释.

习题 3.1

1. 计算复积分 $\int_C z^3 \mathrm{d}z$, 其中 C 为:

(1) 从原点到点 $1+\mathrm{i}$ 的线段;

(2) 从原点沿实轴到点 1, 再从点 1 沿垂直方向向上到点 $1+\mathrm{i}$ 的折线;

(3) 从原点沿虚轴到点 i, 再从点 i 沿水平方向向右到点 $1+\mathrm{i}$ 的折线.

2. 计算复积分 $\int_C (x^2+\mathrm{i}y)\mathrm{d}z$, 其中 C 为:

(1) 从原点到点 $1+\mathrm{i}$ 的线段；

(2) 从原点沿抛物线 $y=x^2$ 到点 $1+\mathrm{i}$ 的曲线弧.

3. 计算复积分 $\oint_C \dfrac{z}{|z|}\mathrm{d}z$，其中 C 为下列正向圆周：

(1) $|z|=1$；　　　(2) $|z|=5$.

4. 计算复积分 $\int_C |z|\mathrm{d}z$，其中 C 为：

(1) 从点 $(-1,0)$ 到点 $(1,0)$ 的线段；

(2) 沿单位圆周 $|z|=1$ 的上半圆周从点 $(-1,0)$ 到点 $(1,0)$ 的圆弧；

(3) 沿单位圆周 $|z|=1$ 的下半圆周从点 $(-1,0)$ 到点 $(1,0)$ 的圆弧.

5. 计算复积分 $\int_C (x+y-\mathrm{i}x^2)\mathrm{d}z$，其中 C 为：

(1) 从原点到点 $1+\mathrm{i}$ 的线段；

(2) 从原点沿抛物线 $y=x^2$ 到点 $1+\mathrm{i}$ 的曲线弧.

6. 利用积分估值证明：$\left| \int_C (x^2+\mathrm{i}y^2)\mathrm{d}z \right| \leqslant 2$，其中 C 为连接点 $-\mathrm{i}$ 和 i 的有向线段.

7. 设函数 $f(z)$ 在单连通区域 D 内解析，C 为 D 内任意一条分段光滑简单闭曲线，试举例说明下列等式不一定成立：

$$\oint_C \mathrm{Re}(f(z))\mathrm{d}z = 0, \quad \oint_C \mathrm{Im}(f(z))\mathrm{d}z = 0.$$

§3.2 柯西-古萨定理和复合闭路定理

3.2.1 柯西-古萨定理

由 §3.1 中的例子我们发现：例 3.1 中的被积函数 $f(z)=z$ 在复平面内处处解析，它沿连接起点 0 和终点 $1+2\mathrm{i}$ 的任何曲线的积分值都相同. 也就是说，积分值与积分路径是无关的. 而例 3.2 中的被积函数 $f(z)=\mathrm{Im}(z)$ 在复平面内是处处不解析的，这时积分值与积分路径有关. 在例 3.3 中，当 $n=0$ 时，被积函数 $f(z)=\dfrac{1}{z-z_0}$ 在以点 z_0 为圆心的圆周 C 内除点 z_0 外处处解析，且有 $\oint_C \dfrac{\mathrm{d}z}{z-z_0}=2\pi\mathrm{i}\neq 0$. 如果在圆周 C 的内部把点 z_0 去除，被积函数显然是解析的，但此时解析的区域不再是单连通的. 由此可见，积分值与积分路径可能有关，也可能无关；沿闭曲线的积分为零可能与被积函数的解析性和解析区域的单连通性有关. 我们自然要问: 在什么情况下, 积分值与积分路径无关, 或者沿闭曲线的积分为零呢? 早在 1825 年, 柯西就给出了一个定理, 用于回答上述疑问. 现在这个定理已是复变函数理论中一个重要的基本定理, 称为柯西-古萨定理.

定理 3.2 (柯西-古萨定理) 如果函数 $f(z)$ 在单连通区域 B 内解析, 则函数 $f(z)$ 沿 B 内任意一条分段光滑闭曲线 C 的积分都是零, 即

$$\oint_C f(z)\mathrm{d}z = 0. \tag{3.6}$$

证明 这里只给出 $f'(z)$ 连续时的证明, $f'(z)$ 不连续情形的证明比较复杂, 感兴趣的读者可参阅相关的书籍.

设 $f(z) = u(x,y) + \mathrm{i}v(x,y)$, 根据定理的假设, 函数 $f(z)$ 在闭曲线 C 所围区域的内部和边界上总是可导的. 根据格林公式和 C-R 条件, 可得

$$\oint_C u(x,y)\mathrm{d}x - v(x,y)\mathrm{d}y = \iint_D \left(-\frac{\partial v}{\partial x} - \frac{\partial u}{\partial y}\right)\mathrm{d}x\mathrm{d}y = 0,$$

$$\oint_C u(x,y)\mathrm{d}y + v(x,y)\mathrm{d}x = \iint_D \left(\frac{\partial u}{\partial x} - \frac{\partial v}{\partial y}\right)\mathrm{d}x\mathrm{d}y = 0,$$

其中 D 为闭曲线 C 所围成的闭区域, 所以

$$\oint_C f(z)\mathrm{d}z = \oint_C u(x,y)\mathrm{d}x - v(x,y)\mathrm{d}y + \mathrm{i}\oint_C u(x,y)\mathrm{d}y + v(x,y)\mathrm{d}x = 0.$$

注 (1) 柯西-古萨定理又称为**柯西积分定理**. 在该定理中, 要求积分曲线 C 在 B 的内部. 实际上, C 可为 B 的边界曲线, 这时只需被积函数 $f(z)$ 在 B 的内部解析, 在边界上连续, 就有结论成立.

(2) 柯西-古萨定理并不要求积分曲线 C 是简单的, 只要是闭曲线就行, 如对于图 3.4 所示的闭曲线 C, 柯西-古萨定理仍然成立.

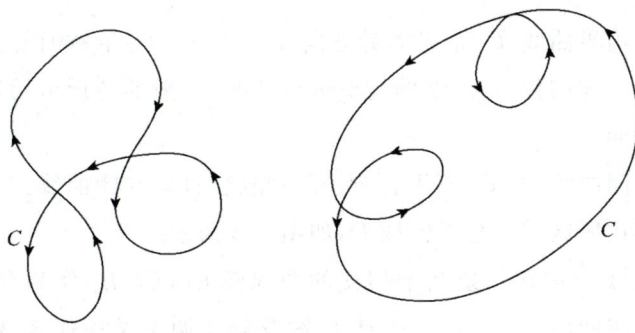

图 3.4

在 §3.1 的例 3.4 中，被积函数 z^2+z 在复平面内是处处解析的，由柯西-古萨定理，该函数沿任意一条分段光滑闭曲线的积分均为零.

推论 1 如果函数 $f(z)$ 在单连通区域 B 内解析，则在 B 内，复积分 $\int_C f(z)\mathrm{d}z$ 与连接积分曲线起点及终点的路径无关.

例 3.5 计算复积分 $\oint_C \dfrac{z+1}{(z-9)(z+10)}\mathrm{d}z$，其中 C 为正向圆周 $|z|=2$.

解 被积函数 $f(z)=\dfrac{z+1}{(z-9)(z+10)}$ 仅有两个奇点 $z_1=-10, z_2=9$，但这两个奇点均不在圆周 C 所围区域的内部和边界上，即函数 $f(z)$ 在圆周 C 所围成区域的内部和边界上处处解析，所以由柯西-古萨定理可知

$$\oint_C \frac{z+1}{(z-9)(z+10)}\mathrm{d}z = 0.$$

3.2.2 复合闭路定理

由柯西-古萨定理的证明，再结合格林公式对于多连通区域的可行性，我们可以把柯西-古萨定理推广到多连通区域的情形.

定理 3.3（**复合闭路定理**） 设 C_0 为多连通区域 D 内的一条分段光滑简单闭曲线，$C_1, C_2, \cdots, C_n$ 是在闭曲线 C_0 内部的分段光滑简单闭曲线，它们互不包含、互不相交，且以闭曲线 $C_0, C_1, C_2, \cdots, C_n$ 为边界的区域全含于 D. 如果函数 $f(z)$ 在 D 内解析，那么

(1) $\oint_{C_0} f(z)\mathrm{d}z = \sum_{k=1}^{n} \oint_{C_k} f(z)\mathrm{d}z$，其中闭曲线 $C_0, C_1, C_2, \cdots, C_n$ 均取正向；

(2) $\oint_{\Gamma} f(z)\mathrm{d}z = 0$，其中 Γ 是由闭曲线 $C_0, C_1, C_2, \cdots, C_n$ 所围成区域的正向边界曲线（C_0 取逆时针方向，$C_1, C_2, \cdots, C_n$ 取顺时针方向）.

证明 我们仅对 $n=2$ 的情形进行证明，一般的情形可用数学归纳法类似证明.

已知闭曲线 C_1, C_2 互不包含、互不相交，且均在闭曲线 C_0 的内部，它们所围成的区域全含于区域 D，如图 3.5 所示.

在区域 D 内取三条互不相交的曲线弧 L_0, L_1, L_2 作为割线，它们依次连接闭曲线 C_0, C_1, C_2，于是 D 被分割成两个单连通区域，其边界各是一条闭曲线，分别记为 Γ_1, Γ_2. 根据柯西-古萨定理，可知

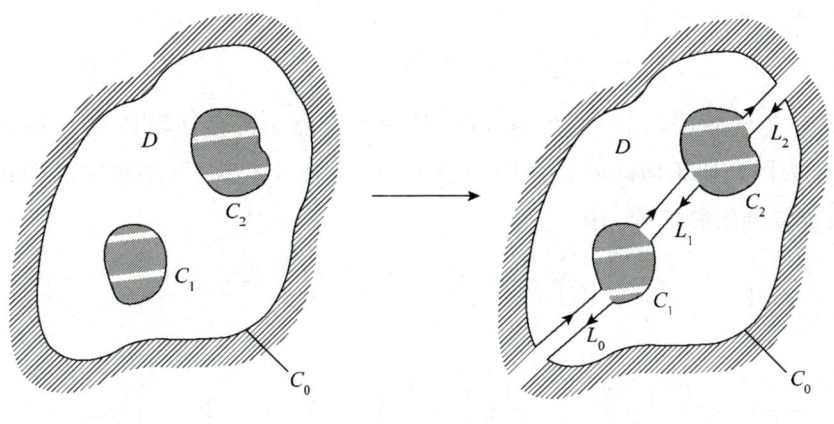

图 3.5

$$\oint_{\Gamma_1} f(z)\mathrm{d}z = 0, \quad \oint_{\Gamma_2} f(z)\mathrm{d}z = 0.$$

将这两个式子相加,并注意沿 L_0, L_1, L_2 的积分各从相反的两个方向取了一次,相加的过程中会相互抵消,于是可得

$$\oint_{C_0} f(z)\mathrm{d}z + \oint_{C_1^-} f(z)\mathrm{d}z + \oint_{C_2^-} f(z)\mathrm{d}z = 0,$$

即

$$\oint_{C_0} f(z)\mathrm{d}z = \oint_{C_1} f(z)\mathrm{d}z + \oint_{C_2} f(z)\mathrm{d}z.$$

复合闭路定理说明,在连通区域内解析函数 $f(z)$ 沿闭曲线的积分,不因闭曲线在区域内做连续变形而改变它的值,只要在变形过程中不经过 $f(z)$ 的奇点. 这一重要事实也称为**闭路变形原理**. 根据这一原理,结合 §3.1 的例 3.3, 可得如下结果:

$$\oint_C \frac{\mathrm{d}z}{(z-z_0)^{n+1}} = \begin{cases} 2\pi\mathrm{i}, & n = 0, \\ 0, & n \neq 0, \end{cases}$$

其中 C 为任意一条包含点 z_0 的正向分段光滑简单闭曲线,n 为整数.

例 3.6 计算复积分 $\oint_C \dfrac{2z+3}{z^2+3z+2}\mathrm{d}z$,其中 C 为:

(1) 正向圆周 $|z-10|=1$;

(2) 包含圆周 $|z|=3$ 在内的任意正向分段光滑简单闭曲线.

解 令 $f(z) = \dfrac{2z+3}{z^2+3z+2}$,则 $f(z)$ 在整个复平面内仅有两个奇点 $z_1 = -1$ 和 $z_2 = -2$.

(1) $f(z)$ 的两个奇点均不在闭曲线 C 所围成区域的内部和边界上,即 $f(z)$ 在闭曲线 C 所围成区域的内部和边界上处处解析,所以由柯西-古萨定理可知

$$\oint_C \frac{2z+3}{z^2+3z+2}dz = 0.$$

（2）由于闭曲线 C 包含圆周 $|z|=3$，所以 $f(z)$ 的两个奇点全部落在闭曲线 C 的内部. 分别以点 z_1 和 z_2 为圆心作正向圆周 Γ_1 和 Γ_2，使 Γ_1 和 Γ_2 互不相交、互不包含且都在闭曲线 C 的内部，根据复合闭路定理，有

$$\oint_C \frac{2z+3}{z^2+3z+2}dz = \oint_{\Gamma_1} \frac{2z+3}{z^2+3z+2}dz + \oint_{\Gamma_2} \frac{2z+3}{z^2+3z+2}dz,$$

而

$$\oint_{\Gamma_1} \frac{2z+3}{z^2+3z+2}dz = \oint_{\Gamma_1} \left(\frac{1}{z+1} + \frac{1}{z+2}\right)dz = \oint_{\Gamma_1} \frac{1}{z+1}dz + \oint_{\Gamma_1} \frac{1}{z+2}dz$$
$$= 2\pi i + 0 = 2\pi i,$$
$$\oint_{\Gamma_2} \frac{2z+3}{z^2+3z+2}dz = \oint_{\Gamma_2} \left(\frac{1}{z+1} + \frac{1}{z+2}\right)dz = \oint_{\Gamma_2} \frac{1}{z+1}dz + \oint_{\Gamma_2} \frac{1}{z+2}dz$$
$$= 0 + 2\pi i = 2\pi i,$$

所以

$$\oint_C \frac{2z+3}{z^2+3z+2}dz = 2\pi i + 2\pi i = 4\pi i.$$

从这个例子可以看出，借助复合闭路定理，可以把比较复杂的复积分转化为比较简单的复积分进行计算. 这是计算复积分常用的一种方法. 更一般的情形是，如果函数 $f(z)$ 在闭曲线 C 内部仅有有限个奇点，不妨设为 $z_1, z_2, \cdots, z_n$，那么可以分别以点 $z_1, z_2, \cdots, z_n$ 为圆心作 n 个两两互不相交、互不包含且均在闭曲线 C 内部的正向圆周 $C_1, C_2, \cdots, C_n$，这样就把 $f(z)$ 在闭曲线 C 上的积分转化为 $f(z)$ 在圆周 $C_1, C_2, \cdots, C_n$ 上的积分之和. 注意，这里 $f(z)$ 在 $C_1, C_2, \cdots, C_n$ 的内部均有且仅有一个奇点，这时复积分的计算可能会变得比较容易，从而达到解决问题的目的.

习题 3.2

1. 计算下列复积分，其中 C 为正向圆周 $|z|=4$：

(1) $\oint_C (z^4+1)dz$；

(2) $\oint_C e^z \sin z \, dz$；

(3) $\oint_C \ln(z+10)dz$；

(4) $\oint_C \frac{2z}{z^4+11}dz$；

(5) $\oint_C \dfrac{1}{(z+1)(z+5)} \mathrm{d}z$; (6) $\oint_C \dfrac{1}{(z+1)(z+2)} \mathrm{d}z$.

2. 计算复积分 $\oint_C (z-a)^n \mathrm{d}z$，其中 C 为不经过点 a 的正向分段光滑简单闭曲线，n 为整数.

3. 计算复积分 $\oint_C \dfrac{1}{(z+1)(z+3)} \mathrm{d}z$，其中 C 为下列正向圆周：

(1) $|z| = \dfrac{1}{2}$;

(2) $|z+1| = \dfrac{1}{2}$;

(3) $|z+1| = 6$;

(4) $|z+10| = 1$;

(5) $|z+3| = 1$.

4. 设 C 为任意不经过原点的分段光滑简单闭曲线，证明：$\oint_C \dfrac{1}{z^5} \mathrm{d}z = 0$.

5. 设 C 为单连通区域 D 内的分段光滑闭曲线，函数 $f(z)$ 在 D 内解析，证明：$\oint_C f(z) \mathrm{d}z = 0$.

6. 设函数 $f(z) = x^2 - y^2 + 3x - 6 + \mathrm{i}(2xy + 3y - 1)$，曲线 C 为复平面内任意一条分段光滑简单闭曲线，证明：$\oint_C f(z) \mathrm{d}z = 0$.

§3.3 原函数与不定积分

3.3.1 不定积分

根据 §3.1 中的推论 1 我们知道，如果函数 $f(z)$ 在单连通区域 D 内是解析的，则在该区域内复积分 $\int_C f(z) \mathrm{d}z$ 仅与曲线 C 的起点 z_0 和终点 z_1 有关，而与积分路径无关. 这时，我们通常记 $\int_C f(z) \mathrm{d}z = \int_{z_0}^{z_1} f(z) \mathrm{d}z$. 也就是说，若设曲线 L_1 和 L_2 均为 D 内以 z_0 为起点，z_1 为终点的曲线，则有

$$\int_{L_1} f(z) \mathrm{d}z = \int_{L_2} f(z) \mathrm{d}z = \int_{z_0}^{z_1} f(z) \mathrm{d}z.$$

现在我们固定点 z_0，使点 z_1 在 D 内变动，则对于每个点 z_1，有唯一的一个积分值与之对应. 当 z_1 取遍 D 内的所有点时，我们就得到了一个定义在 D 上的单值函数

$$F(z) = \int_{z_0}^{z} f(\xi) \mathrm{d}\xi.$$

从形式上看这个函数和实变函数中的变上限积分函数相类似,因此也称之为**变上限积分函数**.实际上,它保留了实变函数中变上限积分函数可导的性质.

定理 3.4 如果函数 $f(z)$ 在单连通区域 D 内解析,则变上限积分函数 $F(z)$ 也在 D 内解析,且 $F'(z) = f(z)$.

证明 我们只需证明对于任意 $z \in D$,有 $F'(z) = f(z)$ 即可.为此,以点 z 为圆心作一个含于 D 的小圆周,在小圆周内部考虑动点 $z + \Delta z$ ($\Delta z \neq 0$),如图 3.6 所示.

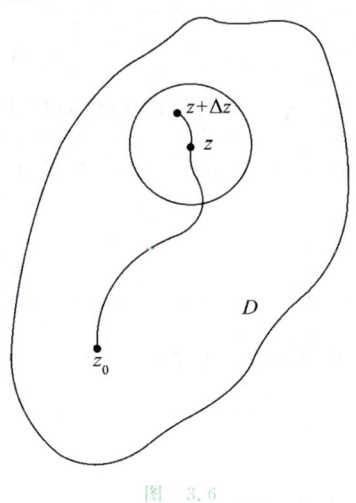

图 3.6

考虑

$$\frac{F(z+\Delta z) - F(z)}{\Delta z} = \frac{1}{\Delta z}\left(\int_{z_0}^{z+\Delta z} f(\xi)\mathrm{d}\xi - \int_{z_0}^{z} f(\xi)\mathrm{d}\xi\right)$$

当 $\Delta z \to 0$ 时的极限.由于在 D 内复积分与积分路径无关,所以对于复积分 $\int_{z_0}^{z+\Delta z} f(\xi)\mathrm{d}\xi$,可以采用特殊的积分路径进行计算.特别地,我们可以考虑从点 z_0 到点 z,再从点 z 沿直线到点 $z + \Delta z$ 的积分路径,而从点 z_0 到点 z 的积分路径可取与 $\int_{z_0}^{z} f(\xi)\mathrm{d}\xi$ 的积分路径相同,于是可得

$$\frac{F(z+\Delta z) - F(z)}{\Delta z} = \frac{1}{\Delta z}\int_{z}^{z+\Delta z} f(\xi)\mathrm{d}\xi.$$

注意到 $f(z)$ 是与积分变量 ξ 无关的量,从而可得

$$f(z) = \frac{1}{\Delta z}\int_{z}^{z+\Delta z} f(z)\mathrm{d}\xi.$$

上面两式相减,可得

$$\frac{F(z+\Delta z) - F(z)}{\Delta z} - f(z) = \frac{1}{\Delta z}\int_{z}^{z+\Delta z} (f(\xi) - f(z))\mathrm{d}\xi.$$

由于 $f(z)$ 在 D 内连续,所以对于任意给定的 $\varepsilon>0$,只要开始取的小圆周的半径足够小,就能保证小圆周内部任意的 ξ 均满足 $|f(\xi)-f(z)|<\varepsilon$,于是可得

$$\left|\frac{F(z+\Delta z)-F(z)}{\Delta z}-f(z)\right| = \left|\frac{1}{\Delta z}\int_z^{z+\Delta z}(f(\xi)-f(z))\mathrm{d}\xi\right|$$

$$= \frac{\left|\int_z^{z+\Delta z}(f(\xi)-f(z))\mathrm{d}\xi\right|}{|\Delta z|}$$

$$\leqslant \varepsilon\frac{|\Delta z|}{|\Delta z|}=\varepsilon,$$

即

$$\lim_{\Delta z\to 0}\frac{F(z+\Delta z)-F(z)}{\Delta z}=f(z).$$

所以 $F'(z)=f(z)$.

注 定理 3.4 中要求函数 $f(z)$ 在单连通区域 D 内是解析的. 这个条件不是必要的,它还可以减弱一点. 实际上,如果函数 $f(z)$ 在单连通区域 D 内连续,并且 $f(z)$ 沿 D 内任意一条分段光滑简单闭曲线 C 的积分都是零,则结论仍然是成立的.

例 3.7 令 $\Phi(z)=\int_0^{z^2}\mathrm{e}^\xi\sin\xi\mathrm{d}\xi$,求 $\dfrac{\mathrm{d}\Phi}{\mathrm{d}z}$.

解 根据复合函数的求导法则,得

$$\frac{\mathrm{d}\Phi}{\mathrm{d}z}=\mathrm{e}^{z^2}\sin z^2\cdot(z^2)'=2z\mathrm{e}^{z^2}\sin z^2.$$

定义 3.3 设 $f(z)$ 为定义在区域 D 上的函数. 如果函数 $\Phi(z)$ 满足

$$\Phi'(z)=f(z) \quad (\forall z\in D),$$

则称 $\Phi(z)$ 为 $f(z)$ 在 D 上的一个**原函数**.

根据定理 3.4,如果函数 $f(z)$ 在单连通区域 D 内解析,则 $F(z)=\int_{z_0}^z f(\xi)\mathrm{d}\xi\ (z,z_0\in D)$ 就是 $f(z)$ 在 D 上的一个原函数. 如果 $\Phi(z)$ 也是 $f(z)$ 在 D 上的一个原函数,则它和 $F(z)$ 是什么关系呢? 此时,显然有 $\Phi'(z)-F'(z)=0$,即

$$\Phi(z)-F(z)=C_0,$$

其中 C_0 为某个常数. 显然,$f(z)$ 的任意两个原函数相差一个常数. 所以,若 $\Phi(z)$ 是 $f(z)$ 的一个原函数,C 为任意常数,则 $\Phi(z)+C$ 包含了 $f(z)$ 的所有原函数.

我们把函数 $f(z)$ 的原函数的全体称为 $f(z)$ 的**不定积分**，记作 $\int f(z)\mathrm{d}z$，即

$$\int f(z)\mathrm{d}z = \Phi(z) + C,$$

其中 $\Phi(z)$ 为函数 $f(z)$ 的任意一个原函数，C 为任意常数.

这样，我们就把高等数学中不定积分的概念推广到复变函数理论中.

3.3.2 牛顿-莱布尼茨公式

同样，我们可以把高等数学中关于积分的基本公式——牛顿-莱布尼茨(Newton-Leibniz)公式推广到复变函数理论中. 因此，我们有下面的定理.

定理 3.5 如果 $\Phi(z)$ 为函数 $f(z)$ 在单连通区域 D 内的任意一个原函数，且 $f(z)$ 在 D 内解析，则

$$\int_{z_0}^{z_1} f(z)\mathrm{d}z = \Phi(z_1) - \Phi(z_0) \quad (z_1, z_0 \in D).$$

证明 由于变上限积分函数 $F(z) = \int_{z_0}^{z} f(\xi)\mathrm{d}\xi$ 是 $f(z)$ 在 D 内的一个原函数，所以

$$\Phi(z) - F(z) = C_0,$$

其中 C_0 为待定常数. 又有 $F(z_0) = 0$，所以 $\Phi(z_0) = C_0$，进而有

$$\Phi(z_1) - F(z_1) = \Phi(z_0),$$

故

$$\Phi(z_1) - \Phi(z_0) = F(z_1) = \int_{z_0}^{z_1} f(z)\mathrm{d}z.$$

定理 3.5 说明，牛顿-莱布尼茨公式在复变函数理论中也是成立的. 因此，在高等数学中关于计算定积分的一些方法也可以平行地推广过来. 同样，为了简便，我们记

$$\Phi(z)\Big|_{z_0}^{z_1} = \Phi(z_1) - \Phi(z_0).$$

例 3.8 计算复积分 $\int_0^{\mathrm{i}} z\mathrm{e}^{z^2}\mathrm{d}z$.

解 注意到被积函数 $f(z) = z\mathrm{e}^{z^2}$ 在整个复平面内是处处解析的，所以

$$\int_0^{\mathrm{i}} z\mathrm{e}^{z^2}\mathrm{d}z = \int_0^{\mathrm{i}} \frac{1}{2}\mathrm{e}^{z^2}\mathrm{d}(z^2) = \int_0^{-1} \frac{1}{2}\mathrm{e}^{u}\mathrm{d}u$$

$$= \frac{1}{2}\mathrm{e}^{u}\Big|_0^{-1} = \frac{1}{2}(\mathrm{e}^{-1} - 1).$$

这个例子说明,在一定条件下,高等数学中计算定积分的换元积分法也适用于复积分.

例 3.9 计算复积分 $\int_0^{2\pi i} z\mathrm{e}^z \mathrm{d}z$.

解 在这个例子中,被积函数 $f(z) = z\mathrm{e}^z$ 也是在整个复平面内处处解析的,所以
$$\int_0^{2\pi i} z\mathrm{e}^z \mathrm{d}z = \int_0^{2\pi i} z\mathrm{d}(\mathrm{e}^z) = z\mathrm{e}^z \Big|_0^{2\pi i} - \int_0^{2\pi i} \mathrm{e}^z \mathrm{d}z$$
$$= 2\pi \mathrm{i} - \mathrm{e}^z \Big|_0^{2\pi i} = 2\pi \mathrm{i}.$$

这个例子说明,高等数学中计算定积分的分部积分法也适用于复积分.

例 3.10 计算复积分 $\int_0^{i-1} \ln(1+z) \mathrm{d}z$.

解 我们知道函数 $\ln z$ 在复平面内除原点和负实轴外处处解析,因此把负实轴沿 $x \leqslant -1$ 剪掉,则函数 $\ln(1+z)$ 在剩下的区域 D 内处处解析.而 $(1+z)\ln(1+z) - z$ 为函数 $\ln(1+z)$ 在区域 D 上的一个原函数,所以
$$\int_0^{i-1} \ln(1+z) \mathrm{d}z = [(1+z)\ln(1+z) - z] \Big|_0^{i-1}$$
$$= \mathrm{i}\ln\mathrm{i} - \mathrm{i} + 1 = 1 - \frac{\pi}{2} - \mathrm{i}.$$

习题 3.3

1. 求下列不定积分:

(1) $\int \mathrm{e}^{2z} \sin z \mathrm{d}z$; (2) $\int \ln z \mathrm{d}z$;

(3) $\int z^2 \sin z \mathrm{d}z$; (4) $\int (z^5 + 6z) \mathrm{d}z$.

2. 计算下列复积分:

(1) $\int_0^{i\pi} \mathrm{e}^{4z} \mathrm{d}z$; (2) $\int_0^{\pi} \cos^2 z \mathrm{d}z$;

(3) $\int_0^1 z\cos z \mathrm{d}z$; (4) $\int_{-i}^{i} (z+i)\mathrm{e}^z \mathrm{d}z$.

§3.4 柯西积分公式及其推广

设 D 是一个单连通区域. 如果函数 $f(z)$ 在 D 内解析, 点 $z_0 \in D$, 那么函数 $\dfrac{f(z)}{z-z_0}$ 在 D 内除点 z_0 外处处解析. 若 C 是 D 内包含点 z_0 的正向分段光滑简单闭曲线, 则复积分 $\oint_C \dfrac{f(z)}{z-z_0}\mathrm{d}z$ 一般不为零. 根据复合闭路定理, 我们可以以点 z_0 为圆心作一个半径充分小的正向圆周 C_1, 使 C_1 含于 C 的内部, 此时有

$$\oint_C \frac{f(z)}{z-z_0}\mathrm{d}z = \oint_{C_1} \frac{f(z)}{z-z_0}\mathrm{d}z.$$

注意, 这里只要求 C_1 含于 C 的内部, C_1 的半径可以任意小. 当 C_1 的半径接近于零时, C_1 上 $f(z)$ 的所有值都接近于 $f(z_0)$. 于是, 我们有

$$\oint_C \frac{f(z)}{z-z_0}\mathrm{d}z \approx f(z_0) \oint_{C_1} \frac{1}{z-z_0}\mathrm{d}z = 2\pi\mathrm{i} f(z_0).$$

实际上, 上式两端是相等的. 也就是说, 我们有下面的定理.

定理 3.6 设函数 $f(z)$ 在单连通区域 D 内解析, C 为 D 内的一条正向分段光滑简单闭曲线, 它的内部含于 D, z_0 为 C 内部任意一点, 则

$$f(z_0) = \frac{1}{2\pi\mathrm{i}} \oint_C \frac{f(z)}{z-z_0}\mathrm{d}z. \tag{3.7}$$

证明 因为 z_0 为 D 内的点, 所以 $f(z)$ 在点 z_0 处连续. 故对于任意给定的 $\varepsilon > 0$, 都存在常数 $\delta = \delta(\varepsilon) > 0$, 使得当 $|z-z_0| < \delta$ 时, 有

$$|f(z) - f(z_0)| < \varepsilon.$$

以点 z_0 为圆心, R 为半径作一个含于 C 内部的圆周 K, 并使 $R \leqslant \delta$. 此时

$$\oint_C \frac{f(z)}{z-z_0}\mathrm{d}z = \oint_K \frac{f(z)}{z-z_0}\mathrm{d}z,$$

而

$$2\pi\mathrm{i} f(z_0) = f(z_0) \oint_K \frac{1}{z-z_0}\mathrm{d}z = \oint_K \frac{f(z_0)}{z-z_0}\mathrm{d}z,$$

所以

$$\left| \oint_C \frac{f(z)}{z-z_0}\mathrm{d}z - 2\pi\mathrm{i} f(z_0) \right| = \left| \oint_K \frac{f(z)}{z-z_0}\mathrm{d}z - \oint_K \frac{f(z_0)}{z-z_0}\mathrm{d}z \right|$$

$$= \left| \oint_K \frac{f(z) - f(z_0)}{z-z_0}\mathrm{d}z \right|$$

$$\leqslant \oint_K \frac{|f(z)-f(z_0)|}{|z-z_0|}ds$$

$$\leqslant \frac{\varepsilon}{R}\oint_K ds = 2\pi\varepsilon.$$

由 ε 的任意性可知 $\oint_C \frac{f(z)}{z-z_0}dz - 2\pi \mathrm{i} f(z_0)$ 的模可以任意小,所以必然有

$$\oint_C \frac{f(z)}{z-z_0}dz - 2\pi \mathrm{i} f(z_0) = 0,$$

即(3.7)式成立.

我们称(3.7)式为**柯西积分公式**. 柯西积分公式说明,函数 $f(z)$ 在闭曲线 C 内部任意一点的值可以由它在 C 上的值来确定. 换句话说,对于区域 D 内的解析函数 $f(z)$ 来说,一旦它在 D 的边界上的值确定了,那么它在 D 内部任意点的值也就确定了. 这是解析函数的一大特征. 柯西积分公式不仅给出了一个解析函数的积分表达式,同时也提供了一种计算沿闭曲线积分的方法.

如果闭曲线 C 为圆周 $z=z_0+R\mathrm{e}^{\mathrm{i}\theta}(0\leqslant\theta\leqslant 2\pi)$,则(3.7)式变为

$$f(z_0) = \frac{1}{2\pi}\int_0^{2\pi} f(z_0+R\mathrm{e}^{\mathrm{i}\theta})d\theta.$$

这表明,一个解析函数在圆心处的值等于它在圆周上的平均值.

例 3.11 计算下列复积分,其中积分曲线 C 为正向圆周 $|z|=10$:

(1) $\oint_C \frac{z\mathrm{e}^z}{z-2}dz$;   (2) $\oint_C \frac{\sin z}{z^2-3\pi z+2\pi^2}dz$.

解 (1) 根据柯西积分公式,得

$$\oint_C \frac{z\mathrm{e}^z}{z-2}dz = 2\pi \mathrm{i} z\mathrm{e}^z \big|_{z=2} = 4\mathrm{e}^2\pi \mathrm{i}.$$

(2) 分别以被积函数的奇点 $z=\pi$ 和 $z=2\pi$ 为圆心作两个圆周 K_1 和 K_2,使这两个圆周互不包含、互不相交且均在 C 的内部,则根据复合闭路定理可知

$$\oint_C \frac{\sin z}{z^2-3\pi z+2\pi^2}dz = \oint_{K_1} \frac{\sin z}{z^2-3\pi z+2\pi^2}dz + \oint_{K_2} \frac{\sin z}{z^2-3\pi z+2\pi^2}dz.$$

而

$$\oint_{K_1} \frac{\sin z}{z^2-3\pi z+2\pi^2}dz = \oint_{K_1} \frac{\frac{\sin z}{z-2\pi}}{z-\pi}dz = 2\pi \mathrm{i} \frac{\sin z}{z-2\pi}\bigg|_{z=\pi} = 0,$$

$$\oint_{K_2} \frac{\sin z}{z^2-3\pi z+2\pi^2}dz = \oint_{K_2} \frac{\frac{\sin z}{z-\pi}}{z-2\pi}dz = 2\pi \mathrm{i} \frac{\sin z}{z-\pi}\bigg|_{z=2\pi} = 0,$$

所以
$$\oint_C \frac{\sin z}{z^2 - 3\pi z + 2\pi^2} dz = 0.$$

在定理 3.6 中，将任意点 z_0 记为 z，则公式(3.7)可以改写成如下形式：
$$f(z) = \frac{1}{2\pi i} \oint_C \frac{f(\xi)}{\xi - z} d\xi. \tag{3.8}$$

我们考虑对公式(3.8)在积分下进行求导运算，于是可得
$$f'(z) = \frac{1}{2\pi i} \oint_C \frac{f(\xi)}{(\xi - z)^2} d\xi.$$

再进行一次，有
$$f''(z) = \frac{2}{2\pi i} \oint_C \frac{f(\xi)}{(\xi - z)^3} d\xi.$$

进行 n 次后可得
$$f^{(n)}(z) = \frac{n!}{2\pi i} \oint_C \frac{f(\xi)}{(\xi - z)^{n+1}} d\xi.$$

这些公式是否正确呢？回答是肯定的，下面的定理说明了这一点。

定理 3.7 区域 D 内的解析函数 $f(z)$ 的导数仍为解析函数，它在点 $z_0 \in D$ 处的 n 阶导数为
$$f^{(n)}(z_0) = \frac{n!}{2\pi i} \oint_C \frac{f(z)}{(z - z_0)^{n+1}} dz, \tag{3.9}$$

其中 C 为 D 内任意一条包含 z_0 且内部含于 D 的正向分段光滑简单闭曲线。

这个定理的证明类似于定理 3.6 的证明，这里我们略去。通常称(3.9)式为高阶导数公式。该公式说明，解析函数的高阶导数可以表示成积分的形式。这对于研究解析函数的一些特性具有重要的理论意义，但它对于高阶导数的计算并无实际意义。实际上，高阶导数公式的作用不在于通过复积分来计算导数，而在于通过导数来计算复积分。另外，解析函数的导数仍为解析函数这一特性是实变函数所不具备的。我们知道，对于实变函数，其导数的连续性都不能得到保证，所以它的导数完全可能是不可导的。

例 3.12 计算下列复积分，其中 C 为正向圆周 $|z|=10$：

(1) $\oint_C \frac{e^z}{(z-1)^5} dz$； (2) $\oint_C \frac{\cos(iz)}{(z^2+\pi^2)^2} dz.$

解 (1) 令函数 $f(z) = \dfrac{e^z}{(z-1)^5}$，则 $f(z)$ 在 C 的内部除点 $z=1$ 外处处解析. 由高阶导数公式可得

$$\oint_C \frac{e^z}{(z-1)^5} dz = \frac{2\pi i}{(5-1)!} (e^z)^{(5-1)} \big|_{z=1} = \frac{\pi e}{12} i.$$

(2) 令函数 $f(z) = \dfrac{\cos(iz)}{(z^2+\pi^2)^2}$，则 $f(z)$ 在 C 的内部除点 $z = \pm \pi i$ 外处处解析. 因此，分别以点 $z = \pi i$ 和 $z = -\pi i$ 为圆心作圆周 K_1 和 K_2，使这两个圆周互不包含、互不相交且均在 C 的内部，则根据复合闭路定理可知

$$\oint_C f(z) dz = \oint_{K_1} f(z) dz + \oint_{K_2} f(z) dz.$$

而

$$\oint_{K_1} f(z) dz = \oint_{K_1} \frac{\frac{\cos(iz)}{(z+\pi i)^2}}{(z-\pi i)^2} dz = \frac{2\pi i}{1!} \left[\frac{\cos(iz)}{(z+\pi i)^2}\right]' \bigg|_{z=\pi i} = -\frac{1}{2\pi^2},$$

同理可得

$$\oint_{K_2} f(z) dz = \oint_{K_2} \frac{\frac{\cos(iz)}{(z-\pi i)^2}}{(z+\pi i)^2} dz = \frac{2\pi i}{1!} \left[\frac{\cos(iz)}{(z-\pi i)^2}\right]' \bigg|_{z=-\pi i} = \frac{1}{2\pi^2},$$

所以

$$\oint_C \frac{\cos(iz)}{(z^2+\pi^2)^2} dz = -\frac{1}{2\pi^2} + \frac{1}{2\pi^2} = 0.$$

根据定理 3.7，我们可以证明柯西-古萨定理的逆定理成立，称之为**莫雷拉（Morera）定理**.

定理 3.8（莫雷拉定理） 设函数 $f(z)$ 在单连通区域 D 内连续，且对于 D 内任意一条分段光滑简单闭曲线 C，有 $\oint_C f(z) dz = 0$，则 $f(z)$ 在 D 内解析.

证明 在 D 内任取定一点 z_0，设 z 为 D 内任意一点，则根据已知条件，复积分 $\int_{z_0}^{z} f(\xi) d\xi$ 的值在 D 内与连接点 z_0 和 z 的积分路径无关，即它在 D 内定义了一个单值函数

$$F(z) = \int_{z_0}^{z} f(\xi) d\xi.$$

与证明定理 3.4 类似，可以证明函数 $F(z)$ 在 D 内解析，且

$$F'(z) = f(z),$$

即 $f(z)$ 是一个解析函数 $F(z)$ 的导数,所以它也是解析函数.

由定理 3.7,我们还可以得到著名的柯西不等式.

定理 3.9 若函数 $f(z)$ 在圆形区域 $|z-z_0|<R$ 内解析,且 $|f(z)|<M$,则

$$|f^{(n)}(z_0)| \leqslant \frac{n!M}{R^n} \quad (n=1,2,\cdots). \tag{3.10}$$

证明 作正向圆周 $C: |z-z_0|=r \ (r<R)$. 根据定理 3.7,得

$$|f^{(n)}(z_0)| = \left|\frac{n!}{2\pi i}\right| \left|\oint_C \frac{f(\xi)}{(\xi-z_0)^{n+1}}d\xi\right|$$

$$\leqslant \frac{n!}{2\pi} \oint_C \left|\frac{f(\xi)}{(\xi-z_0)^{n+1}}\right| ds$$

$$\leqslant \frac{n!}{2\pi} \cdot \frac{M}{r^{n+1}} 2\pi r = \frac{n!M}{r^n}.$$

令 $r \to R$,可得

$$|f^{(n)}(z_0)| \leqslant \frac{n!M}{R^n}.$$

在复变函数理论中,(3.10)式称为**柯西不等式**.

习题 3.4

1. 计算下列复积分,其中积分曲线均是正向圆周:

(1) $\oint_{|z|=1} \frac{\cos z}{z} dz$;

(2) $\oint_{|z|=1} \frac{\sin z}{z+4} dz$;

(3) $\oint_{|z+\sqrt{\pi}|=1} \frac{\sin z^2}{z+\sqrt{\pi}} dz$;

(4) $\oint_{|z|=1} \frac{\sin z}{z^5} dz$;

(5) $\oint_{|z|=2} \frac{z}{z^2+1} dz$;

(6) $\oint_{|z|=2} \frac{1}{z^2(z-1)} dz$;

(7) $\oint_{|z|=2} \frac{1}{(z^2+10)(z-4)^3} dz$;

(8) $\oint_{|z-3|=2} \frac{\ln z}{z(z-4)} dz$;

(9) $\oint_{|z|=2} \frac{ze^z}{(z+1)^4} dz$.

2. 计算复积分 $\oint_C \frac{e^z}{(z-a)^4} dz$,其中 C 为不经过点 $z=a$ 的正向分段光滑简单闭曲线.

3. 计算复积分 $\oint_C \frac{\sin z}{z(z-\pi)^2} dz$,其中 C 为不经过点 $z=0,\pi$ 的正向分段光滑简单闭曲线.

4. 设函数 $f(z)$ 和 $g(z)$ 在分段光滑简单闭曲线 C 的内部及 C 上处处解析,且在 C 上有 $f(z)=g(z)$,证明:在 C 内部 $f(z)=g(z)$ 亦成立.

5. 证明:若函数 $f(z)$ 在整个复平面内解析且有界,则 $f(z)$ 必为常数.这个结论称为**刘维尔(Liouville)定理**.

6. 设 C_1 和 C_2 为两条互不包含、互不相交的正向分段光滑简单闭曲线,证明:

$$\frac{1}{2\pi i}\left(\oint_{C_1}\frac{z^2}{z-z_0}\mathrm{d}z+\oint_{C_2}\frac{\sin z}{z-z_0}\mathrm{d}z\right)=\begin{cases}z_0^2, & z_0 \text{ 在 } C_1 \text{ 的内部,}\\ \sin z_0, & z_0 \text{ 在 } C_2 \text{ 的内部.}\end{cases}$$

§3.5 解析函数与调和函数的关系

通过对 §3.4 的学习我们知道,解析函数 $f(z)=u(x,y)+\mathrm{i}v(x,y)$ 的导数仍为解析函数.这意味着,二元实变函数 $u(x,y)$ 和 $v(x,y)$ 具有二阶连续偏导数.这一节中我们将讨论,如果 $u(x,y)$ 和 $v(x,y)$ 具有二阶连续偏导数,那么在什么情况下 $f(z)=u(x,y)+\mathrm{i}v(x,y)$ 是解析函数.换句话说,已知 $u(x,y)$,我们能否找到合适的 $v(x,y)$,使得 $f(z)=u(x,y)+\mathrm{i}v(x,y)$ 为解析函数呢?为此,我们先引入调和函数的概念.

定义 3.4 如果二元实变函数 $\varphi(x,y)$ 在区域 D 内具有二阶连续偏导数,并且满足

$$\frac{\partial^2\varphi}{\partial x^2}+\frac{\partial^2\varphi}{\partial y^2}=0, \tag{3.11}$$

则称 $\varphi(x,y)$ 为 D 内的**调和函数**.这里(3.11)式称为**拉普拉斯方程**.

调和函数在流体力学和电磁场理论等领域的实际问题中都有着重要的应用.下面的定理说明了调和函数与解析函数的关系.

定理 3.10 设函数 $f(z)=u(x,y)+\mathrm{i}v(x,y)$ 在区域 D 内解析,则 $u(x,y)$ 和 $v(x,y)$ 是 D 内的调和函数.

证明 因为 $f(z)$ 是 D 内的解析函数,所以 $u(x,y)$ 和 $v(x,y)$ 在 D 内具有二阶连续偏导数,并且有

$$\frac{\partial u}{\partial x}=\frac{\partial v}{\partial y},\quad \frac{\partial u}{\partial y}=-\frac{\partial v}{\partial x},$$

$$\frac{\partial^2 u}{\partial x^2}=\frac{\partial}{\partial x}\left(\frac{\partial v}{\partial y}\right)=\frac{\partial^2 v}{\partial y \partial x},$$

$$\frac{\partial^2 u}{\partial y^2}=\frac{\partial}{\partial y}\left(-\frac{\partial v}{\partial x}\right)=-\frac{\partial^2 v}{\partial x \partial y},$$

由于 $v(x,y)$ 的二阶偏导数是连续的,所以

$$\frac{\partial^2 v}{\partial y \partial x} = \frac{\partial^2 v}{\partial x \partial y}.$$

由此可得

$$\frac{\partial^2 u}{\partial x^2} + \frac{\partial^2 u}{\partial y^2} = 0,$$

所以 $u(x,y)$ 为 D 内的调和函数.

类似地,我们可以证明 $v(x,y)$ 也是 D 内的调和函数.

对于在区域 D 内满足 C-R 条件

$$\frac{\partial u}{\partial x} = \frac{\partial v}{\partial y}, \quad \frac{\partial u}{\partial y} = -\frac{\partial v}{\partial x},$$

的两个调和函数 $u(x,y)$ 和 $v(x,y)$,称 $v(x,y)$ 为 $u(x,y)$ 在 D 内的**共轭调和函数**.

定理 3.10 说明,解析函数的虚部是实部的共轭调和函数. 显然,当函数 $\varphi(x,y)$ 是函数 $\psi(x,y)$ 的共轭调和函数时,$\psi(x,y)$ 不一定是 $\varphi(x,y)$ 的共轭调和函数,除非 $\varphi(x,y)$ 和 $\psi(x,y)$ 均为常数. 已知一个调和函数,如何求它的共轭调和函数呢? 或者说,已知解析函数的实部(或虚部),如何求它的虚部(或实部),从而得到该解析函数呢? 目前常用的方法有两种:偏积分法和不定积分法. 下面我们先通过例子介绍偏积分法.

例 3.13 已知函数 $u(x,y) = x^3 - 3xy^2 + x^2 - y^2$,证明:$u(x,y)$ 为调和函数;并求它的共轭调和函数.

解 显然,$u(x,y)$ 具有二阶连续偏导数,且

$$\frac{\partial u}{\partial x} = 3x^2 - 3y^2 + 2x, \quad \frac{\partial^2 u}{\partial x^2} = 6x + 2,$$

$$\frac{\partial u}{\partial y} = -6xy - 2y, \quad \frac{\partial^2 u}{\partial y^2} = -6x - 2,$$

所以

$$\frac{\partial^2 u}{\partial x^2} + \frac{\partial^2 u}{\partial y^2} = 0.$$

因此,$u(x,y)$ 为调和函数.

设 $v(x,y)$ 是 $u(x,y)$ 的共轭调和函数,则

$$\frac{\partial v}{\partial y} = \frac{\partial u}{\partial x} = 3x^2 - 3y^2 + 2x.$$

上式两端对变量 y 积分,可得

$$v(x,y) = \int (3x^2 - 3y^2 + 2x) \mathrm{d}y = 3x^2 y - y^3 + 2xy + g(x),$$

其中 $g(x)$ 是待定函数,于是
$$\frac{\partial v}{\partial x} = 6xy + 2y + g'(x) = -\frac{\partial u}{\partial y} = -(-6xy - 2y),$$
从而 $g'(x) = 0$,即 $g(x) = C$(C 为任意实常数). 所以
$$v(x,y) = 3x^2 y - y^3 + 2xy + C.$$

在例 3.13 中,也可以根据
$$\frac{\partial v}{\partial x} = -\frac{\partial u}{\partial y} = -(-6xy - 2y),$$
先对变量 x 进行积分,再按照上面的方法来求,最后同样可以得到
$$v(x,y) = 3x^2 y - y^3 + 2xy + C.$$
从例 3.13 可以得到一个解析函数
$$\begin{aligned}f(z) &= u(x,y) + \mathrm{i}v(x,y) \\ &= x^3 - 3xy^2 + x^2 - y^2 + \mathrm{i}(3x^2 y - y^3 + 2xy + C).\end{aligned}$$
这个函数可化为
$$f(z) = z^2(z+1) + C.$$
同时,这个例子也说明了,如果一个解析函数的实部确定了,它的虚部也就几乎确定了,至多相差一个任意常数. 按照上面的方法,若已知解析函数的虚部,我们也可以求得它的实部. 上述这种求解析函数的方法称为**偏积分法**.

例 3.14 已知调和函数 $v(x,y) = \mathrm{e}^x(y\cos y + x\sin y)$,求解析函数
$$f(z) = u(x,y) + \mathrm{i}v(x,y),$$
使得 $f(0) = 0$.

解 因为
$$\frac{\partial u}{\partial x} = \frac{\partial v}{\partial y} = \mathrm{e}^x(\cos y - y\sin y + x\cos y),$$
所以
$$\begin{aligned}u(x,y) &= \int \mathrm{e}^x(\cos y - y\sin y + x\cos y)\mathrm{d}x \\ &= \mathrm{e}^x(-y\sin y + x\cos y) + g(y),\end{aligned}$$
其中 $g(y)$ 为待定函数. 进一步,我们有
$$\frac{\partial u}{\partial y} = \mathrm{e}^x(-\sin y - y\cos y - x\sin y) + g'(y).$$

而
$$\frac{\partial u}{\partial y} = -\frac{\partial v}{\partial x} = -e^x(\sin y + y\cos y + x\sin y),$$
所以 $g'(y)=0$,即 $g(y)=C$. 于是
$$f(z)=[e^x(-y\sin y+x\cos y)+C]+ie^x(y\cos y+x\sin y)=ze^z+C.$$
因为 $f(0)=0$,所以 $C=0$,从而
$$f(z)=ze^z.$$

下面我们介绍不定积分法.

如果 $f(z)=u(x,y)+iv(x,y)$ 为解析函数,则它的导数仍为解析函数,且
$$f'(z)=\frac{\partial u}{\partial x}-i\frac{\partial u}{\partial y}=\frac{\partial v}{\partial y}+i\frac{\partial v}{\partial x}.$$

我们可以把 $\frac{\partial u}{\partial x}-i\frac{\partial u}{\partial y}$ 和 $\frac{\partial v}{\partial y}+i\frac{\partial v}{\partial x}$ 表示成关于 z 的函数,不妨分别记为 $U(z)$ 和 $V(z)$,即 $f'(z)=U(z)$,$f'(z)=V(z)$. 分别对它们关于 z 进行积分,我们有

$$f(z)=\int U(z)\mathrm{d}z, \tag{3.12}$$

$$f(z)=\int V(z)\mathrm{d}z. \tag{3.13}$$

如果已知 $u(x,y)$,则可以用(3.12)式来求 $f(z)$;如果已知 $v(x,y)$,则可以用(3.13)式来求 $f(z)$. 这种求解析函数 $f(z)$ 的方法称为不定积分法.

例如,对于例 3.14,有
$$\begin{aligned}f'(z)&=\frac{\partial v}{\partial y}+i\frac{\partial v}{\partial x}\\ &=e^x(\cos y-y\sin y+x\cos y)+ie^x(\sin y+y\cos y+x\sin y)\\ &=e^x(\cos y+i\sin y)+iye^x(\cos y+i\sin y)+xe^x(\cos y+i\sin y)\\ &=e^z+ze^z,\end{aligned} \tag{3.14}$$
所以
$$f(z)=\int(e^z+ze^z)\mathrm{d}z=ze^z+C.$$
由 $f(0)=0$ 可得 $C=0$,于是 $f(z)=ze^z$.

根据(3.12)式和(3.13)式可知,不定积分法的关键一步就是如何把 $\frac{\partial u}{\partial x}-i\frac{\partial u}{\partial y}$ 或 $\frac{\partial v}{\partial y}+i\frac{\partial v}{\partial x}$ 化成关于 z 的函数.

一般情况下,对于同一个问题,上述两种求解析函数的方法都可行.但是,有时候选择了合适的方法能够起到简化计算的效果.从下面的例子可以看到这一点.

例 3.15 设函数 $v(x,y)=\dfrac{y}{x^2+y^2}$,求解析函数 $f(z)=u(x,y)+\mathrm{i}v(x,y)$,使得 $f(1)=1$.

解 如果我们使用偏积分法,则有
$$\frac{\partial u}{\partial x}=\frac{\partial v}{\partial y}=\frac{x^2-y^2}{(x^2+y^2)^2},$$

从而
$$u(x,y)=\int\frac{x^2-y^2}{(x^2+y^2)^2}\mathrm{d}x,$$

这个关于 x 的不定积分显然不太容易求出.

如果我们使用不定积分法,计算量将明显变小.事实上,
$$f'(z)=\frac{\partial v}{\partial y}+\mathrm{i}\frac{\partial v}{\partial x}=\frac{x^2-y^2}{(x^2+y^2)^2}+\mathrm{i}\frac{-2xy}{(x^2+y^2)^2},$$

而
$$\frac{x^2-y^2}{(x^2+y^2)^2}+\mathrm{i}\frac{-2xy}{(x^2+y^2)^2}=\frac{x^2-y^2-2xy\mathrm{i}}{(x^2+y^2)^2}=\frac{(\overline{z})^2}{(z\overline{z})^2}=\frac{1}{z^2},$$

所以
$$f(z)=\int\frac{1}{z^2}\mathrm{d}z=-\frac{1}{z}+C.$$

由 $f(1)=1$ 可得 $C=2$,所以
$$f(z)=2-\frac{1}{z}.$$

习题 3.5

1. 试举例说明两个调和函数的乘积不一定是调和函数.
2. 设 $\varphi(x,y)=ax^2+by^2$ 为复平面上的调和函数,且 $a^2+b^2=1$,求实常数 a,b.
3. 由下列已知的调和函数及条件求解析函数 $f(z)=u(x,y)+\mathrm{i}v(x,y)$:

(1) $v(x,y)=2xy$;

(2) $u(x,y)=(x-y)(x^2+4xy+y^2)$;

(3) $u(x,y)=\dfrac{x^3+xy^2+x}{x^2+y^2}$,且 $f(1)=2$;

(4) $v(x,y)=3x^2y-y^3-3y$,且 $f(0)=0$.

4. 设 $u(x,y)=\mathrm{e}^{ax}\cos y$ 为调和函数,求实常数 a,并求函数 $v(x,y)$,使得 $f(z)=u(x,y)+\mathrm{i}v(x,y)$ 为解析函数.

5. 证明:一对共轭调和函数的乘积仍为调和函数.

6. 如果 $f(z)=u(x,y)+\mathrm{i}v(x,y)$ 是解析函数,证明:$-u(x,y)$ 是函数 $v(x,y)$ 的共轭调和函数.

第 4 章 解析函数的级数

级数与积分一样,也是研究解析函数的重要工具.将解析函数表示为级数是研究解析函数的理论和应用的重要方法.解析函数的级数表示在数值计算、微分方程以及数论等诸多数学分支中都有着广泛的应用.

§4.1 复数项级数

4.1.1 复数列的极限

定义 4.1 设 $\{z_n\}=\{a_n+\mathrm{i}b_n\}$ 为一个复数列,$z=a+b\mathrm{i}$ 为一个确定的复数. 若对于任意给定的 $\varepsilon>0$,存在正整数 N,使得当 $n>N$ 时,有
$$|z_n-z|<\varepsilon,$$
则称复数列 $\{z_n\}$ 收敛于 z,或称当 $n\to\infty$ 时,$\{z_n\}$ 以 z 为极限,记作
$$\lim_{n\to\infty}z_n=z.$$
如果复数列 $\{z_n\}$ 不收敛,那么称 $\{z_n\}$ 发散.

定理 4.1 复数列 $\{z_n\}=\{a_n+\mathrm{i}b_n\}$ 收敛于复数 $z=a+b\mathrm{i}$ 的充要条件为
$$\lim_{n\to\infty}a_n=a,\quad \lim_{n\to\infty}b_n=b.$$

证明 必要性 如果 $\lim_{n\to\infty}z_n=z$,那么对于任意给定的 $\varepsilon>0$,可以找到一个正整数 N,使得当 $n>N$ 时,有
$$|(a_n+\mathrm{i}b_n)-(a+\mathrm{i}b)|<\varepsilon,$$
从而 $\quad |a_n-a|\leqslant|(a_n-a)+\mathrm{i}(b_n-b)|<\varepsilon,$
所以
$$\lim_{n\to\infty}a_n=a.$$
同理可证
$$\lim_{n\to\infty}b_n=b.$$

充分性 如果 $\lim_{n\to\infty}a_n=a,\lim_{n\to\infty}b_n=b$,那么对于任意给定的 $\varepsilon>0$,存在正整数 N_1,N_2,使得当 $n>N_1$ 时,有
$$|a_n-a|<\frac{\varepsilon}{2};$$
当 $n>N_2$ 时,有
$$|b_n-b|<\frac{\varepsilon}{2}.$$
取 $N=\max\{N_1,N_2\}$,则当 $n>N$ 时,上述两式均成立,从而
$$|z_n-z|=|(a_n-a)+\mathrm{i}(b_n-b)|\leqslant|a_n-a|+|b_n-b|<\varepsilon,$$
所以
$$\lim_{n\to\infty}z_n=z.$$

4.1.2 复数项级数

定义 4.2 设 $\{z_n\}$ 为一个复数列,称表达式

$$\sum_{n=1}^{+\infty} z_n = z_1 + z_2 + \cdots + z_n + \cdots \qquad (4.1)$$

为**复数项级数**,简称**级数**,其中第 n 项 z_n 称为该级数的**通项**;称级数 (4.1) 前面 n 项的和

$$\sigma_n = \sum_{k=1}^{n} z_k = z_1 + z_2 + \cdots + z_n$$

为该级数的**第 n 个部分和**,简称**部分和**.

定义 4.3 若级数 $\sum_{n=1}^{+\infty} z_n$ 的部分和数列 $\{\sigma_n\}$ 收敛于 σ,即极限 $\lim_{n\to\infty} \sigma_n = \sigma$,则称该级数收敛,并且称极限值 σ 为该级数的**和**,记为

$$\sum_{n=1}^{+\infty} z_n = \sigma.$$

如果 $\{\sigma_n\}$ 不收敛,则称该级数**发散**.

根据定义 4.3,我们立即推出:若级数 $\sum_{n=1}^{+\infty} z_n$ 收敛,则

$$\lim_{n\to\infty} z_n = \lim_{n\to\infty}(\sigma_n - \sigma_{n-1}) = 0. \qquad (4.2)$$

定理 4.2 设 $z_n = a_n + \mathrm{i} b_n (n=1,2,\cdots)$,级数 $\sum_{n=1}^{+\infty} z_n$ 收敛的充要条件是级数 $\sum_{n=1}^{+\infty} a_n$ 与 $\sum_{n=1}^{+\infty} b_n$ 均收敛.

证明 级数 $\sum_{n=1}^{+\infty} z_n$ 的部分和为

$$\begin{aligned}\sigma_n &= z_1 + z_2 + \cdots + z_n \\ &= (a_1 + a_2 + \cdots + a_n) + \mathrm{i}(b_1 + b_2 + \cdots + b_n) \\ &= s_n + \mathrm{i}\tau_n,\end{aligned}$$

其中 $s_n = a_1 + a_2 + \cdots + a_n, \tau_n = b_1 + b_2 + \cdots + b_n$ 分别为级数 $\sum_{n=1}^{+\infty} a_n$ 和 $\sum_{n=1}^{+\infty} b_n$ 的部分和.由定理 4.1,部分和数列 $\{\sigma_n\}$ 的极限存在的充要条件是部分和数列 $\{s_n\}$ 和 $\{\tau_n\}$ 的极限均存在,所以级数 $\sum_{n=1}^{+\infty} z_n$ 收敛的充要条件是级数 $\sum_{n=1}^{+\infty} a_n$ 和 $\sum_{n=1}^{+\infty} b_n$ 均收敛.

定理 4.2 将复数项级数的审敛问题转化为实数项级数的审敛问题.

定理 4.3(**柯西收敛准则**) 级数 $\sum_{n=1}^{+\infty} z_n$ 收敛的充要条件是,对于任意给定的 $\varepsilon > 0$,存在正整数 $N > 0$,使得当 $n > N$ 时,对于任意正整数 p,有

$$\left|\sum_{k=1}^{p} z_{n+k}\right| = |z_{n+1} + \cdots + z_{n+p}| < \varepsilon.$$

定理证明略.

定义 4.4 如果级数 $\sum_{n=1}^{+\infty}|z_n|$ 收敛,那么称级数 $\sum_{n=1}^{+\infty} z_n$ 是<u>绝对收敛</u>的. 通常称非绝对收敛的收敛级数是<u>条件收敛</u>的.

定理 4.4 如果级数 $\sum_{n=1}^{+\infty}|z_n|$ 收敛,那么级数 $\sum_{n=1}^{+\infty} z_n$ 也收敛,且有如下不等式成立:

$$\left|\sum_{n=1}^{+\infty} z_n\right| \leqslant \sum_{n=1}^{+\infty}|z_n|.$$

证明 设 $z_n = a_n + \mathrm{i} b_n (n=1,2,\cdots)$. 由于 $\sum_{n=1}^{+\infty}|z_n| = \sum_{n=1}^{+\infty}\sqrt{a_n^2+b_n^2}$,而

$$|a_n| \leqslant \sqrt{a_n^2+b_n^2}, \quad |b_n| \leqslant \sqrt{a_n^2+b_n^2},$$

根据实数项级数的比较准则,级数 $\sum_{n=1}^{+\infty}|a_n|$ 及 $\sum_{n=1}^{+\infty}|b_n|$ 都收敛,因而级数 $\sum_{n=1}^{+\infty} a_n$ 及 $\sum_{n=1}^{+\infty} b_n$ 也都收敛. 由定理 4.2 可知,级数 $\sum_{n=1}^{+\infty} z_n$ 收敛.

由于级数 $\sum_{n=1}^{+\infty} z_n$ 和 $\sum_{n=1}^{+\infty}|z_n|$ 的部分和满足不等式

$$\left|\sum_{k=1}^{n} z_k\right| \leqslant \sum_{k=1}^{n}|z_k|,$$

因此可以得出

$$\lim_{n\to\infty}\left|\sum_{k=1}^{n} z_k\right| \leqslant \lim_{n\to\infty}\sum_{k=1}^{n}|z_k|,$$

即

$$\left|\sum_{n=1}^{+\infty} z_n\right| \leqslant \sum_{n=1}^{+\infty}|z_n|.$$

由定理 4.4 可知,绝对收敛的级数必为收敛级数. 再由关系式

$$\sum_{n=1}^{+\infty}|a_n| \leqslant \sum_{n=1}^{+\infty}|z_n| = \sum_{n=1}^{+\infty}\sqrt{a_n^2+b_n^2} \leqslant \sum_{n=1}^{+\infty}|a_n| + \sum_{n=1}^{+\infty}|b_n|,$$

$$\sum_{n=1}^{+\infty}|b_n| \leqslant \sum_{n=1}^{+\infty}|z_n| = \sum_{n=1}^{+\infty}\sqrt{a_n^2+b_n^2} \leqslant \sum_{n=1}^{+\infty}|a_n| + \sum_{n=1}^{+\infty}|b_n|,$$

可得到下面的定理.

定理 4.5 设 $z_n = a_n + \mathrm{i} b_n (n=1,2,\cdots)$,则级数 $\sum_{n=1}^{+\infty} z_n$ 绝对收敛的充要条件是级数 $\sum_{n=1}^{+\infty} a_n$ 与 $\sum_{n=1}^{+\infty} b_n$ 都绝对收敛.

例 4.1 对于级数 $\sum_{n=0}^{+\infty} z^n$，有

$$\sigma_n = \sum_{k=0}^{n-1} z^k = 1 + z + z^2 + \cdots + z^{n-1} = \frac{1-z^n}{1-z} \quad (z \neq 1),$$

而当 $|z|<1$ 时，$\lim_{n\to\infty} z^n = 0$，于是

$$\lim_{n\to\infty} \sigma_n = \frac{1}{1-z}.$$

因此，级数 $\sum_{n=0}^{+\infty} z^n (|z|<1)$ 收敛，且有

$$\sum_{n=0}^{+\infty} z^n = \frac{1}{1-z}.$$

显然，当 $|z|<1$ 时，级数 $\sum_{n=0}^{+\infty} z^n$ 是绝对收敛的.

例 4.2 判别下列级数的敛散性，若收敛，指出是绝对收敛，还是条件收敛：

(1) $\sum_{n=1}^{+\infty} \left[(-1)^n + \frac{i}{n}\right]$；　　(2) $\sum_{n=1}^{+\infty} \frac{(5+6i)^n}{8^n}$；　　(3) $\sum_{n=1}^{+\infty} \frac{i^n}{\ln(n+1)}$.

解 (1) 因为 $\lim_{n\to\infty} \left[(-1)^n + \frac{i}{n}\right] \neq 0$，所以级数 $\sum_{n=1}^{+\infty} \left[(-1)^n + \frac{i}{n}\right]$ 发散.

(2) 因为 $\left|\frac{5+6i}{8}\right| = \frac{\sqrt{61}}{8} < 1$，所以级数 $\sum_{n=1}^{+\infty} \left(\frac{\sqrt{61}}{8}\right)^n$ 收敛，从而级数 $\sum_{n=1}^{+\infty} \frac{(5+6i)^n}{8^n}$ 绝对收敛.

(3) 由于

$$\left|\frac{i^n}{\ln(n+1)}\right| = \left|\frac{1}{\ln(n+1)}\right| > \frac{1}{n+1},$$

而级数 $\sum_{n=1}^{+\infty} \frac{1}{n+1}$ 发散，所以级数 $\sum_{n=1}^{+\infty} \left|\frac{i^n}{\ln(n+1)}\right|$ 发散.

因为 $\frac{i^n}{\ln(n+1)} = a_n + b_n i \ (n=1,2,\cdots)$，其中

$$a_n = \begin{cases} (-1)^k \frac{1}{\ln(2k+1)}, & n=2k, \\ 0, & n=2k-1, \end{cases} \qquad b_n = \begin{cases} (-1)^{k+1} \frac{1}{\ln 2k}, & n=2k, \\ 0, & n=2k-1, \end{cases}$$

这里 $k=1,2,\cdots$，而级数 $\sum_{n=1}^{+\infty} a_n = \sum_{k=1}^{+\infty} (-1)^k \frac{1}{\ln(2k+1)}$ 与 $\sum_{n=1}^{+\infty} b_n = \sum_{k=1}^{+\infty} (-1)^{k+1} \frac{1}{\ln 2k}$ 都收敛，所以级数 $\sum_{n=1}^{+\infty} \frac{i^n}{\ln(n+1)}$ 收敛.

综上所述，级数 $\sum_{n=1}^{+\infty} \dfrac{i^n}{\ln(n+1)}$ 条件收敛.

习题 4.1

1. 判断下列级数的敛散性：

(1) $\sum_{n=1}^{+\infty} \dfrac{i^n}{n}$；   (2) $\sum_{n=1}^{+\infty} \dfrac{(3+5i)^n}{n!}$；   (3) $\sum_{n=1}^{+\infty} \dfrac{(1+5i)^n}{n!}$.

§ 4.2 复变函数项级数

4.2.1 一致收敛的复变函数项级数

定义 4.5　设函数 $f_n(z)\ (n=1,2,\cdots)$ 在复平面点集 E 上有定义，称表达式

$$\sum_{n=1}^{+\infty} f_n(z) = f_1(z) + f_2(z) + \cdots + f_n(z) + \cdots \tag{4.3}$$

为定义在 E 上的**复变函数项级数**，简称**级数**，其中第 n 项 $f_n(z)$ 称为该级数的**通项**. 级数 (4.3) 前面 n 项的和

$$\sigma_n(z) = \sum_{k=1}^{n} f_k(z) = f_1(z) + f_2(z) + \cdots + f_n(z)$$

称为该级数的**第 n 个部分和函数**，简称**部分和函数**.

定义 4.6　如果对于复平面点集 E 内的某一点 z_0，级数 $\sum_{n=1}^{+\infty} f_n(z)$ 的部分和函数的极限 $\lim\limits_{n\to\infty} \sigma_n(z_0)$ 存在，那么称该级数在点 z_0 处**收敛**，并称此极限为它的**和**. 如果对于任意 $z \in E$，级数 $\sum_{n=1}^{+\infty} f_n(z)$ 均收敛，其和为 $f(z)$，则称级数 $\sum_{n=1}^{+\infty} f_n(z)$ **收敛**于 $f(z)$，或者说级数 $\sum_{n=1}^{+\infty} f_n(z)$ 的**和函数**为 $f(z)$，记作

$$\sum_{n=1}^{+\infty} f_n(z) = f(z).$$

定义 4.7 设 $\sum\limits_{n=1}^{+\infty} f_n(z)$ 为定义在复平面点集 E 上的级数. 如果对于任意给定的 $\varepsilon > 0$, 存在正整数 N, 使得当 $n > N$ 时, 对于任意 $z \in E$, 有
$$\left|\sum_{k=1}^{n} f_k(z) - f(z)\right| < \varepsilon,$$
那么称级数 $\sum\limits_{n=1}^{+\infty} f_n(z)$ 在 E 上**一致收敛**于 $f(z)$.

由柯西收敛准则及定义 4.7, 可得到下面的柯西一致收敛准则.

定理 4.6（柯西一致收敛准则） 级数 $\sum\limits_{n=1}^{+\infty} f_n(z)$ 在复平面点集 E 上一致收敛的充要条件是, 对于任意给定的 $\varepsilon > 0$, 存在正整数 N, 使得当 $n > N$ 时, 对于任意 $z \in E$ 以及正整数 p, 有
$$|f_{n+1}(z) + \cdots + f_{n+p}(z)| < \varepsilon.$$
由这个准则, 可得出一致收敛的一个充分条件, 见定理 4.7.

定理 4.7［魏尔斯特拉斯 M- 判别法］

设函数 $f_n(z)$ $(n = 1, 2, \cdots)$ 在复平面点集 E 上有定义, $\sum\limits_{n=1}^{+\infty} M_n$ 为一个收敛的正项级数. 若在 E 上有
$$|f_n(z)| < M_n \quad (n = 1, 2, \cdots),$$
则级数 $\sum\limits_{n=1}^{+\infty} f_n(z)$ 在 E 上一致收敛.

正项级数 $\sum\limits_{n=1}^{+\infty} M_n$ 称为复变函数项级数 $\sum\limits_{n=1}^{+\infty} f_n(z)$ 的**优级数**. 魏尔斯特拉斯 M- 判别法把判别复变函数项级数的一致收敛性转化为判别正项级数的收敛性. 另外, 魏尔斯特拉斯 M- 判别法还可以用来判别复数项级数的绝对收敛性.

例 4.3 级数 $\sum\limits_{n=0}^{+\infty} z^n = 1 + z^2 + \cdots + z^n + \cdots$ 在圆形闭区域 $|z| \leqslant R$ $(0 < R < 1)$ 上一致收敛. 事实上, 级数 $\sum\limits_{n=0}^{+\infty} z^n$ 有收敛的优级数 $\sum\limits_{n=0}^{+\infty} R^n$.

下面不加证明地给出两个常用的定理.

定理 4.8 设函数 $f_n(z)$ $(n = 1, 2, \cdots)$ 在复平面点集 E 上连续, 级数 $\sum\limits_{n=1}^{+\infty} f_n(z)$ 在 E 上一致收敛于函数 $f(z)$, 则 $f(z)$ 在 E 上连续.

定理 4.9　设函数 $f_n(z)$ $(n=1,2,\cdots)$ 在简单曲线 C 上连续，级数 $\sum\limits_{n=1}^{+\infty} f_n(z)$ 在 C 上一致收敛于函数 $f(z)$，则

$$\sum_{n=1}^{+\infty} \int_C f_n(z)\mathrm{d}z = \int_C f(z)\mathrm{d}z.$$

4.2.2　解析函数项级数

对于复变函数项级数的逐项求导问题，我们考虑级数中各项都是解析函数的情形. 设函数 $f_n(z)$ $(n=1,2,\cdots)$ 在区域 D 内解析. 若级数 $\sum\limits_{n=1}^{+\infty} f_n(z)$ 在 D 内任意一个有界闭区域上一致收敛于函数 $f(z)$，则称级数 $\sum\limits_{n=1}^{+\infty} f_n(z)$ 在 D 内内闭一致收敛于 $f(z)$.

定理 4.10（魏尔斯特拉斯定理）　设函数 $f_n(z)$ $(n=1,2,\cdots)$ 在区域 D 内解析，级数 $\sum\limits_{n=1}^{+\infty} f_n(z)$ 在 D 内内闭一致收敛于函数 $f(z)$，则 $f(z)$ 在 D 内解析，且在 D 内有

$$f^{(k)}(z) = \sum_{n=1}^{+\infty} f_n^{(k)}(z) \quad (k=1,2,\cdots).$$

证明　对于任意 $z_0 \in D$，取 $r>0$，使得 $B(z_0, r) \subset D$. 在 $B(z_0, r)$ 内任作一条正向分段光滑简单闭曲线 C. 根据定理 4.9 及柯西-古萨定理，可推得

$$\int_C f(z)\mathrm{d}z = \sum_{n=1}^{+\infty} \int_C f_n(z)\mathrm{d}z = 0,$$

又根据定理 3.8，可得 $f(z)$ 在 $B(z_0, r)$ 内解析. 再由 $z_0 \in D$ 的任意性即得 $f(z)$ 在 D 内解析.

不妨设 $B(z_0, r)$ 的边界 $C_r \subset D$. 由已知条件得 $\sum\limits_{n=1}^{+\infty} f_n(z)$ 在 C_r 上一致收敛于 $f(z)$，从而 $\sum\limits_{n=1}^{+\infty} \dfrac{f_n(z)}{(z-z_0)^{k+1}}$ 在 C_r 上一致收敛于 $\dfrac{f(z)}{(z-z_0)^{k+1}}$. 根据定理 4.9，我们有

$$\frac{k!}{2\pi\mathrm{i}} \int_{C_r} \frac{f(z)}{(z-z_0)^{k+1}} \mathrm{d}z = \sum_{n=1}^{+\infty} \int_{C_r} \frac{k!}{2\pi\mathrm{i}} \cdot \frac{f_n(z)}{(z-z_0)^{k+1}} \mathrm{d}z,$$

即

$$f^{(k)}(z_0) = \sum_{n=1}^{+\infty} f_n^{(k)}(z_0) \quad (k=1,2,\cdots),$$

于是定理成立.

4.2.3 幂级数及其敛散性

幂级数在复变函数理论中有着重要的意义,它不仅是研究解析函数的工具,而且在实际中应用也比较广泛.

定义 4.8 当 $f_n(z)=a_n(z-z_0)^n (n=0,1,2,\cdots)$ 时,就得到级数(4.3)的特殊情形

$$\sum_{n=0}^{+\infty}a_n(z-z_0)^n = a_0+a_1(z-z_0)+\cdots+a_n(z-z_0)^n+\cdots, \tag{4.4}$$

称之为**幂级数**.

特别地,当 $z_0=0$ 时,幂级数(4.4)就变为

$$\sum_{n=0}^{+\infty}a_n z^n = a_0+a_1 z+\cdots+a_n z^n+\cdots. \tag{4.5}$$

下面主要讨论幂级数(4.5),所得结论可相应地推广到幂级数(4.4)上.

显然,当 $z=0$ 时,幂级数(4.5)总是收敛的. 当 $z\neq 0$ 时,同高等数学中的(实变)幂级数一样,这里的(复变)幂级数也有相应的敛散性定理.

定理 4.11 [阿贝尔(Abel)定理] 若幂级数(4.5)在点 $z_1(z_1\neq 0)$ 处收敛,则对于任意满足 $|z|<z_1$ 的点 z,幂级数(4.5)绝对收敛;若幂级数(4.5)在点 z_2 处发散,则对于任意满足 $|z|>z_2$ 的点 z,幂级数(4.5)发散.

证明 若幂级数(4.5)在点 $z_1(z_1\neq 0)$ 处收敛,则 $\lim\limits_{n\to\infty}a_n z_1^n=0$,从而存在 $M>0$,使得

$$|a_n z_1^n|\leq M \quad (n=0,1,2,\cdots).$$

而

$$a_n z^n = a_n z_1^n\left(\frac{z}{z_1}\right)^n,$$

所以

$$|a_n z^n|=|a_n z_1^n|\left|\frac{z}{z_1}\right|^n\leq M\left|\frac{z}{z_1}\right|^n=Mk^n \quad \left(k=\left|\frac{z}{z_1}\right|<1\right).$$

由于级数 $\sum\limits_{n=0}^{+\infty}Mk^n$ 收敛,因此幂级数(4.5)绝对收敛.

根据上述结论,用反证法即可推得定理的第二部分成立,于是定理得证.

对于幂级数 $\sum\limits_{n=0}^{+\infty}a_n z^n$,其敛散性可能有下述三种情形:

情形 1 对于任意点 $z\neq 0$,幂级数 $\sum\limits_{n=0}^{+\infty}a_n z^n$ 均发散.

例 4.4 对于幂级数
$$\sum_{n=0}^{+\infty} n^n z^n = 1 + z + 2^2 z^2 + \cdots + n^n z^n + \cdots,$$
当 $z \neq 0$ 时，通项 $f_n(z) = n^n z^n$ 不趋于 0，故该幂级数发散.

情形 2 对于任意点 z，幂级数 $\sum_{n=0}^{+\infty} a_n z^n$ 均收敛.

例 4.5 幂级数 $\sum_{n=0}^{+\infty} \dfrac{z^n}{n^n} = 1 + z + \dfrac{z^2}{2^2} + \cdots + \dfrac{z^n}{n^n} + \cdots$ 对于任意固定的点 z，从某个 n 开始，以后总有 $\dfrac{|z|}{n} < \dfrac{1}{2}$，于是有 $\left|\dfrac{z^n}{n^n}\right| < \left(\dfrac{1}{2}\right)^n$，故该幂级数对于任意的 z 均收敛.

情形 3 存在一点 $z_1(z_1 \neq 0)$，使得幂级数 $\sum_{n=0}^{+\infty} a_n z^n$ 在点 z_1 处收敛（此时，根据定理 4.11 的第一部分知，它必在圆周 $|z| = |z_1|$ 内部绝对收敛），另外又存在一点 z_2，使得幂级数 $\sum_{n=0}^{+\infty} a_n z^n$ 在点 z_2 处发散（此时，必定有 $|z_2| \geq |z_1|$，且根据定理 4.11 的第二部分知，它必在圆周 $|z| = |z_2|$ 外部发散）.

经分析可知，在这种情形下，存在实数 R ($0 < R < +\infty$)，使得幂级数 $\sum_{n=0}^{+\infty} a_n z^n$ 当 $|z| < R$ 时绝对收敛，当 $|z| > R$ 时发散. 我们称 R 为幂级数 $\sum_{n=0}^{+\infty} a_n z^n$ 的**收敛半径**，并称 $|z| < R$ 为**收敛圆**.

另外，对于情形 1，我们规定幂级数 $\sum_{n=0}^{+\infty} a_n z^n$ 的收敛半径为 $R = 0$；对于情形 2，我们规定幂级数 $\sum_{n=0}^{+\infty} a_n z^n$ 的收敛半径为 $R = +\infty$，收敛圆为复平面. 收敛圆只有一点 $z = 0$. 以下说幂级数有收敛圆均指收敛半径大于 0 的情况.

值得注意的是，幂级数在其收敛圆周 $|z| = R$ 上可能收敛，也可能发散.

例 4.6 可求得幂级数 $\sum_{n=0}^{+\infty} z^n = 1 + z + z^2 + \cdots$ 的收敛半径为 1. 由于在收敛圆周 $|z| = 1$ 上该幂级数的通项不趋于 0，因而在 $|z| = 1$ 上该幂级数处处发散.

例 4.7 可求得幂级数 $\sum\limits_{n=1}^{+\infty} \dfrac{z^{n+1}}{n(n+1)}$ 的收敛半径为 1. 在收敛圆周 $|z|=1$ 上,有 $\left|\dfrac{z^{n+1}}{n(n+1)}\right| = \dfrac{1}{n(n+1)}$,而级数 $\sum\limits_{n=1}^{+\infty} \dfrac{1}{n(n+1)}$ 收敛,故此幂级数在收敛圆内及其边界上处处收敛,即在圆形闭区域 $|z| \leqslant 1$ 上收敛.

另外,类似于实变幂级数,复变幂级数也有加法、减法和乘法运算,且运算法则及运算性质也完全相似,我们不再做具体介绍.

4.2.4 幂级数收敛半径的求法

通常,幂级数 $\sum\limits_{n=0}^{+\infty} a_n z^n$ 的收敛半径可用下面定理给出的公式求得.

定理 4.12 [**柯西-阿达玛**(Cauchy-Hadamard) **公式**] 对于幂级数 $\sum\limits_{n=0}^{+\infty} a_n z^n$,若以下条件之一成立:

(1) $l = \lim\limits_{n \to \infty} \left| \dfrac{a_{n+1}}{a_n} \right|$;

(2) $l = \lim\limits_{n \to \infty} \sqrt[n]{|a_n|}$,

则当 $0 < l < +\infty$ 时,该幂级数的收敛半径为 $R = \dfrac{1}{l}$;当 $l = 0$ 时,该幂级数的收敛半径为 $R = +\infty$;当 $l = +\infty$ 时,该幂级数的收敛半径为 $R = 0$.

定理证明略.

例 4.8 试求下列幂级数的收敛半径 R:

(1) $\sum\limits_{n=1}^{+\infty} \dfrac{z^n}{n^2}$;   (2) $\sum\limits_{n=0}^{+\infty} \dfrac{z^n}{n!}$;   (3) $\sum\limits_{n=0}^{+\infty} n! z^n$.

解 (1) 因 $l = \lim\limits_{n \to \infty} \left| \dfrac{a_{n+1}}{a_n} \right| = \lim\limits_{n \to \infty} \left(\dfrac{n}{n+1} \right)^2 = 1$,故 $R = 1$.

(2) 因 $l = \lim\limits_{n \to \infty} \left| \dfrac{a_{n+1}}{a_n} \right| = \lim\limits_{n \to \infty} \dfrac{\frac{1}{(n+1)!}}{\frac{1}{n!}} = 0$,故 $R = +\infty$.

(3) 因 $\lim\limits_{n \to \infty} \sqrt[n]{|a_n|} = +\infty$,故 $R = 0$.

4.2.5 幂级数和函数的解析性

实变幂级数在其收敛区间内具有逐项可导和逐项可积的性质,复变幂级数在其收敛圆内也具有类似的性质.

定理 4.13 设幂级数 $\sum_{n=0}^{+\infty} a_n z^n$ 的收敛圆为 $V:|z|<R$，则它的和函数 $f(z)$ 在 V 内解析，且

$$f^{(n)}(z) = n!a_n + (n+1)!a_{n+1}z + \cdots \quad (n=1,2,\cdots). \quad (4.6)$$

证明 对于任意 $r(0<r<R)$，在圆周 $|z|=r$ 上有

$$|a_n z^n| \leqslant |a_n|r^n.$$

由定理 4.11 知幂级数 $\sum_{n=0}^{+\infty} a_n z^n$ 在圆周 $|z|=r$ 上绝对收敛，从而根据魏尔斯特拉斯 M-判别法知，幂级数 $\sum_{n=0}^{+\infty} a_n z^n$ 在圆形闭区域 $|z|\leqslant r$ 上一致收敛于 $f(z)$，故幂级数 $\sum_{n=0}^{+\infty} a_n z^n$ 在圆形区域 $|z|<r$ 内内闭一致收敛于 $f(z)$. 再由魏尔斯特拉斯定理知 $f(z)$ 在 $|z|<r$ 内解析，且(4.6)式成立. 由 r 的任意性即知定理成立.

此外，幂级数 $\sum_{n=0}^{+\infty} a_n z^n$ 在其收敛圆内可以逐项积分，即有

$$\int_C f(z)\mathrm{d}z = \sum_{n=0}^{+\infty} a_n \int_C z^n \mathrm{d}z, \quad |z|<R$$

或

$$\int_0^z f(z)\mathrm{d}z = \sum_{n=0}^{+\infty} \frac{a_n}{n+1} z^{n+1}, \quad |z|<R,$$

其中 $f(z)$ 为幂级数 $\sum_{n=0}^{+\infty} a_n z^n$ 的和函数，R 为该幂级数的收敛半径，C 为收敛圆 $|z|<R$ 内任意一条有向分段光滑曲线.

习题 4.2

1. 试确定下列幂级数的收敛半径：

(1) $\sum_{n=1}^{+\infty} \frac{z^n}{n}$; (2) $\sum_{n=1}^{+\infty} \frac{nz^n}{2^n}$; (3) $\sum_{n=1}^{+\infty} n^n z^n$.

2. 如果 $\lim_{n\to\infty} \frac{a_{n+1}}{a_n}$ 存在(不等于 ∞)，试确定下列幂级数的收敛半径：

(1) $\sum_{n=0}^{+\infty} \frac{a_n}{n+1} z^{n+1}$ (幂级数 $\sum_{n=0}^{+\infty} a_n z^n$ 逐项积分后所构成的幂级数);

(2) $\sum_{n=1}^{+\infty} n a_n z^{n-1}$ (幂级数 $\sum_{n=0}^{+\infty} a_n z^n$ 逐项求导后所构成的幂级数).

§4.3 解析函数的泰勒展式

这一节主要讨论在圆形区域内解析的函数展开成幂级数的问题.

4.3.1 泰勒定理

任意一个具有非零收敛半径的幂级数在其收敛圆内收敛于一个解析函数,这个性质是很重要的. 但是,在解析函数的研究上,幂级数之所以重要,还在于这个性质的逆命题也是成立的,即有下面的定理.

定理 4.14（泰勒定理） 设函数 $f(z)$ 在点 z_0 的一个邻域 U：$|z-z_0|<R$ 内解析,则在 U 内有

$$f(z)=f(z_0)+\frac{f'(z_0)}{1!}(z-z_0)+\cdots+\frac{f^{(n)}(z_0)}{n!}(z-z_0)^n+\cdots. \quad (4.7)$$

证明 任取点 $z_1 \in U$,以点 z_0 为圆心作一个圆周 C,使得 $C \subset U$,且点 z_1 含在 C 的内部（图 4.1）,则由柯西公式得

$$f(z_1) = \frac{1}{2\pi i}\int_C \frac{f(\xi)}{\xi-z_1}d\xi. \quad (4.8)$$

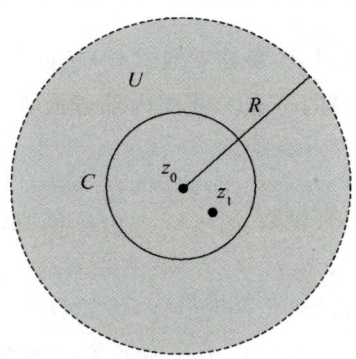

图 4.1

当 $\xi \in C$ 时, $\left|\dfrac{z_1-z_0}{\xi-z_0}\right|<1$,所以有

$$\frac{1}{\xi-z_1}=\frac{1}{\xi-z_0-(z_1-z_0)}=\frac{1}{\xi-z_0} \cdot \frac{1}{1-\dfrac{z_1-z_0}{\xi-z_0}}$$

$$=\sum_{n=0}^{+\infty}\frac{(z_1-z_0)^n}{(\xi-z_0)^{n+1}}. \quad (4.9)$$

由于(4.9)式最后一个等号右端的级数当 $\xi \in C$ 时是一致收敛的,因此把(4.9)式代入(4.8)式后逐项积分可得

$$f(z_1)=a_0+a_1(z_1-z_0)+\cdots+a_n(z_1-z_0)^n+\cdots,$$

其中

$$a_n = \frac{1}{2\pi i} \int_C \frac{f(\xi)}{(\xi-z_0)^{n+1}} d\xi = \frac{f^{(n)}(z_0)}{n!} \quad (n=0,1,2,\cdots), \quad (4.10)$$

这里 $f^{(0)}(z_0)=f(z_0)$，$0!=1$. 由 z_1 为 U 内任意一点知定理成立.

我们称(4.7)式为函数 $f(z)$ 在点 z_0 处的**泰勒展式**，并称(4.7)式右端的级数为 $f(z)$ 的**泰勒级数**，其中的系数 $a_n = \frac{f^{(n)}(z_0)}{n!}$ ($n=0,1,2,\cdots$) 称为**泰勒系数**.

推论 1 幂级数 $\sum_{n=0}^{+\infty} a_n(z-z_0)^n$ 是它的和函数 $f(z)$ 在收敛圆内点 z_0 处的泰勒展式，即有

$$a_n = \frac{f^{(n)}(z_0)}{n!} \quad (n=0,1,2,\cdots).$$

下面不加证明地给出刻画解析函数的又一个等价定理.

定理 4.15 函数 $f(z)$ 在点 z_0 处解析的充要条件是，$f(z)$ 在点 z_0 的某一邻域内有泰勒展式(4.7).

4.3.2 幂级数的和函数在其收敛圆周上的状况

由定理 4.14 的证明知道，泰勒展式(4.7)在以点 z_0 为圆心，通过与点 z_0 最接近的函数 $f(z)$ 的奇点的圆周内部皆成立. 事实上，我们有下面的定理.

定理 4.16 如果幂级数 $\sum_{n=0}^{+\infty} a_n(z-z_0)^n$ 的收敛半径 $R>0$，且

$$f(z) = \sum_{n=0}^{+\infty} a_n(z-z_0)^n, \quad |z-z_0|<R,$$

则 $f(z)$ 在收敛圆周 $C: |z-z_0|=R$ 上至少有一个奇点，即不可能有这样的函数 $F(z)$ 存在，它在收敛圆 $|z-z_0|<R$ 内与 $f(z)$ 恒等，而在 C 上处处解析.

证明 假若这样的 $F(z)$ 存在，这时 C 上每一点都是某个圆形区域 U 的中心，而 $F(z)$ 在 U 内是解析的. 根据有限覆盖定理，我们就可以在这些圆形区域中选取有限个将 C 覆盖. 这有限个圆形区域构成一个区域 G. 用 $\rho>0$ 表示 C 到 G 的边界的距离，于是 $F(z)$ 在比圆形区域 K：$|z-z_0|<R$ 大的圆形区域 K'：$|z-z_0|<R+\rho$ 内解析，从而 $F(z)$ 在 K' 内可展开为泰勒级数. 因在 K 内 $f(z) \equiv F(z)$，故它们以及各阶导数在点 z_0 处有相同的值. 因此，幂级数 $\sum_{n=0}^{+\infty} a_n(z-z_0)^n$ 也是 $F(z)$ 的泰勒级

数,且它的收敛半径不会小于 $R+\rho$. 这与假设矛盾. 所以,这样的 $F(z)$ 不存在,即定理成立.

从定理 4.16 我们立即得到一种确定幂级数收敛半径的方法:

设 $f(z)$ 在点 z_0 处解析,b 是 $f(z)$ 的奇点中离点 z_0 最近的一个奇点,则 $|b-z_0|=R$ 即为 $f(z)$ 在点 z_0 的邻域内的泰勒展式 $\sum_{n=0}^{+\infty}a_n(z-z_0)^n$ 的收敛半径.

注 (1) 即使幂级数在其收敛圆周上处处收敛,其和函数在收敛圆周上也至少有一个奇点.

例如,幂级数 $\sum_{n=1}^{+\infty}\dfrac{z^n}{n^2}=\dfrac{z}{1^2}+\dfrac{z^2}{2^2}+\dfrac{z^3}{3^2}+\cdots+\dfrac{z^n}{n^2}+\cdots$ 的收敛半径为 $R=1>0$. 因为级数 $\sum_{n=1}^{+\infty}\left|\dfrac{z^n}{n^2}\right|=\sum_{n=1}^{+\infty}\dfrac{1}{n^2}$ 在圆周 $|z|=1$ 上收敛,所以幂级数 $\sum_{n=1}^{+\infty}\dfrac{z^n}{n^2}$ 在其收敛圆周 $|z|=1$ 上是处处绝对收敛的,从而 $\sum_{n=1}^{+\infty}\dfrac{z^n}{n^2}$ 在圆形闭区域 $|z|\leqslant 1$ 上绝对且一致收敛. 记幂级数 $\sum_{n=1}^{+\infty}\dfrac{z^n}{n^2}$ 的和函数为 $f(z)$,则有

$$f'(z)=1+\dfrac{z}{2}+\dfrac{z^2}{3}+\cdots+\dfrac{z^{n-1}}{n}+\cdots,\quad |z|<1.$$

当 z 沿实轴从圆形区域 $|z|<1$ 内趋于 1 时,$f'(z)$ 趋于 $+\infty$,所以 $z=1$ 是 $f(z)$ 的一个奇点.

(2) 定理 4.16 建立了幂级数的收敛半径与和函数的性质之间的密切关系. 同时,该定理还表明了幂级数的理论只有在复数域中才能完全弄明白.

例如,在实数域中不便理解为什么仅当 $|x|<1$ 时才有展开式

$$\dfrac{1}{1+x^2}=1-x^2+x^4-x^6+\cdots,$$

而函数 $\dfrac{1}{1+x^2}$ 对于 x 的所有取值都是确定的,且在区间 $(-\infty,+\infty)$ 内有任意阶导数. 这个现象从复变量的观点来看,就完全可以解释清楚了. 实际上,函数 $\dfrac{1}{1+z^2}$ 在复平面上有两个奇点,即 $z=\pm\mathrm{i}$,故我们所考虑的级数的收敛半径等于 1.

4.3.3 求泰勒展式的方法

求函数 $f(z)$ 的泰勒展式的常用方法有如下几种:

(1) 利用泰勒系数 $a_n = \dfrac{f^{(n)}(z_0)}{n!}$ $(n=0,1,2,\cdots)$ 来求.

例如,求函数 $f(z) = e^z$ 在点 $z_0 = 0$ 处的泰勒展式时,由于泰勒系数为

$$a_0 = e^0 = 1, \quad a_1 = \dfrac{(e^z)'|_{z=0}}{1!} = \dfrac{1}{1!}, \quad \cdots, \quad a_n = \dfrac{1}{n!}, \quad \cdots,$$

所以

$$e^z = 1 + z + \dfrac{z^2}{2!} + \dfrac{z^3}{3!} + \cdots + \dfrac{z^n}{n!} + \cdots = \sum_{n=0}^{+\infty} \dfrac{z^n}{n!}, \quad |z| < +\infty.$$

(2) 变量替换法.

例如,由于

$$\dfrac{1}{1-z} = 1 + z + z^2 + \cdots + z^n + \cdots, \quad |z| < 1,$$

将 z 用 $-z$ 替换,得

$$\dfrac{1}{1+z} = 1 - z + z^2 - z^3 + \cdots + (-1)^n z^n + \cdots, \quad |z| < 1.$$

又如,由于

$$(1+z)^\alpha = e^{\alpha \operatorname{Ln}(1+z)} = e^{\alpha[\ln(1+z) + 2k\pi i]} = e^{\alpha \ln(1+z)} \cdot e^{2k\pi i},$$

令 $u = \alpha \ln(1+z)$,则当 $k = 0$ 时,有

$$e^{\alpha \ln(1+z)} = e^u = 1 + u + \dfrac{u^2}{2!} + \cdots$$

$$= 1 + \left[\alpha\left(z - \dfrac{z^2}{2} + \dfrac{z^3}{3} - \cdots\right)\right] + \dfrac{1}{2!}\left[\alpha\left(z - \dfrac{z^2}{2} + \dfrac{z^3}{3} - \cdots\right)\right]^2 + \cdots$$

$$= 1 + \alpha z + \dfrac{\alpha(\alpha-1)}{2} z^2 + \dfrac{\alpha(\alpha-1)(\alpha-2)}{3!} z^3 + \cdots$$

$$= 1 + \sum_{n=1}^{+\infty} \dfrac{\alpha(\alpha-1)\cdots(\alpha-n+1)}{n!} z^n, \quad |z| < 1$$

(这里用到后面关于 $\ln(1+z)$ 的泰勒展式),从而

$$(1+z)^\alpha = 1 + \sum_{n=1}^{+\infty} \dfrac{\alpha(\alpha-1)\cdots(\alpha-n+1)}{n!} z^n, \quad |z| < 1.$$

(3) 利用幂级数的四则运算来求.

例如:

$$\sin z = \dfrac{e^{iz} - e^{-iz}}{2i} = \dfrac{1}{2i}\left[\sum_{n=0}^{+\infty} \dfrac{(iz)^n}{n!} - \sum_{n=0}^{+\infty} \dfrac{(-iz)^n}{n!}\right]$$

$$= \sum_{n=0}^{+\infty} \dfrac{(-1)^n}{(2n+1)!} z^{2n+1}, \quad |z| < +\infty,$$

$$\dfrac{e^z}{1-z} = \left(1 + z + \dfrac{z^2}{2!} + \cdots + \dfrac{z^n}{n!} + \cdots\right)$$

$$\cdot (1 + z + z^2 + \cdots + z^n + \cdots)$$

$$= 1 + \left(1 + \frac{1}{1!}\right)z + \left(1 + \frac{1}{1!} + \frac{1}{2!}\right)z^2$$
$$+ \left(1 + \frac{1}{1!} + \frac{1}{2!} + \frac{1}{3!}\right)z^3 + \cdots$$
$$= \sum_{n=0}^{+\infty} \left(\sum_{p=0}^{n} \frac{1}{p!}\right) z^n, \quad |z| < 1.$$

(4) 逐项微分法.

例如:
$$\cos z = (\sin z)' = \sum_{n=0}^{+\infty} \left[\frac{(-1)^n}{(2n+1)!} z^{2n+1}\right]' = \sum_{n=0}^{+\infty} \frac{(-1)^n}{(2n)!} z^{2n}$$
$$= 1 - \frac{z^2}{2!} + \frac{z^4}{4!} - \cdots + \frac{(-1)^n}{(2n)!} z^{2n} + \cdots, \quad |z| < +\infty.$$

(5) 逐项积分法.

例如,由于
$$\int_0^z \frac{1}{1+\xi} d\xi = \ln(1+z) - \ln 1$$
$$= \ln(1+z) \quad (\text{取主值支},\text{即} k=0 \text{的分支}),$$

又
$$\int_0^z \frac{1}{1+\xi} d\xi = \int_0^z \sum_{n=0}^{+\infty} (-1)^n \xi^n d\xi = \sum_{n=0}^{+\infty} \int_0^z (-1)^n \xi^n d\xi$$
$$= z - \frac{z^2}{2} + \frac{z^3}{3} - \frac{z^4}{4} + \cdots, \quad |z| < 1,$$

所以
$$\ln(1+z) = z - \frac{z^2}{2} + \frac{z^3}{3} - \frac{z^4}{4} + \cdots = \sum_{n=1}^{+\infty} (-1)^{n+1} \frac{z^n}{n}, \quad |z| < 1.$$

习题 4.3

1. 求函数 $f(z) = \dfrac{e^z}{1-z}$ 在下列区域内的泰勒展式:

(1) $|z| < 1$;   (2) $0 < |z-1| < +\infty$.

§4.4 解析函数的零点及其唯一性

在许多实际问题中,需要研究函数的零点问题.例如,求解常系数线性微分方程时,就需要求其特征多项式的零点. 一个 n 次多项式有 n 个零点,而多项式是解析函数,那么对于一般的解析函数,如何判别它有几个零点呢? 这一节我们从解析函数零点的分布情况来研究解析函数的零点问题.

4.4.1 解析函数零点的孤立性

定义 4.9 设函数 $f(z)$ 在点 z_0 的某个邻域 U 内解析,且
$$f(z_0)=0,$$
称 z_0 为 $f(z)$ 的**零点**.

如果解析函数 $f(z)$ 在点 z_0 的某个邻域 U 内的泰勒展式为
$$f(z)=a_1(z-z_0)+\cdots+a_n(z-z_0)^n+\cdots,$$
那么可能有下列两种情形:

(1) $a_n=0(n=1,2,\cdots)$,此时在 U 内 $f(z)\equiv 0$.

(2) $a_n(n=1,2,\cdots)$ 不全为零,于是存在正整数 m,使得 $a_m\neq 0$,且对于一切 $n<m$,均有 $a_n=0$. 此时,称 z_0 为 $f(z)$ 的 m **级零点**,并且 $m=1$ 时称 z_0 为 $f(z)$ 的**单零点**,$m>1$ 时称 z_0 为 $f(z)$ 的 m **重零点**. 显然,若
$$f'(z_0)=f''(z_0)=\cdots=f^{(m-1)}(z_0)=0,$$
而
$$f^{(m)}(z_0)\neq 0,$$
则 z_0 为 $f(z)$ 的 m 级零点.

设 z_0 为解析函数 $f(z)$ 的一个 m 级零点,则在点 z_0 的某个邻域 U 内有
$$f(z)=(z-z_0)^m\varphi(z),\quad \varphi(z_0)\neq 0, \tag{4.11}$$
其中函数 $\varphi(z)$ 在 U 内解析.

例 4.9 考察函数 $f(z)=z-\sin z$ 在点 $z=0$ 处的性质.

解 显然,$f(z)$ 在点 $z=0$ 处解析,且 $f(0)=0$.

由
$$f(z)=z-\left(z-\frac{z^3}{3!}+\frac{z^5}{5!}-\cdots\right)=z^3\left(\frac{1}{3!}-\frac{z^2}{5!}+\cdots\right),$$
或者
$$f'(z)=1-\cos z,\quad f'(0)=1-1=0,$$
$$f''(z)=\sin z,\quad f''(0)=0,$$
$$f'''(z)=\cos z,\quad f'''(0)=1\neq 0,$$
可知 $z=0$ 为 $f(z)$ 的三级零点.

例 4.10 求函数 $f(z)=\sin z-1$ 的全部零点,并指出它们的级.

解 $f(z)$ 在复平面内解析. 由 $f(z)=\sin z-1=0$ 得
$$e^{iz}-e^{-iz}=2i, \quad 即 \quad (e^{iz}-i)^2=0, \quad 亦即 \quad e^{iz}=i,$$
故 $z=\dfrac{\pi}{2}+2k\pi\ (k=0,\pm1,\pm2,\cdots)$ 是 $f(z)$ 在复平面上的全部零点.

显然,有
$$f'\left(\frac{\pi}{2}+2k\pi\right)=(\sin z-1)'\big|_{z=\frac{\pi}{2}+2k\pi}=\cos z\big|_{z=\frac{\pi}{2}+2k\pi}=0,$$
$$f''\left(\frac{\pi}{2}+2k\pi\right)=(\sin z-1)''\big|_{z=\frac{\pi}{2}+2k\pi}=-\sin z\big|_{z=\frac{\pi}{2}+2k\pi}=-1\neq 0,$$
故 $z=\dfrac{\pi}{2}+2k\pi\ (k=0,\pm1,\pm2,\cdots)$ 都是 $f(z)$ 的二级零点.

一个实变可微函数的零点不一定是孤立的. 例如,实变函数
$$f(x)=\begin{cases}x^2\sin\dfrac{1}{x}, & x\neq 0,\\ 0, & x=0\end{cases}$$
在在区间 $(-\infty,+\infty)$ 内处处可微,且 $x=0$ 是它的零点,同时 $x=\pm\dfrac{1}{n\pi}$ $(n=1,2,\cdots)$ 也是它的零点,并以 $x=0$ 为聚点,所以尽管 $f(x)$ 不恒为零,$x=0$ 却不是孤立的零点.

4.4.2 唯一性定理

当 z_0 为解析函数 $f(z)$ 的 m 级零点时,根据 (4.11) 式,存在 $\delta>0$,使得当 $0<|z-z_0|<\delta$ 时,有 $\varphi(z)\neq 0$,于是 $f(z)\neq 0$. 这说明,存在点 z_0 的某个邻域,使得在此邻域内 z_0 为 $f(z)$ 的唯一零点. 所以,我们有下面的定理.

定理 4.17 设函数 $f(z)$ 在点 z_0 处解析,且 $f(z_0)=0$,则或者 $f(z)$ 在 z_0 的某个邻域内恒等于零,或者存在点 z_0 的某个邻域,使得在此邻域内 z_0 是 $f(z)$ 的唯一零点.

定理 4.17 中后一个结论称为解析函数**零点的孤立性**.

为了讨论解析函数零点的唯一性问题,我们先证明下述引理.

引理 4.1 设函数 $f(z)$ 在区域 D 内解析. 如果 $f(z)$ 在 D 中的一个圆形区域内恒等于零,则 $f(z)$ 在 D 内恒等于零.

证明 设在一个含于 D 的以点 z_0 为圆心的圆形区域 K_0 内,$f(z)$ 恒等于零. 对于不在 K_0 内的任意一点 $z'\in D$,用在 D 内的曲线 L 连接点

z_0, z',记

$$M = \inf\{|\boldsymbol{p}-\boldsymbol{q}|, \boldsymbol{p}, \boldsymbol{q} \text{ 分别为点 } P, Q \text{ 的坐标向量,而 } P \in L,$$
$$Q \text{ 为 } D \text{ 的边界上的任意一点}\},$$

则 $M>0$. 取 $0<\delta<M$,并在 L 上依次取点 $z_1,\cdots,z_{n-1},z_n=z'$,使得任意相邻两点间的距离小于 δ,再作每一点 z_i 的 δ 邻域 K_i ($i=1,2,\cdots,n$),如图 4.2 所示.

显然,当 $i<n$ 时,$z_{i+1} \in K_i \subset D$.

由于 $f(z)$ 在 K_0 内恒等于零,而 $z_1 \in K_0$,因而 $f^{(n)}(z_1)=0$ ($n=0,1,2,\cdots$),于是 $f(z)$ 在 K_1 内的泰勒系数全为零,从而 $f(z)$ 在 K_1 内恒等于零. 同理可得,$f(z)$ 在 K_2 内恒等于零. 一般地,可证明 $f(z)$ 在 K_i ($i=0,1,2,\cdots,n-1$) 内恒等于零,从而可推得 $f(z')=0$. 再由 z' 的任意性即知引理成立.

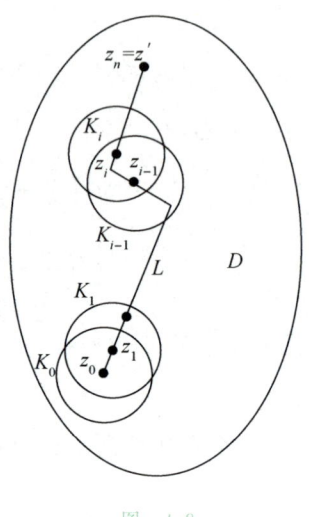

图 4.2

结合引理 4.1 及定理 4.17,就可得到关于解析函数零点的一个重要结果.

定理 4.18 设 $f(z)$ 为区域 D 内不恒等于零的解析函数,则对于 $f(z)$ 的每个零点 z_0,均存在一个邻域 U_0,使得 z_0 为 $f(z)$ 在 U_0 内唯一的零点.

显然,定理 4.18 是定理 4.17 的推广. 由定理 4.18 容易推出解析函数的唯一性定理.

定理 4.19 (唯一性定理) 设函数 $f(z), g(z)$ 在区域 D 内解析,$z_n \neq z_0$ ($n=1,2,\cdots$) 为 D 内互不相同的点,且 $\lim\limits_{n\to\infty} z_n = z_0 \in D$. 如果 $f(z_n)=g(z_n)$ ($n=1,2,\cdots$),则在 D 内有

$$f(z)=g(z).$$

证明 若在 D 内 $f(z)=g(z)$ 不成立,则在 D 内有
$$F(z)=f(z)-g(z) \not\equiv 0.$$
由已知条件可得
$$F(z_n)=f(z_n)-g(z_n)=0 \quad (n=1,2,\cdots).$$
由于 $z_0 \in D$,因而 $F(z)$ 在点 z_0 处连续,故 $F(z_0)=0$. 于是,对于点 z_0 的任意一个邻域,点 z_0 不是 $F(z)$ 在此邻域内的唯一零点. 这与定理 4.18 相矛盾,于是定理成立.

我们知道，对于一般有导数或偏导数的一元或多元实变函数，已知它在定义域内某一部分的值时，还不能确定它在其他部分的值. 而从唯一性定理知道，对于区域 D 内的解析函数来讲，只需知道它在 D 内一个收敛点列上的值，就可完全确定它在 D 内的所有值. 这是解析函数不同于实变可微函数的一个重要特性.

例 4.11 证明：在复平面上解析且在实轴上等于 $\sin x$ 的函数只能是 $\sin z$.

证明 设函数 $f(z)$ 在复平面上解析且在实轴上等于 $\sin x$，则在复平面上解析的函数 $f(z)-\sin z$ 在实轴上恒等于零，因而由唯一性定理知在复平面上有
$$f(z)-\sin z \equiv 0,$$
即
$$f(z)=\sin z.$$

例 4.12 是否存在在点 $z=0$ 处解析且分别满足下列条件的函数 $f(z)$？

(1) $f\left(\dfrac{1}{2n-1}\right)=0, f\left(\dfrac{1}{2n}\right)=\dfrac{1}{2n}$，其中 $n=1,2,\cdots$；

(2) $f\left(\dfrac{1}{n}\right)=\dfrac{n}{n+1}$，其中 $n=1,2,\cdots$.

解 (1) 由于
$$\lim_{n\to\infty}\frac{1}{2n-1}=0, \quad \lim_{n\to\infty}\frac{1}{2n}=0,$$
根据唯一性定理，$f(z)=z$ 是在点 $z=0$ 处解析并满足 $f\left(\dfrac{1}{2n}\right)=\dfrac{1}{2n}$ ($n=1,2,\cdots$) 的唯一函数，但此函数不满足 $f\left(\dfrac{1}{2n-1}\right)=0$，因而不存在在点 $z=0$ 处解析且满足所给条件的解析函数.

(2) 由条件
$$f\left(\frac{1}{n}\right)=\frac{n}{n+1}=\frac{1}{1+\dfrac{1}{n}}$$
及唯一性定理知，$f(z)=\dfrac{1}{1+z}$ 是在点 $z=0$ 处解析并满足所给条件的唯一函数.

例 4.13 应用唯一性定理，在圆形区域 $|z|<1$ 内将 $\mathrm{Ln}(1+z)$ 的主值支 $\ln(1+z)$ 展开成 z 的幂级数.

解 我们有
$$\ln(1+x)=\sum_{n=0}^{+\infty}(-1)^n\frac{x^{n+1}}{n+1}, \quad x\in(-1,1),$$

而幂级数 $\sum_{n=0}^{+\infty}(-1)^n \dfrac{z^{n+1}}{n+1}$ 的收敛半径为 1,即它在 $|z|<1$ 内收敛于一个解析函数 $g(z)$,但在实轴的线段 $(-1,1)$ 上有 $g(z)=\ln(1+x)$,因此根据唯一性定理,在 $|z|<1$ 内有
$$g(z)=\ln(1+z).$$
所以,$\ln(1+z)$ 在 $|z|<1$ 内关于 z 的幂级数展开式为
$$\ln(1+z)=\sum_{n=0}^{+\infty}(-1)^n\dfrac{z^{n+1}}{n+1}.$$

4.4.3 最大模原理

下面给出解析函数理论中最有用的定理.

定理 4.20(最大模原理) 设函数 $f(z)$ 在区域 D 内解析,则 $|f(z)|$ 在 D 内任何点都不能达到最大值,除非在 D 内 $f(z)$ 恒等于常数.

证明 若用 M 表示 $|f(z)|$ 在 D 内的最小上界,则必有 $0 \leqslant M < +\infty$. 不妨设 $M>0$. 假定在 D 内有一点 z_0,使得 $f(z)$ 的模 $|f(z)|$ 在点 z_0 处达到最大值,即 $|f(z_0)|=M$,则在以点 z_0 为圆心且连同边界一起含于 D 的一个圆形区域 $|z-z_0|<R$ 内有
$$f(z_0)=\dfrac{1}{2\pi}\int_0^{2\pi} f(z_0+Re^{i\varphi})\,d\varphi.$$
由此推出
$$|f(z_0)| \leqslant \dfrac{1}{2\pi}\int_0^{2\pi}|f(z_0+Re^{i\varphi})|\,d\varphi.$$
由于 $|f(z_0+Re^{i\varphi})| \leqslant M$,而 $|f(z_0)|=M$,从而由上式可看出对于任意 $\varphi(0 \leqslant \varphi \leqslant 2\pi)$,有
$$|f(z_0+Re^{i\varphi})|=M.$$
事实上,如果对于某个值 $\varphi=\varphi_0$,有 $|f(z_0+Re^{i\varphi})|<M$,那么根据 $|f(z)|$ 的连续性,不等式 $|f(z_0+Re^{i\varphi})|<M$ 在某个充分小的区间 $\varphi_0-\xi<\varphi<\varphi_0+\xi$ 内成立. 同时,在这个区间之外总有
$$|f(z_0+Re^{i\varphi})| \leqslant M,$$
从而
$$M=|f(z_0)| \leqslant \dfrac{1}{2\pi}\int_0^{2\pi}|f(z_0+Re^{i\varphi})|\,d\varphi<M,$$
矛盾. 因此,在以点 z_0 为圆心的每个充分小的圆周上有 $|f(z)|=M$,从而在点 z_0 的足够小的邻域 K 内(K 及其边界含于 D 内)有 $|f(z)|=M$,从而 $f(z)$ 在 K 内恒等于常数. 再由唯一性定理知,$f(z)$ 在 D 内恒等于

常数.

推论 1 设函数 $f(z)$ 满足下列条件:

(1) $f(z)$ 在有界区域 D 内解析,在闭区域 $\overline{D}=D+\partial D$ 上连续;

(2) $|f(z)| \leqslant M$ ($z \in \overline{D}$),

则除 $f(z)$ 恒为常数的情形外,有 $|f(z)| < M$ ($z \in D$).

例 4.14 试用最大模原理证明:设函数 $f(z)$ 在圆形闭区域 $|z| \leqslant R$ 上解析,如果存在 $a > 0$,使得当 $|z|=R$ 时,有 $|f(z)| > a$,而且 $|f(0)| < a$,则 $f(z)$ 在圆形区域 $|z| < R$ 内至少有一个零点.

证明 假设 $f(z)$ 在 $|z| < R$ 内无零点.由题设知,在圆周 $|z|=R$ 上有 $|f(z)| > a > 0$,且 $f(z)$ 在 $|z| \leqslant R$ 上解析.记 $\varphi(z) = \dfrac{1}{f(z)}$,则

$$|\varphi(0)| = \left|\dfrac{1}{f(0)}\right| > \dfrac{1}{a},$$

且在 $|z|=R$ 上有

$$|\varphi(z)| = \left|\dfrac{1}{f(z)}\right| < \dfrac{1}{a}.$$

于是,$\varphi(z)$ 必不恒为常数,且在 $|z|=R$ 上有 $|\varphi(z)| < |\varphi(0)|$.这与最大模原理相矛盾.

习题 4.4

1. 指出下列函数的零点 $z=0$ 的级:

(1) $f(z)=z^2(e^{z^2}-1)$;   (2) $f(z)=6\sin z^3 + z^3(e^{z^6}-6)$.

2. 设 z_0 是函数 $f(z)$ 的 m 级零点,又是函数 $g(z)$ 的 n 级零点,试问:下列函数在点 z_0 处具有何种性质?

(1) $f(z)+g(z)$;   (2) $f(z)g(z)$;   (3) $\dfrac{f(z)}{g(z)}$.

3. 讨论在点 $z=0$ 处解析,而在点 $z=\dfrac{1}{n}$ ($n=1,2,\cdots$) 处取下列各组值的函数是否存在:

(1) $0,1,0,1,0,1,\cdots$;   (2) $\dfrac{1}{2},\dfrac{1}{2},\dfrac{1}{4},\dfrac{1}{4},\dfrac{1}{6},\dfrac{1}{6},\cdots$;

(3) $\dfrac{1}{2},\dfrac{2}{3},\dfrac{3}{4},\dfrac{4}{5},\dfrac{5}{6},\cdots$.

4. 证明:若 $f(z)$ 是区域 D 内不恒为常数的解析函数,点 z_0 在 D 内,且 $f(z_0) \neq 0$,则 $|f(z_0)|$ 不可能是 $|f(z)|$ 在 D 内的最小值.

§4.5 解析函数的洛朗展式

用泰勒级数表示圆形区域内的解析函数是很方便的,但是对于某些特殊函数,如贝塞尔(Bessel)函数,它们以原点为奇点,就不能在奇点的邻域内表示成泰勒级数. 为此,需要建立(挖去奇点的)圆环形区域内的解析函数的级数表达式.

4.5.1 双边幂级数

定义 4.10 形如

$$\sum_{n=-\infty}^{+\infty} c_n(z-z_0)^n = \cdots + c_{-n}(z-z_0)^{-n} + \cdots + c_{-1}(z-z_0)^{-1}$$
$$+ c_0 + c_1(z-z_0) + \cdots + c_n(z-z_0)^n + \cdots \quad (4.12)$$

的级数,称为**双边幂级数**,其中非负幂部分

$$\sum_{n=0}^{+\infty} c_n(z-z_0)^n = c_0 + c_1(z-z_0) + \cdots + c_n(z-z_0)^n + \cdots,$$

称为**解析部分**,负幂部分

$$\sum_{n=-1}^{-\infty} c_n(z-z_0)^n = c_{-1}(z-z_0)^{-1} + \cdots + c_{-n}(z-z_0)^{-n} + \cdots,$$

称为**主要部分**.

双边幂级数(4.12)的解析部分 $\sum_{n=0}^{+\infty} c_n(z-z_0)^n$ 是普通的幂级数,它的收敛范围通常是一个圆形区域. 设它的收敛半径为 R,则当 $|z-z_0| < R$ 时,该幂级数收敛;当 $|z-z_0| > R$ 时,该幂级数发散.

双边幂级数(4.12)的主要部分 $\sum_{n=-1}^{-\infty} c_n(z-z_0)^n$ 是一个新型的幂级数. 如果令 $\zeta = (z-z_0)^{-1}$,那么

$$\sum_{n=-1}^{-\infty} c_n(z-z_0)^n = \sum_{n=1}^{+\infty} c_{-n}\zeta^n.$$

$\sum_{n=1}^{+\infty} c_{-n}\zeta^n$ 是一个普通的幂级数,设它的收敛半径为 r',则当 $|\zeta| < r'$ 时,该幂级数收敛;当 $|\zeta| > r'$ 时,该幂级数发散. 因此,若令 $r = \dfrac{1}{r'}$,则当 $|z-z_0| > r$ 时,级数 $\sum_{n=-1}^{-\infty} c_n(z-z_0)^n$ 收敛;当 $|z-z_0| < r$ 时,级数 $\sum_{n=-1}^{-\infty} c_n(z-z_0)^n$ 发散.

设 $r<R$. 由上面的讨论可知,双边幂级数(4.12)在圆环形区域
$$r<|z-z_0|<R$$
内收敛. 称这个圆环形区域为双边幂级数(4.12)的 收敛圆环.

定理 4.21 设双边幂级数(4.12)的收敛圆环为 $H:r<|z-z_0|<R$ $(0\leqslant r<R\leqslant +\infty)$,则

(1) 双边幂级数(4.12)在 H 内绝对收敛且在任意较小的圆环形闭区域 $r'\leqslant |z-z_0|\leqslant R'(r'>r,R'<R)$ 上一致收敛于函数 $f(z)=f_1(z)+f_2(z)$,其中 $\sum_{n=0}^{+\infty}c_n(z-z_0)^n$ 一致收敛于函数 $f_1(z)$, $\sum_{n=-1}^{-\infty}c_n(z-z_0)^n$ 一致收敛于函数 $f_2(z)$;

(2) 函数 $f(z)$ 在 H 内解析;

(3) 函数 $f(z)=\sum_{n=-\infty}^{+\infty}c_n(z-z_0)^n$ 在 H 内可逐项求导任意次;

(4) 函数 $f(z)$ 可沿 H 内的任意有何分段光滑曲线 C 逐项积分.

4.5.2 解析函数的洛朗展式

从上一小节我们知道,一个双边幂级数在其收敛圆环内可表示为一个解析函数. 反过来,有下面的结论成立.

定理 4.22（洛朗定理） 在圆环形区域 $H:r<|z-z_0|<R$ $(0\leqslant r<R\leqslant +\infty)$ 内解析的函数 $f(z)$ 必可展开成双边幂级数:
$$f(z)=\sum_{n=-\infty}^{+\infty}c_n(z-z_0)^n, \tag{4.13}$$
其中
$$c_n=\frac{1}{2\pi i}\oint_\Gamma \frac{f(z)}{(z-z_0)^{n+1}}dz \quad (n=0,\pm 1,\pm 2,\cdots), \tag{4.14}$$
Γ 为圆周 $|z-z_0|=\rho$ $(r<\rho<R)$,并且展开式是唯一的($f(z)$ 及 H 唯一地决定了系数 c_n,$n=0,\pm 1,\pm 2,\cdots$).

证明 设 z 为 H 内任意取定的点,则总可以找到含于 H 内的两个圆周
$$\Gamma_1:|\zeta-z_0|=\rho_1,$$
$$\Gamma_2:|\zeta-z_0|=\rho_2,$$
使得点 z 含于圆环形区域 $\rho_1<|\zeta-z_0|<\rho_2$ 内(图 4.3).

因为函数 $f(\zeta)$ 在圆环形闭区域

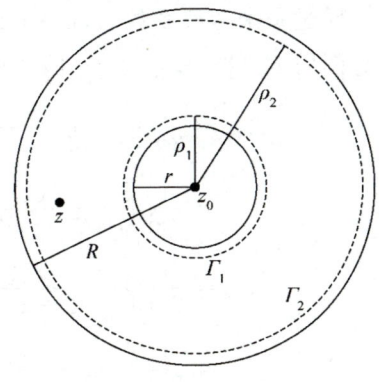

图 4.3

$\rho_1 \leqslant |\zeta - z_0| \leqslant \rho_2$ 上解析,由柯西积分公式有

$$f(z) = \frac{1}{2\pi i}\oint_{\Gamma_2}\frac{f(\zeta)}{\zeta - z}d\zeta - \frac{1}{2\pi i}\oint_{\Gamma_1}\frac{f(\zeta)}{\zeta - z}d\zeta,$$

或写成

$$f(z) = \frac{1}{2\pi i}\oint_{\Gamma_2}\frac{f(\zeta)}{\zeta - z}d\zeta + \frac{1}{2\pi i}\oint_{\Gamma_1}\frac{f(\zeta)}{z - \zeta}d\zeta.$$

下面我们将上式中的两个积分表示为含有 $z - z_0$ 的正(或负)次幂的级数.

对于第一个积分 $\frac{1}{2\pi i}\oint_{\Gamma_2}\frac{f(\zeta)}{\zeta - z}d\zeta$,根据泰勒定理的证明,得

$$\frac{1}{2\pi i}\oint_{\Gamma_2}\frac{f(\zeta)}{\zeta - z}d\zeta = \sum_{n=0}^{+\infty}c_n(z - z_0)^n,$$

其中

$$c_n = \frac{1}{2\pi i}\oint_{\Gamma_2}\frac{f(\zeta)}{(\zeta - z_0)^{n+1}}d\zeta \quad (n = 0,1,2,\cdots).$$

类似地,考虑第二个积分 $\frac{1}{2\pi i}\oint_{\Gamma_1}\frac{f(\zeta)}{z - \zeta}d\zeta$. 我们有

$$\frac{f(\zeta)}{z - \zeta} = \frac{f(\zeta)}{(z - z_0) - (\zeta - z_0)} = \frac{f(\zeta)}{z - z_0} \cdot \frac{1}{1 - \frac{\zeta - z_0}{z - z_0}}.$$

当 $\zeta \in \Gamma_1$ 时,有

$$\left|\frac{\zeta - z_0}{z - z_0}\right| = \frac{\rho_1}{|z - z_0|} < 1,$$

于是第二个积分可以展开成一致收敛的级数:

$$\frac{1}{2\pi i}\oint_{\Gamma_1}\frac{f(\zeta)}{z - \zeta}d\zeta = \sum_{n=0}^{+\infty}\frac{c_{-n}}{(z - z_0)^n},$$

其中

$$c_{-n} = \frac{1}{2\pi i}\oint_{\Gamma_1}\frac{f(\zeta)}{(\zeta - z_0)^{-n+1}}d\zeta \quad (n = 1,2,\cdots).$$

回过头来考察系数 $c_n(n = 0, \pm 1, \pm 2, \cdots)$. 由柯西-古萨定理,对于任意圆周 $\Gamma: |\zeta - z_0| = \rho\ (r < \rho < R)$,有

$$c_n = \frac{1}{2\pi i}\oint_{\Gamma_2}\frac{f(\zeta)}{(\zeta - z_0)^{n+1}}d\zeta$$

$$= \frac{1}{2\pi i}\oint_{\Gamma}\frac{f(\zeta)}{(\zeta - z_0)^{n+1}}d\zeta \quad (n = 0,1,2,\cdots),$$

$$c_{-n} = \frac{1}{2\pi i}\oint_{\Gamma_1}\frac{f(\zeta)}{(\zeta - z_0)^{-n+1}}d\zeta$$

$$= \frac{1}{2\pi i}\oint_{\Gamma}\frac{f(\zeta)}{(\zeta - z_0)^{-n+1}}d\zeta \quad (n = 1,2,\cdots),$$

它们可统一表示成
$$c_n = \frac{1}{2\pi i} \oint_\Gamma \frac{f(\zeta)}{(\zeta-z_0)^{n+1}} d\zeta \quad (n=0, \pm 1, \pm 2, \cdots).$$
这说明 (4.14) 式成立.

因为系数 $c_n (n=0,\pm 1,\pm 2,\cdots)$ 与我们所取的点 z 无关, 所以在 H 内有 $f(z) = \sum_{n=-\infty}^{+\infty} c_n (z-z_0)^n$ 成立.

最后, 证明展开式的唯一性. 设 $f(z)$ 在圆环形区域 H 内还可展开成
$$f(z) = \sum_{n=-\infty}^{+\infty} c'_n (z-z_0)^n.$$
由定理 4.21 知, $\sum_{n=-\infty}^{+\infty} c'_n (z-z_0)$ 在圆周 $\Gamma: |z-z_0| = \rho \ (r < \rho < R)$ 上一致收敛, 从而它乘以 Γ 上的有界函数 $\frac{1}{(z-z_0)^{m+1}}$ (m 为整数) 后仍然一致收敛, 故可逐项积分得
$$\oint_\Gamma \frac{f(z)}{(z-z_0)^{m+1}} dz = \sum_{n=-\infty}^{+\infty} c'_n \oint_\Gamma (z-z_0)^{n-m-1} dz.$$
上式右端级数中 $n=m$ 那一项的积分为 $2\pi i$, 其余各项的积分均为零, 于是
$$c'_m = \frac{1}{2\pi i} \oint_\Gamma \frac{f(z)}{(z-z_0)^{m+1}} dz \quad (m=0, \pm 1, \pm 2, \cdots).$$
比较 c_n 与 c'_m 的表达式, 即知 $c'_n = c_n (n=0, \pm 1, \pm 2, \cdots)$.

我们称 (4.13) 式为函数 $f(z)$ 的**洛朗展式**, 并称 (4.13) 式右端的级数为**洛朗级数**, 而称由 (4.14) 式给出的 $c_n (n=0,\pm 1,\pm 2,\cdots)$ 为**洛朗系数**.

4.5.3 洛朗级数与泰勒级数的关系

当函数 $f(z)$ 在点 z_0 处解析时, 圆心在点 z_0, 半径等于点 z_0 到 $f(z)$ 的最近奇点的距离的那个圆形区域可以看成圆环形区域的特殊情形, 在此区域中就可做出洛朗展式. 根据柯西-古萨定理, 由 (4.14) 式可以看出, 这个洛朗展式中的系数 $c_{-n} (n=1,2,\cdots)$ 都等于零. 在此情形下, 洛朗系数的公式与泰勒系数的公式无异, 所以洛朗级数就转化为泰勒级数. 因此, 泰勒级数是洛朗级数的特殊情形.

例 4.15 函数 $f(z) = \dfrac{1}{(z-1)(z-2)}$ 在复平面上只有两个奇点 $z=1$ 及 $z=2$. 因此, 复平面被分为如下三个不相交的 $f(z)$ 解析的区域:

(1) $|z| < 1$;   (2) $1 < |z| < 2$;   (3) $2 < |z| < +\infty$.

试分别在这三个区域内求 $f(z)$ 的洛朗展式.

解 将函数 $f(z)$ 分解成部分分式：

$$f(z)=\frac{1}{z-2}-\frac{1}{z-1}.$$

(1) 在 $|z|<1$ 内,有 $|z|<1<2$,即 $\left|\frac{z}{2}\right|<1$,故 $f(z)$ 的洛朗展式为

$$f(z)=\frac{1}{1-z}-\frac{1}{2\left(1-\frac{z}{2}\right)}=\sum_{n=0}^{+\infty}\left(1-\frac{1}{2^{n+1}}\right)z^n,$$

这也是 $f(z)$ 在 $|z|<1$ 内的泰勒展式.

(2) 在 $1<|z|<2$ 内,有 $\left|\frac{1}{z}\right|<1$, $\left|\frac{z}{2}\right|<1$,故 $f(z)$ 的洛朗展式为

$$f(z)=-\frac{1}{2}\cdot\frac{1}{1-\frac{z}{2}}-\frac{1}{z}\cdot\frac{1}{1-\frac{1}{z}}=-\frac{1}{2}\sum_{n=0}^{+\infty}\frac{z^n}{2^n}-\frac{1}{z}\sum_{n=1}^{+\infty}\frac{1}{z^{n-1}}$$

$$=-\sum_{n=0}^{+\infty}\frac{z^n}{2^{n+1}}-\sum_{n=1}^{+\infty}\frac{1}{z^n}.$$

(3) 在 $2<|z|<+\infty$ 内,有 $\left|\frac{1}{z}\right|<1$, $\left|\frac{2}{z}\right|<1$,故 $f(z)$ 的洛朗展式为

$$f(z)=\frac{1}{z}\cdot\frac{1}{1-\frac{2}{z}}-\frac{1}{z}\cdot\frac{1}{1-\frac{1}{z}}=\frac{1}{z}\sum_{n=0}^{+\infty}\frac{2^n}{z^n}-\frac{1}{z}\sum_{n=0}^{+\infty}\frac{1}{z^n}$$

$$=\sum_{n=1}^{+\infty}\frac{2^{n-1}-1}{z^n}.$$

4.5.4 解析函数在孤立奇点邻域内的洛朗展式

定义 4.11 如果函数 $f(z)$ 在点 a 的某个去心邻域 $K-\{a\}$: $0<|z-a|<R$ 内解析,点 a 是 $f(z)$ 奇点,则称 a 为 $f(z)$ 的一个 <u>孤立奇点</u>.

注 在定义 4.11 中,因函数 $f(z)$ 在 $K-\{a\}$ 内是单值的,故也称 a 为 $f(z)$ 的<u>单值性孤立奇点</u>. 如以后遇到函数 $f(z)$ 在 $K-\{a\}$ 内是多值的情形,则称 a 为 $f(z)$ 的<u>多值性孤立奇点</u>,即<u>支点</u>(由于在支点的邻域内函数能取不同分支,因此函数在支点的邻域内缺少单值性. 所以,支点以最简单的方式破坏了函数的解析性,它也是函数的奇点). 以后若无特别声明,所提到的孤立奇点均指单值性孤立奇点. 当然,以后也会遇到非孤立奇点.

如果 a 为函数 $f(z)$ 一个孤立奇点,则必存在正整数 R,使得 $f(z)$ 在点 a 的去心邻域 $0<|z-a|<R$ 内可展开成洛朗级数.

例 4.16 已知函数 $f(z)=\dfrac{1}{z-2}-\dfrac{1}{z-1}$ 在复平面上只有两个奇点 $z=1$ 及 $z=2$，试分别求 $f(z)$ 在这两个点及无穷远点 $z=\infty$ 的某个去心邻域内的洛朗展式.

解 (1) 在点 $z=1$ 的去心邻域 $0<|z-1|<1$ 内，有

$$f(z)=-\frac{1}{z-1}+\frac{1}{z-2}=-\frac{1}{z-1}+\frac{1}{(z-1)-1}$$

$$=-\frac{1}{z-1}-\sum_{n=0}^{+\infty}(z-1)^n.$$

(2) 在点 $z=2$ 的去心邻域 $0<|z-2|<1$ 内，有

$$f(z)=\frac{1}{z-2}+\frac{1}{z-2+1}=\frac{1}{z-2}-\sum_{n=0}^{+\infty}(-1)^n(z-2)^n.$$

(3) 在无穷远点 $z=\infty$ 的（最大）去心邻域 $1<|z-1|<+\infty$（以 $z=1$ 为中心）内，有 $\left|\dfrac{1}{z-1}\right|<1$，从而

$$f(z)=-\frac{1}{z-1}+\frac{1}{z-1}\cdot\frac{1}{1-\dfrac{1}{z-1}}=-\frac{1}{z-1}+\frac{1}{z-1}\sum_{n=0}^{+\infty}\left(\frac{1}{z-1}\right)^n$$

$$=\sum_{n=1}^{+\infty}\left(\frac{1}{z-1}\right)^{n+1}.$$

(4) 在无穷远点 $z=\infty$ 的（最大）去心邻域 $1<|z-2|<+\infty$（以 $z=2$ 为中心）内，有 $\left|\dfrac{1}{z-2}\right|<1$，从而

$$f(z)=\frac{1}{z-2}-\frac{1}{z-2}\cdot\frac{1}{1+\dfrac{1}{z-2}}=\frac{1}{z-2}-\frac{1}{z-2}\sum_{n=0}^{+\infty}(-1)^n\left(\frac{1}{z-2}\right)^n$$

$$=\sum_{n=1}^{+\infty}\left(-\frac{1}{z-2}\right)^{n+1}.$$

例 4.17 函数 $f(z)=\dfrac{\sin z}{z}$ 在复平面上只有一个奇点 $z=0$，于是在点 $z=0$ 的去心邻域 $0<|z|<+\infty$ 内有洛朗展式

$$f(z)=\frac{\sin z}{z}=\sum_{n=0}^{+\infty}\frac{(-1)^n z^{2n}}{(2n+1)!}=1-\frac{z^2}{3!}+\cdots.$$

例 4.18 函数 $f(z)=e^z+e^{\frac{1}{z}}$ 在复平面上只有一个奇点 $z=0$，于是在点 $z=0$ 的去心邻域 $0<|z|<+\infty$ 内有洛朗展式

$$f(z) = e^z + e^{\frac{1}{z}} = 2 + \sum_{n=1}^{+\infty} \frac{z^n}{n!} + \sum_{n=1}^{+\infty} \frac{1}{n!} \cdot \frac{1}{z^n}.$$

由以上各例可以看出，在求一些初等函数的洛朗展式时，一般不是按照公式(4.14)去计算洛朗系数，从而得到洛朗展式，而是利用已知的幂级数展开式去求所需要的洛朗展式. 下面我们再举一个例子来说明如何求一个函数在指定区域内的洛朗展式.

例 4.19 已知函数 $f(z) = \sin\dfrac{z}{z-1}$ 在复平面上只有一个奇点 $z=1$，试在该奇点的去心邻域 $0 < |z-1| < +\infty$ 内把 $f(z)$ 展开成洛朗级数.

解 $f(z) = \sin\dfrac{z}{z-1} = \sin\left(1 + \dfrac{1}{z-1}\right) = \sin 1 \cdot \cos\dfrac{1}{z-1} + \cos 1 \cdot \sin\dfrac{1}{z-1}$

$= \sin 1 \left[1 - \dfrac{1}{2!(z-1)^2} + \cdots + (-1)^n \dfrac{1}{(2n)!(z-1)^{2n}} + \cdots \right]$

$\qquad + \cos 1 \left[\dfrac{1}{z-1} - \dfrac{1}{3!(z-1)^3} + \cdots + (-1)^n \dfrac{1}{(2n+1)!(z-1)^{2n+1}} + \cdots \right]$

$= \sin 1 + \dfrac{\cos 1}{z-1} - \dfrac{\sin 1}{2!(z-1)^2} - \dfrac{\cos 1}{3!(z-1)^3} + \cdots + (-1)^n \dfrac{\sin 1}{(2n)!(z-1)^{2n}}$

$\qquad + (-1)^n \dfrac{\cos 1}{(2n+1)!(z-1)^{2n+1}} + \cdots.$

例 4.20 试证：

$$\operatorname{ch}\left(z + \dfrac{1}{z}\right) = c_0 + \sum_{n=1}^{+\infty} c_n (z^n + z^{-n}),$$

其中

$$c_n = \dfrac{1}{2\pi} \int_0^{2\pi} \cos n\varphi \cdot \operatorname{ch}(2\cos\varphi) \mathrm{d}\varphi \quad (n = 1, 2, \cdots).$$

证明 因 $w = z + \dfrac{1}{z}$ 在 z 平面上只有 $z = 0$ 这个奇点，而

$$\operatorname{ch} w = \dfrac{1}{2}(e^w + e^{-w})$$

在 w 平面上解析，故 $\operatorname{ch}\left(z + \dfrac{1}{z}\right)$ 在 z 平面上也只有一个奇点 $z=0$，即它在点 $z=0$ 的去心邻域 $0 < |z| < +\infty$ 内解析. 于是，有

$$\operatorname{ch}\left(z+\frac{1}{z}\right)=\sum_{n=-\infty}^{+\infty}c_n z^n,$$

其中

$$c_n=\frac{1}{2\pi\mathrm{i}}\oint_{\Gamma_\rho}\frac{\operatorname{ch}(z+z^{-1})}{z^{n+1}}\mathrm{d}z\quad(n=0,\pm 1,\pm 2,\cdots),$$

这里 Γ_ρ 代表任意正向圆周 $|z|=\rho>0$.

取 $\rho=1$,则沿圆周 $\Gamma_\rho:z=\mathrm{e}^{\mathrm{i}\varphi}(0\leqslant\varphi\leqslant 2\pi)$ 有

$$\begin{aligned}c_n&=\frac{1}{2\pi}\int_0^{2\pi}\operatorname{ch}(\mathrm{e}^{\mathrm{i}\varphi}+\mathrm{e}^{-\mathrm{i}\varphi})\cdot\mathrm{e}^{-n\mathrm{i}\varphi}\mathrm{d}\varphi\\&=\frac{1}{2\pi}\int_0^{2\pi}\operatorname{ch}(2\cos\varphi)\cdot\cos n\varphi\mathrm{d}\varphi-\frac{\mathrm{i}}{2\pi}\int_0^{2\pi}\operatorname{ch}(2\cos\varphi)\cdot\sin n\varphi\mathrm{d}\varphi\\&\quad(n=0,\pm 1,\pm 2,\cdots).\end{aligned}$$

令 $\varphi=2\pi-\theta$,则上式第二个等号右端的第二个积分为零,得到

$$c_n=\frac{1}{2\pi}\int_0^{2\pi}\cos n\varphi\cdot\operatorname{ch}(2\cos\varphi)\mathrm{d}\varphi\quad(n=0,\pm 1,\pm 2,\cdots),$$

从而

$$c_n=c_{-n}\quad(n=1,2,\cdots).$$

故

$$\operatorname{ch}\left(z+\frac{1}{z}\right)=c_0+\sum_{n=1}^{+\infty}c_n(z^n+z^{-n}).$$

习题 4.5

1. 将函数 $f(z)=\dfrac{1}{1+z^2}$ 分别在点 $z=-\mathrm{i}$ 与 $z=\infty$ 的去心邻域内展开成洛朗级数.

2. 将下列函数在指定的圆环形区域内展开成洛朗级数:

   (1) $f(z)=\dfrac{z+1}{z^2(z-1)}$,圆环形区域 $0<|z|<1$ 和 $1<|z|<+\infty$;

   (2) $f(z)=\dfrac{z^2-2z+5}{(z-2)(z^2+1)}$,圆环形区域 $1<|z|<2$;

   (3) $f(z)=\dfrac{\mathrm{e}^z}{z(z^2+1)}$,圆环形区域 $0<|z|<1$,只给出从 $\dfrac{1}{z}$ 到 z^2 的各项.

3. 将下列函数在指定点的去心邻域内展开成洛朗级数,并指出其收敛范围:

(1) $f(z)=\dfrac{1}{(z^2+1)^2}$,点 $z=\mathrm{i}$;

(2) $f(z)=z^2\mathrm{e}^{\frac{1}{z}}$,点 $z=0$ 和 $z=\infty$;

(3) $f(z)=\mathrm{e}^{\frac{1}{1-z}}$,点 $z=1$ 和 $z=\infty$.

第 5 章　留　数

本章将以第四章介绍的洛朗级数为工具,先对解析函数的孤立奇点进行分类,再对孤立奇点在其邻域内的性质进行研究.

留数在复变函数理论及实际应用中都是很重要的,我们将看到柯西-古萨定理、柯西积分公式都是留数定理的特殊情况.应用留数定理,可以把计算闭曲线上的复积分转化为计算在孤立奇点处的留数.此外,应用留数理论,我们还可以解决一些积分计算问题,以及考察区域内解析函数的零点分布状况.

§5.1 解析函数的孤立奇点

孤立奇点是解析函数的奇点中最简单且最重要的一类奇点. 以解析函数的洛朗展式为工具,我们能够在孤立奇点的去心邻域内充分研究解析函数的性质.

若 z_0 为函数 $f(z)$ 的孤立奇点,则 $f(z)$ 在点 z_0 的某个去心邻域 $0<|z-z_0|<\delta$ 内可以展开成洛朗级数:

$$f(z)=\sum_{n=-\infty}^{+\infty}c_n(z-z_0)^n,$$

其中非负幂部分为 $f(z)$ 在点 z_0 处的解析部分,而负幂部分为 $f(z)$ 在点 z_0 处的主要部分. 因为洛朗级数的非负幂部分表示在点 z_0 的邻域 $|z-z_0|<\delta$ 内的解析函数,所以 $f(z)$ 在点 z_0 处的奇异性完全体现在洛朗级数的负幂部分上.

5.1.1 可去奇点

定义 5.1 设 z_0 为函数 $f(z)$ 的孤立奇点. 如果 $f(z)$ 在点 z_0 的某个去心邻域 $0<|z-z_0|<\delta$ 内的洛朗展式中不含 $z-z_0$ 的负幂项,即

$$f(z)=c_0+c_1(z-z_0)+\cdots+c_n(z-z_0)^n+\cdots,$$

那么称 z_0 为 $f(z)$ 的**可去奇点**.

在定义 5.1 的条件下,$f(z)$ 在点 z_0 的某个去心邻域内的洛朗级数实际上就是一个普通的幂级数:

$$c_0+c_1(z-z_0)+\cdots+c_n(z-z_0)^n+\cdots.$$

因此,这个幂级数的和函数 $F(z)$ 是在点 z_0 处解析的函数,且当 $z\neq z_0$ 时,$F(z)=f(z)$;当 $z=z_0$ 时,$F(z_0)=c_0$. 但是,由于

$$\lim_{z\to z_0}f(z)=\lim_{z\to z_0}F(z)=F(z_0)=c_0,$$

所以不论 $f(z)$ 原来在点 z_0 处是否有定义,如果我们令 $f(z_0)=c_0$,那么在点 z_0 的某个邻域内就有

$$f(z)=c_0+c_1(z-z_0)+\cdots+c_n(z-z_0)^n+\cdots,$$

从而 $f(z)$ 在点 z_0 处就成为解析的. 由于这个原因,所以称点 z_0 为可去奇点.

例如,点 $z=0$ 是函数 $f(z)=\dfrac{\sin z}{z}$ 的可去奇点,因为这个函数在点 $z=0$ 的去心邻域内的洛朗展式中不含负幂项:

$$f(z)=\frac{\sin z}{z}=\frac{1}{z}\left(z-\frac{1}{3!}z^3+\frac{1}{5!}z^5-\cdots\right)=1-\frac{1}{3!}z^2+\frac{1}{5!}z^4-\cdots.$$

如果我们约定 $f(z)=\dfrac{\sin z}{z}$ 在点 $z=0$ 处的值为 1（这里 $c_0=1$），那么 $f(z)=\dfrac{\sin z}{z}$ 在点 $z=0$ 处就成为解析的.

5.1.2 极点

定义 5.2 设 z_0 为函数 $f(z)$ 的孤立奇点. 如果 $f(z)$ 在点 z_0 的某个去心邻域 $0<|z-z_0|<\delta$ 内的洛朗展式中只含有有限项 $z-z_0$ 的负幂项，且其中关于 $(z-z_0)^{-1}$ 的最高次幂为 $(z-z_0)^{-m}$，即

$$\begin{aligned}f(z)&=\frac{c_{-m}}{(z-z_0)^m}+\frac{c_{-(m-1)}}{(z-z_0)^{m-1}}+\cdots+\frac{c_{-1}}{z-z_0}+c_0\\&\quad+c_1(z-z_0)+c_2(z-z_0)^2+\cdots\\&=\frac{g(z)}{(z-z_0)^m}\quad(c_{-m}\neq 0, m\geqslant 1),\end{aligned}\tag{5.1}$$

其中

$$g(z)=c_{-m}+c_{-(m-1)}(z-z_0)+\cdots+c_{-1}(z-z_0)^{m-1}+c_0(z-z_0)^m+\cdots$$

在 $|z-z_0|<\delta$ 内解析，且 $g(z_0)\neq 0$，那么称 z_0 为 $f(z)$ 的 *m 级极点*.

如果 z_0 为函数 $f(z)$ 的极点，则由 (5.1) 式可得

$$\lim_{z\to z_0}|f(z)|=+\infty,$$

或写作

$$\lim_{z\to z_0}f(z)=\infty.$$

例如，对有理分式 $f(z)=\dfrac{z-2}{(z^2+1)(z-1)^3}$ 来说，$z=1$ 是它的三级极点，$z=\pm \mathrm{i}$ 是它的一级极点.

5.1.3 本性奇点

定义 5.3 设 z_0 为函数 $f(z)$ 的孤立奇点. 如果 $f(z)$ 在点 z_0 的某个去心邻域 $0<|z-z_0|<\delta$ 内的洛朗展式中含有无穷多项 $z-z_0$ 的负幂项，即

$$f(z)=\cdots+\frac{c_{-n}}{(z-z_0)^n}+\cdots+\frac{c_{-1}}{z-z_0}+c_0+c_1(z-z_0)+\cdots+c_n(z-z_0)^n+\cdots,$$

那么称 z_0 为 $f(z)$ 的 *本性奇点*.

例如，对于函数 $f(z)=\mathrm{e}^{\frac{1}{z}}$，点 $z=0$ 为它的本性奇点，因为在其洛

朗展式中含有无穷多项 z 的负幂项：

$$e^{\frac{1}{z}} = 1 + z^{-1} + \frac{1}{2!}z^{-2} + \cdots + \frac{1}{n!}z^{-n} + \cdots.$$

函数在其本性奇点的邻域内具有以下性质：如果 z_0 为函数 $f(z)$ 的本性奇点，那么对于任意给定的复数 A，在点 z_0 的邻域内总可以找到一个趋于 z_0 的数列 $\{z_n\}$，当 z 沿这个数列趋于点 z_0 时，$f(z)$ 的值趋于 A. 例如，设 $f(z) = e^{\frac{1}{z}}$. 给定复数 $A = i$，我们可以把它写成 $i = e^{\left(\frac{\pi}{2} + 2n\pi\right)i}$，那么为了满足 $e^{\frac{1}{z_n}} = i$，可考虑取 $z_n = \dfrac{1}{\left(\dfrac{\pi}{2} + 2n\pi\right)i}$ $(n=1,2,\cdots)$. 显然，当 $n \to \infty$ 时，$z_n \to 0$. 而 $e^{\frac{1}{z_n}} = i$，所以当 z 沿数列 $\{z_n\}$ 趋于点 $z_0 = 0$ 时，$f(z)$ 的值趋于 i.

综上所述，如果 z_0 为函数 $f(z)$ 的可去奇点，那么 $\lim\limits_{z \to z_0} f(z)$ 存在且有限；如果 z_0 为函数 $f(z)$ 的极点，那么 $\lim\limits_{z \to z_0} f(z) = \infty$；如果 z_0 为函数 $f(z)$ 的本性奇点，那么 $\lim\limits_{z \to z_0} f(z)$ 不存在且不为 ∞. 这已经包括了孤立奇点的一切可能情形，所以反过来的结论也成立. 这就是说，我们可以利用上述极限的不同情形来判别孤立奇点的类型.

5.1.4 函数的零点与极点的关系

我们知道，如果不恒等于零的解析函数 $f(z)$ 能表示成

$$f(z) = (z - z_0)^m \varphi(z), \tag{5.2}$$

其中 $\varphi(z)$ 在点 z_0 处解析，$\varphi(z_0) \neq 0$，m 为某一正整数，则点 z_0 为 $f(z)$ 的 m 级零点. 例如，点 $z = 0$ 与 $z = 1$ 分别是函数 $f(z) = z(z-1)^3$ 的一级与三级零点. 另外，我们还可以得到下面的结论：

$$z_0 \text{ 是函数 } f(z) \text{ 的 } m \text{ 级零点} \iff \begin{cases} f^{(n)}(z_0) = 0, \ n = 0, 1, 2, \cdots, m-1, \\ f^{(m)}(z_0) \neq 0. \end{cases}$$

例如，$z = 1$ 是函数 $f(z) = z^3 - 1$ 的一级零点. 事实上，由于

$$f(1) = 0, \quad f'(1) = 3z^2 \big|_{z=1} = 3 \neq 0,$$

从而可知 $z = 1$ 是 $f(z)$ 的一级零点.

下面我们讨论函数的零点与极点的关系.

定理 5.1 点 z_0 是函数 $f(z)$ 的 m 级极点 $\iff$ 点 z_0 是函数 $\dfrac{1}{f(z)}$ 的 m 级零点 $\left(\text{取} \dfrac{1}{f(z_0)} = 0\right)$.

证明 如果点 z_0 是 $f(z)$ 的 m 级极点，根据 (5.1) 式，便有

$$f(z) = \frac{1}{(z-z_0)^m} g(z),$$

其中 $g(z)$ 在点 z_0 处解析,且 $g(z_0) \neq 0$. 所以,在点 z_0 的某个邻域内有

$$\frac{1}{f(z)} = (z-z_0)^m \frac{1}{g(z)} = (z-z_0)^m h(z),$$

其中函数 $h(z) = \frac{1}{g(z)}$ 也在点 z_0 处解析,且 $h(z_0) \neq 0$. 由此可得

$$\lim_{z \to z_0} \frac{1}{f(z)} = 0.$$

因此,我们只要取 $\frac{1}{f(z_0)} = 0$,那么 z_0 是 $\frac{1}{f(z)}$ 的 m 级零点.

反过来,如果点 z_0 是 $\frac{1}{f(z)}$ 的 m 级零点,那么

$$\frac{1}{f(z)} = (z-z_0)^m \varphi(z),$$

这里 $\varphi(z)$ 在点 z_0 处解析,且 $\varphi(z_0) \neq 0$. 因此,在点 z_0 的某个去心邻域内有

$$f(z) = \frac{1}{(z-z_0)^m} \cdot \frac{1}{\varphi(z)} = \frac{1}{(z-z_0)^m} \psi(z),$$

其中 $\psi(z) = \frac{1}{\varphi(z)}$. 而 $\psi(z)$ 在点 z_0 处解析,且 $\psi(z_0) \neq 0$,所以点 z_0 是 $f(z)$ 的 m 级极点.

例 5.1 函数 $\frac{1}{\sin z}$ 有些什么奇点?如果是极点,指出它的级.

解 函数 $\frac{1}{\sin z}$ 的奇点显然是使 $\sin z = 0$ 的点. 由 $\sin z = 0$ 可得 $e^{2iz} = 1$,从而有 $2iz = 2k\pi i$,所以 $\frac{1}{\sin z}$ 的奇点为 $z = k\pi \; (k = 0, \pm 1, \pm 2, \cdots)$. 很明显,它们都是孤立奇点. 由于

$$(\sin z)' \big|_{z=k\pi} = \cos z \big|_{z=k\pi} = (-1)^k \neq 0,$$

因此 $z = k\pi \; (k = 0, \pm 1, \pm 2, \cdots)$ 都是 $\sin z$ 的一级零点,也就是 $\frac{1}{\sin z}$ 的一级极点.

应当注意,我们在判断函数极点的级时,不能一看函数的表面形式就急于给出结论. 如函数 $\frac{e^z - 1}{z^2}$,表面上看似乎 $z = 0$ 是它的二级极点,其实 $z = 0$ 是它的一级极点,因为

$$\frac{e^z - 1}{z^2} = \frac{1}{z^2} \left(\sum_{n=0}^{+\infty} \frac{z^n}{n!} - 1 \right) = \frac{1}{z} + \frac{1}{2!} + \frac{z}{3!} + \cdots = \frac{1}{z} \varphi(z),$$

其中 $\varphi(z)$ 在点 $z=0$ 处解析，且 $\varphi(0)\neq 0$. 类似地，$z=0$ 是函数 $\dfrac{\mathrm{sh}\,z}{z^3}$ 的二级极点，而不是三级极点.

5.1.5 函数在无穷远点处的性态

前面几小节讨论的是函数的孤立奇点为有限的情形. 由于函数 $f(z)$ 在无穷远点 $z=\infty$ 处是无意义的，所以无穷远点 $z=\infty$ 是 $f(z)$ 的奇点. 若 $f(z)$ 在无穷远点 $z=\infty$ 的某个去心邻域 $U-\{\infty\}:0\leqslant r<|z|<+\infty$ 内解析，则称 $z=\infty$ 为 $f(z)$ 的一个**孤立奇点**.

设无穷远点 $z=\infty$ 为函数 $f(z)$ 的孤立奇点，利用变换 $z'=\dfrac{1}{z}$，于是

$$\varphi(z')=f\left(\dfrac{1}{z'}\right)=f(z)$$

在原点 $z'=0$ 的去心邻域 $K-\{0\}:0<|z'|<\dfrac{1}{r}\left(\text{如 }r=0\text{，则规定 }\dfrac{1}{r}=+\infty\right)$ 内解析. 原点 $z'=0$ 就为 $\varphi(z')$ 的一个孤立奇点. 我们还可以看出：

(1) 对应于扩充 z 平面上无穷远点 $z=\infty$ 的去心邻域 $U-\{\infty\}$，有扩充 z' 平面上原点 $z'=0$ 的去心邻域 $K-\{0\}$；

(2) 在对应的两点 z 与 z' 处，函数 $f(z)$ 与 $\varphi(z')$ 的值相等；

(3) $\lim\limits_{z\to\infty}f(z)=\lim\limits_{z'\to 0}\varphi(z')$，或者这两个极限都不存在.

由此，我们很自然地根据函数 $\varphi(z')$ 在原点 $z'=0$ 处的性态来规定函数 $f(z)$ 在无穷远点 $z=\infty$ 处的性态. 也就是说，若 $z'=0$ 为 $\varphi(z')$ 的可去奇点、m 级极点或本性奇点，则我们相应地称 $z=\infty$ 为 $f(z)$ 的**可去奇点**、**m 级极点**或**本性奇点**.

注 所谓 $f(z)$ 在无穷远点 $z=\infty$ 处解析，是指无穷远点 $z=\infty$ 为 $f(z)$ 的可去奇点，且定义 $f(\infty)=\lim\limits_{z\to\infty}f(z)$. 虽然可以定义 $f(\infty)$，但在无穷远点 $z=\infty$ 处没有定义差商，因此我们没有定义函数 $f(z)$ 在无穷远点 $z=\infty$ 处的可微性.

设在原点 $z'=0$ 的去心邻域 $K-\{0\}:0<|z'|<\dfrac{1}{r}$ 内将 $\varphi(z')$ 展开成洛朗级数：

$$\varphi(z')=\sum_{n=-\infty}^{+\infty}c_n z'^n.$$

令 $z'=\dfrac{1}{z}$，则有

$$f(z) = \sum_{n=-\infty}^{+\infty} b_n z^n, \qquad (5.3)$$

其中 $b_n = c_{-n}(n=0,\pm 1,\pm 2,\cdots)$.

(5.3) 式为函数 $f(z)$ 在无穷远点 $z=\infty$ 的去心邻域 $U - \{\infty\}$：$0 \leqslant r < |z| < +\infty$ 内的洛朗展式. 对应于函数 $\varphi(z')$ 在点 $z'=0$ 处的主要部分, 我们称 $\sum_{n=1}^{+\infty} b_n z^n$ 为函数 $f(z)$ 在无穷远点 $z=\infty$ 处的 主要部分.

我们观察这样一个特例：设函数 $f(z)$ 在扩充复平面上只有两个奇点 $z=0$ 和 $z=\infty$, 则可设

$$f(z) = a_0 + \frac{a_1}{z} + \cdots + \frac{a_n}{z^n} + \cdots + b_1 z + b_2 z^2 + \cdots + b_n z^n + \cdots \quad (0 < |z| < +\infty),$$

这样就把 $f(z) - a_0$ 一分为二：$\sum_{n=1}^{+\infty} \frac{a_n}{z^n}$ 及 $\sum_{n=1}^{+\infty} b_n z^n$. 在点 $z=0$ 的去心邻域 $0 < |z| \leqslant +\infty$ 内, 前者是主要部分, 起主导作用, $f(z)$ 的性质主要由它所决定, 而后者则是次要的. 但是, 当 $|z|$ 逐渐变大趋于 $+\infty$ 时, 主要部分和非主要部分就相互转化. 在无穷远点 $z=\infty$ 的去心邻域 $0 \leqslant r < |z| < +\infty$ 内, 后者是主要部分, 起主导作用, 决定 $f(z)$ 的性质, 而前者却变为次要的. 此外, 根据前面的规定, 我们有下面的定理.

定理 5.2 函数 $f(z)$ 的孤立奇点 $z=\infty$ 为可去奇点的充要条件是下列三个条件中的任何一个：

(1) $f(z)$ 在孤立奇点 $z=\infty$ 处的主要部分为零；

(2) $\lim\limits_{z \to \infty} f(z) = b \ (b \neq \infty)$；

(3) $f(z)$ 在孤立奇点 $z=\infty$ 的某个去心邻域 $U - \{\infty\}$ 内有界.

定理 5.3 函数 $f(z)$ 的孤立奇点 $z=\infty$ 为 m 级极点的充要条件是下列三个条件中的任何一个：

(1) $f(z)$ 在孤立奇点 $z=\infty$ 处的主要部分为
$$b_1 z + b_2 z^2 + \cdots + b_m z^m \quad (b_m \neq 0);$$

(2) $f(z)$ 在孤立奇点 $z=\infty$ 的某个去心邻域 $U - \{\infty\}$ 内能表示成
$$f(z) = z^m \mu(z),$$
其中 $\mu(z)$ 在孤立奇点 $z=\infty$ 的邻域 U 内解析, 且 $\mu(\infty) \neq 0$；

(3) $g(z) = \dfrac{1}{f(z)}$ 以孤立奇点 $z=\infty$ 为 m 级零点 (只要令 $g(\infty) = 0$).

例 5.2 由函数 $f(z)=\dfrac{1}{(z-1)(z-2)}$ 在无穷远点 $z=\infty$ 的去心邻域 $2<|z|<+\infty$ 内的洛朗展式,可知无穷远点 $z=\infty$ 为 $f(z)$ 的可去奇点,并且作为解析点来看是二级零点 (只要令 $f(\infty)=0$),这里

$$g(z)=\frac{1}{f(z)}=(z-1)(z-2)=z^2\left(1-\frac{1}{z}\right)\left(1-\frac{2}{z}\right)$$

以无穷远点 $z=\infty$ 为二级极点,且

$$\mu(z)=\left(1-\frac{1}{z}\right)\left(1-\frac{2}{z}\right),\quad \mu(\infty)=1\neq 0.$$

定理 5.4 函数 $f(z)$ 的孤立奇点 $z=\infty$ 为极点的充要条件是

$$\lim_{z\to\infty}f(z)=\infty.$$

定理 5.5 函数 $f(z)$ 的孤立奇点 $z=\infty$ 为本性奇点的充要条件是下列两个条件中的任何一个:

(1) $f(z)$ 在孤立奇点 $z=\infty$ 处的主要部分有无穷多项正幂项不等于零;

(2) $\lim\limits_{z\to\infty}f(z)$ 不存在(即当 z 趋于 ∞ 时,$f(z)$ 不趋于任何有限值或 ∞).

下面我们再举几个其他类型的例子.

例 5.3 将多值解析函数 $\mathrm{Ln}\dfrac{z-a}{z-b}$ (a,b 为常数)的各分支在无穷远点 $z=\infty$ 的某个去心邻域内展开成洛朗级数.

解 无穷远点 $z=\infty$ 不是 $\mathrm{Ln}\dfrac{z-a}{z-b}$ 的支点,故能在无穷远点 $z=\infty$ 的邻域 $U:|z|>\max\{|a|,|b|\}$ 内分出单值解析分支,且在去心邻域 $U-\{\infty\}$ 内,各分支均能展开成洛朗级数. 现在考虑第 k 支

$$\ln\frac{z-a}{z-b}=\ln\frac{1-\dfrac{a}{z}}{1-\dfrac{b}{z}}=\ln\left(1-\frac{a}{z}\right)-\ln\left(1-\frac{b}{z}\right)+2k\pi\mathrm{i},$$

其中 $\ln\left(1-\dfrac{a}{z}\right)$ 及 $\ln\left(1-\dfrac{b}{z}\right)$ 均表示主值支. 我们有

$$\ln\frac{z-a}{z-b}=2k\pi\mathrm{i}-\sum_{n=1}^{+\infty}\frac{1}{n}\left(\frac{a}{z}\right)^n+\sum_{n=1}^{+\infty}\frac{1}{n}\left(\frac{b}{z}\right)^n$$

$$=2k\pi\mathrm{i}+\sum_{n=1}^{+\infty}\frac{b^n-a^n}{n}\cdot\frac{1}{z^n}\quad (k=0,\pm 1,\pm 2,\cdots).$$

由此可见,无穷远点 $z=\infty$ 实际上为各单值解析分支的单值性孤立奇点——可去奇点.

例 5.4 在无穷远点 $z=\infty$ 的某个去心邻域内将函数 $f(z)=\mathrm{e}^{\frac{z}{z+2}}$ 展开成洛朗级数.

解 令 $z=\dfrac{1}{\zeta}$,则有

$$f\left(\frac{1}{\zeta}\right)=\mathrm{e}^{\frac{1/\zeta}{1/\zeta+2}}=\mathrm{e}^{\frac{1}{1+2\zeta}}\stackrel{\Delta}{=}\varphi(\zeta),$$

这里点 $\zeta=0$ 是函数 $\varphi(\zeta)$ 的解析点. 我们有

$$\varphi'(\zeta)=-\frac{2}{(1+2\zeta)^2}\mathrm{e}^{\frac{1}{1+2\zeta}},$$

$$\varphi''(\zeta)=\mathrm{e}^{\frac{1}{1+2\zeta}}\left[\frac{8}{(1+2\zeta)^3}+\frac{4}{(1+2\zeta)^4}\right],$$

……

于是

$$\varphi(0)=\mathrm{e},\quad \varphi'(0)=-2\mathrm{e},\quad \varphi''(0)=12\mathrm{e},\quad\cdots.$$

由此得

$$\varphi(\zeta)=\mathrm{e}(1-2\zeta+6\zeta^2+\cdots).$$

所以

$$\mathrm{e}^{\frac{z}{z+2}}=\mathrm{e}\left(1-\frac{2}{z}+\frac{6}{z^2}+\cdots\right)\quad (2<|z|<+\infty).$$

这里无穷远点 $z=\infty$ 是 $f(z)$ 的可去奇点,如令 $f(\infty)=\mathrm{e}$,则无穷远点 $z=\infty$ 化为解析点.

例 5.5 求出函数 $f(z)=\dfrac{\tan(z-1)}{z-1}$ 的奇点(包括无穷远点),并确定其类型.

解 由

$$f(z)=\frac{\tan(z-1)}{z-1}=\frac{\sin(z-1)}{(z-1)\cos(z-1)},$$

易知点 $z=1$ 为可去奇点;点 $z_k=1+\dfrac{2k+1}{2}\pi$ $(k=0,\pm 1,\pm 2,\cdots)$ 均为一级极点;无穷远点 $z=\infty$ 为这些极点的聚点,它是非孤立奇点.

例 5.6 函数 $f(z)=\sec\dfrac{1}{z-1}$ 在点 $z=1$ 的去心邻域内能否展开成洛朗级数?

解 因点 $z=1$ 为

$$f(z)=\sec\frac{1}{z-1}=\frac{1}{\cos\dfrac{1}{z-1}}$$

的非孤立奇点$\Big[$注意:$f(z)=\sec\dfrac{1}{z-1}$的奇点除了点$z=1$外,还有点$z_k=\dfrac{1}{\left(k+\dfrac{1}{2}\right)\pi}+1$ $(k=0,\pm1,\pm2,\cdots)$,它们以点$z=1$为聚点$\Big]$,故$f(z)$在点$z=1$的去心邻域内不能展开成洛朗级数.

例 5.7 设函数 $f(z)$ 在点 $z=a$ 的去心邻域 $0<|z-a|<R$ 内解析,且不恒为零,又设 $f(z)$ 有一列异于点 $z=a$ 但以点 $z=a$ 为聚点的零点,证明:点 $z=a$ 必为 $f(z)$ 的本性奇点.

证明 点 $z=a$ 必是 $f(z)$ 的孤立奇点且不能是可去奇点,否则 $f(z)$ 在 $|z-a|<R$ 内解析(令 $f(a)=0$)且以点 $z=a$ 为非孤立零点.于是,由解析函数的唯一性定理知, $f(z)$ 必恒为零,与题设相矛盾.

点 $z=a$ 也不可能是 $f(z)$ 的极点,否则,对于任意给定的 $M>0$,存在 $\delta>0$,使得当 $0<|z-a|<\delta$ 时,有 $|f(z)|>M$,也与假设相矛盾.

综上所述,点 $z=a$ 必为 $f(z)$ 的本性奇点.

在本节最后,我们把无穷远点邻域的概念推广如下,以方便应用:无穷远点的一个邻域正好对应着以北极点 N 为球心的一个球盖,在扩充复平面上就是任何一个圆周的外部(包含无穷远点 $z=\infty$).确切地说,$N(\infty):0\leqslant r<|z-a|$ 称为以点 $z=a$ 为中心的无穷远点 $z=\infty$ 的邻域(包含无穷远点 $z=\infty$),而 $N(\infty)-\{\infty\}:0\leqslant r<|z-a|<+\infty$ 称以点 $z=a$ 为中心的无穷远点 $z=\infty$ 的去心邻域.

设函数 $f(z)$ 在扩充复平面上只有两个奇点 $z=a$ 和 $z=\infty$,则其洛朗展式可设为

$$f(z)=a_0+\frac{a_1}{z-a}+\cdots+\frac{a_n}{(z-a)^n}+\cdots+b_1(z-a)+b_2(z-a)^2$$
$$+\cdots+b_n(z-a)^n+\cdots \quad (0\leqslant r<|z-a|<+\infty).$$

习题 5.1

1. 求出下列函数的奇点,并确定它们的类别(对于极点,要指出它们的级;对于无穷远点,也要加以讨论):

(1) $f(z) = \dfrac{z-1}{z(z^2+4)^2}$, (2) $f(z) = \dfrac{1}{\sin z + \cos z}$, (3) $f(z) = \dfrac{1-e^z}{1+e^z}$,

(4) $f(z) = \dfrac{1}{(z^2+i)^3}$, (5) $f(z) = \tan^2 z$, (6) $f(z) = \cos\dfrac{1}{z+i}$,

(7) $f(z) = \dfrac{1-\cos z}{z^2}$, (8) $f(z) = \dfrac{1}{e^z-1}$.

§5.2 留数

5.2.1 留数的定义及留数定理

如果函数 $f(z)$ 在点 z_0 的某个邻域内解析，C 为该邻域内的任意一条分段光滑简单闭曲线，则根据柯西-古萨定理有

$$\oint_C f(z)\mathrm{d}z = 0.$$

但是，如果点 z_0 是 $f(z)$ 的一个孤立奇点，则沿在点 z_0 的某个去心邻域 $0 < |z-z_0| < R$ 内包围点 z_0 的任意一条分段光滑简单闭曲线 C 的积分 $\oint_C f(z)\mathrm{d}z$ 的值一般不再为零。而且，利用洛朗系数的公式，很容易计算出它的值。由此，为了讨论如何应用洛朗系数来计算沿分段光滑简单闭曲线的积分，我们引入下面的定义。

定义 5.4 设点 z_0 是函数 $f(z)$ 的孤立奇点，且 $f(z)$ 在点 z_0 的去心邻域 $0 < |z-z_0| < R$ 内解析，称复积分

$$\frac{1}{2\pi\mathrm{i}}\oint_C f(z)\mathrm{d}z \tag{5.4}$$

为 $f(z)$ 在点 z_0 处的**留数**，记作 $\mathrm{Res}(f, z_0)$，其中 $C: |z-z_0| = r\ (0 < r < R)$。

(5.4)式所定义的留数 $\mathrm{Res}(f, z_0)$ 与圆周 C 的半径 r 无关。事实上，在圆环形区域 $0 < |z-z_0| < R$ 内，函数 $f(z)$ 的洛朗展式为

$$f(z) = \sum_{n=-\infty}^{+\infty} c_n (z-z_0)^n,$$

其在任意圆周 $C: |z-z_0| = r\ (0 < r < R)$ 上一致收敛，故逐项积分可得

$$\frac{1}{2\pi\mathrm{i}}\oint_C f(z)\mathrm{d}z = \frac{1}{2\pi\mathrm{i}}\sum_{n=-\infty}^{+\infty} c_n \oint_C (z-z_0)^n \mathrm{d}z = c_{-1},$$

即 $\mathrm{Res}(f, z_0) = c_{-1}$。也就是说，$\mathrm{Res}(f, z_0)$ 等于 $f(z)$ 在点 z_0 处的洛朗展式中 $\dfrac{1}{z-z_0}$ 这一项的系数，故它与圆周 C 的半径 r 无关。

显然，如果点 z_0 为函数 $f(z)$ 的解析点或可去奇点，则
$$\text{Res}(f,z_0)=0.$$

定理 5.6（留数定理） 如果函数 $f(z)$ 在区域 D 内除有限个孤立奇点 $z_1,z_2,\cdots,z_n$ 外处处解析，C 是 D 内包围各奇点的任意一条正向分段光滑简单闭曲线，那么
$$\oint_C f(z)\mathrm{d}z = 2\pi\mathrm{i}\sum_{k=1}^n \text{Res}(f,z_k).$$

证明 以 z_k 为圆心，充分小的正数 ρ_k 为半径作圆周 $\Gamma_k:|z-z_k|=\rho_k (k=1,2,\cdots,n)$，使这些圆周及其内部均含于 D，并且彼此互相隔离. 应用复合闭路定理，得
$$\oint_C f(z)\mathrm{d}z = \sum_{k=1}^n \oint_{\Gamma_k} f(z)\mathrm{d}z. \tag{5.5}$$
根据留数的定义，有
$$\oint_{\Gamma_k} f(z)\mathrm{d}z = 2\pi\mathrm{i}\cdot\text{Res}(f,z_k) \quad (k=1,2,\cdots,n).$$
将上式代入(5.5)式，定理得证.

5.2.2 留数的求法

应用留数定理求沿分段光滑简单闭曲线的积分时，需要计算函数在孤立奇点处的留数，当然这可以通过函数的洛朗展式中 $\dfrac{1}{z-z_0}$ 的系数获得. 然而，有时候函数的洛朗展式不容易求得. 下面我们介绍几种不需要把函数展开成洛朗级数就能够计算留数的方法.

(1) 设点 z_0 为函数 $f(z)$ 的一级极点，则存在 $R>0$，使得在点 z_0 的去心邻域 $0<|z-z_0|<R$ 内 $f(z)$ 可写成如下形式：
$$f(z)=\frac{1}{z-z_0}\varphi(z),$$
其中函数 $\varphi(z)$ 在点 z_0 的邻域 $|z-z_0|<R$ 内解析，其泰勒展式为
$$\varphi(z)=\sum_{n=0}^\infty b_n(z-z_0)^n,$$
且 $b_0=\varphi(z_0)\neq 0$. 于是，$f(z)$ 的洛朗展式中 $\dfrac{1}{z-z_0}$ 的系数等于 $\varphi(z_0)$，从而
$$\text{Res}(f,z_0)=\lim_{z\to z_0}\varphi(z)=\lim_{z\to z_0}(z-z_0)f(z). \tag{5.6}$$

(2) 若在点 z_0 的去心邻域 $0<|z-z_0|<R$ 内有
$$f(z)=\frac{\varphi(z)}{\psi(z)},$$

其中函数 $\varphi(z),\psi(z)$ 均在点 z_0 的邻域 $|z-z_0|<R$ 内解析，$\varphi(z_0)\neq 0$，点 z_0 为 $\psi(z)$ 的一级零点，且在 $0<|z-z_0|<R$ 内有 $\psi(z)\neq 0$，则点 z_0 为 $f(z)$ 的一级极点. 因此

$$\operatorname{Res}(f,z_0)=\lim_{z\to z_0}(z-z_0)f(z)=\lim_{z\to z_0}(z-z_0)\frac{\varphi(z)}{\psi(z)-\psi(z_0)}$$

$$=\frac{\varphi(z_0)}{\psi'(z_0)}. \tag{5.7}$$

（3）设 z_0 为函数 $f(z)$ 的 $m\ (m>1)$ 级极点，则存在 $R>0$，使得在点 z_0 的去心邻域 $0<|z-z_0|<R$ 内 $f(z)$ 可写成如下形式：

$$f(z)=\frac{\varphi(z)}{(z-z_0)^m},$$

其中函数 $\varphi(z)$ 在点 z_0 的邻域 $|z-z_0|<R$ 内解析，且 $\varphi(z_0)\neq 0$，从而 $\operatorname{Res}(f,z_0)=b_{m-1}$，其中

$$b_{m-1}=\frac{\varphi^{(m-1)}(z_0)}{(m-1)!}=\lim_{z\to z_0}\frac{\varphi^{(m-1)}(z)}{(m-1)!}.$$

因此，可按如下公式计算 $\operatorname{Res}(f,z_0)$：

$$\operatorname{Res}(f,z_0)=\frac{1}{(m-1)!}\lim_{z\to z_0}[(z-z_0)^m f(z)]^{(m-1)}. \tag{5.8}$$

例 5.8 求函数 $f(z)=\dfrac{e^{iz}}{1+z^2}$ 在孤立奇点处的留数.

解 $f(z)$ 只有两个一级极点 $z=\pm i$，于是根据 (5.7) 式得

$$\operatorname{Res}(f,i)=\frac{\varphi(i)}{\psi'(i)}=\frac{e^{i^2}}{2i}=-\frac{i}{2e}, \quad \operatorname{Res}(f,-i)=\frac{\varphi(-i)}{\psi'(-i)}=\frac{e^{-i^2}}{-2i}=\frac{i}{2}e.$$

例 5.9 求函数 $f(z)=\dfrac{\cos z}{z^3}$ 在孤立奇点处的留数.

解 $f(z)$ 只有一个三级极点 $z=0$，故由 (5.8) 式得

$$\operatorname{Res}(f,0)=\frac{1}{2}\lim_{z\to 0}\left(z^3\cdot\frac{\cos z}{z^3}\right)''=\frac{1}{2}\lim_{z\to 0}(-\cos z)=-\frac{1}{2}.$$

例 5.10 求函数 $f(z)=\dfrac{e^{iz}}{z(1+z^2)^2}$ 在孤立奇点处的留数.

解 $f(z)$ 只有一个一级极点 $z=0$ 与两个二级极点 $z=\pm i$，于是由 (5.6) 式及 (5.8) 式可得

$$\text{Res}(f,0) = \lim_{z\to 0}\frac{\mathrm{e}^{\mathrm{i}z}}{(1+z^2)^2} = 1,$$

$$\text{Res}(f,\mathrm{i}) = \lim_{z\to \mathrm{i}}\left[(z-\mathrm{i})^2\frac{\mathrm{e}^{\mathrm{i}z}}{z(1+z^2)^2}\right]' = \lim_{z\to \mathrm{i}}\left[\frac{\mathrm{e}^{\mathrm{i}z}}{z(z+\mathrm{i})^2}\right]' = -\frac{3}{4\mathrm{e}},$$

$$\text{Res}(f,-\mathrm{i}) = \lim_{z\to -\mathrm{i}}\left[(z+\mathrm{i})^2\frac{\mathrm{e}^{\mathrm{i}z}}{z(1+z^2)^2}\right]' = \lim_{z\to -\mathrm{i}}\left[\frac{\mathrm{e}^{\mathrm{i}z}}{z(z-\mathrm{i})^2}\right]' = \frac{6+\mathrm{i}}{4}\mathrm{e}.$$

例 5.11 计算复积分 $\oint_{|z|=2}\dfrac{5z-2}{z(z-1)^2}\mathrm{d}z$.

解 显然，被积函数

$$f(z) = \frac{5z-2}{z(z-1)^2}$$

在圆周 $|z|=2$ 的内部只有一级极点 $z=0$ 和二级极点 $z=1$，且有

$$\text{Res}(f,0) = \frac{5z-2}{(z-1)^2}\bigg|_{z=0} = -2,$$

$$\text{Res}(f,1) = \left(\frac{5z-2}{z}\right)'\bigg|_{z=1} = \frac{2}{z^2}\bigg|_{z=1} = 2,$$

故由留数定理得

$$\oint_{|z|=2}\frac{5z-2}{z(z-1)^2}\mathrm{d}z = 2\pi\mathrm{i}(-2+2) = 0.$$

例 5.12 计算复积分 $\oint_{|z|=n}\tan\pi z\,\mathrm{d}z\ (n\in \mathbf{Z}^+)$.

解 被积函数 $f(z) = \tan\pi z = \dfrac{\sin\pi z}{\cos\pi z}$ 只以

$$z = k+\frac{1}{2}\quad (k=0,\pm 1,\pm 2,\cdots),$$

为一级极点，且有

$$\text{Res}\left(f,k+\frac{1}{2}\right) = \frac{\sin\pi z}{(\cos\pi z)'}\bigg|_{z=k+\frac{1}{2}} = -\frac{1}{\pi}\quad (k=0,\pm 1,\pm 2,\cdots),$$

于是由留数定理得

$$\oint_{|z|=n}\tan\pi z\,\mathrm{d}z = 2\pi\mathrm{i}\sum_{|k+\frac{1}{2}|<n}\text{Res}\left(f,k+\frac{1}{2}\right) = 2\pi\mathrm{i}\left(-\frac{2n}{\pi}\right) = -4n\mathrm{i}.$$

例 5.13 计算复积分 $\oint_{|z|=1}\dfrac{\cos z}{z^3}\mathrm{d}z$.

解 被积函数 $f(z) = \dfrac{\cos z}{z^3} \mathrm{d}z$ 只以 $z = 0$ 为三阶极点,而例 5.9 已求得

$$\mathrm{Res}(f, 0) = -\dfrac{1}{2},$$

故由留数定理可得

$$\oint_{|z|=1} \dfrac{\cos z}{z^3} \mathrm{d}z = 2\pi\mathrm{i} \cdot \mathrm{Res}(f, 0) = 2\pi\mathrm{i}\left(-\dfrac{1}{2}\right) = -\pi\mathrm{i}.$$

例 5.14 计算复积分 $\oint_{|z|=1} \dfrac{z \sin z}{(1-\mathrm{e}^z)^3} \mathrm{d}z$.

解 **方法一** 被积函数 $f(z) = \dfrac{z \sin z}{(1-\mathrm{e}^z)^3}$ 在单位圆周 $|z|=1$ 内部只有一个奇点 $z=0$,但粗略看,其进一步的性质还不明显,故我们采用洛朗展式来求留数.

我们有

$$f(z) = \dfrac{z \sin z}{(1-\mathrm{e}^z)^3} = \dfrac{z\left(z - \dfrac{z^3}{3!} + \cdots\right)}{-\left(z + \dfrac{z^2}{2!} + \cdots\right)^3} = -\dfrac{z^2}{z^3} \cdot \dfrac{\left(1 - \dfrac{z^2}{3!} + \cdots\right)}{\left(1 + \dfrac{z}{2!} + \cdots\right)^3}.$$

上式最后一个等号右端后面那个分式在点 $z=0$ 处解析,故它可展开为 z 的幂级数: $1 + a_1 z + \cdots$(这里不需要知道具体的系数及高次幂项). 于是,在点 $z=0$ 的去心邻域内有

$$f(z) = \dfrac{z \sin z}{(1-\mathrm{e}^z)^3} = -\dfrac{1}{z} - a_1 - \cdots.$$

由此即得

$$\mathrm{Res}(f, 0) = -1,$$

故由留数定理知

$$\oint_{|z|=1} \dfrac{z \sin z}{(1-\mathrm{e}^z)^3} \mathrm{d}z = -2\pi\mathrm{i}.$$

方法二 我们看出 $1 - \mathrm{e}^z$ 的全部零点为 $z = 2k\pi\mathrm{i}\,(k = 0, \pm 1, \cdots)$,其中只有点 $z=0$ 在单位圆周 $|z|=1$ 的内部,它是被积分函数 $f(z) = \dfrac{z \sin z}{(1-\mathrm{e}^z)^3}$ 的分母 $1-\mathrm{e}^z$ 的三级零点,又点 $z=0$ 显然是 $f(z)$ 的分子 $z \sin z$ 的二级零点,所以 $f(z)$ 在单位圆周 $|z|=1$ 的内部只有一个一级极点 $z=0$. 这里

$$\varphi(z) = z f(z) = \dfrac{z^2 \sin z}{(1-\mathrm{e}^z)^3}$$

(注意:因子 z 与 $f(z)$ 的分母形式上消不掉,若这时将 $z=0$ 代入,则出现 $\dfrac{0}{0}$ 型不定式),所以

$$\text{Res}(f,0)=\lim_{z\to 0}\varphi(z)=\lim_{z\to 0}\frac{z^2\sin z}{(1-e^z)^3}=\lim_{z\to 0}\frac{\sin z}{z}\cdot\frac{z^3}{(1-e^z)^3}=-1.$$

故由留数定理知

$$\oint_{|z|=1}\frac{z\sin z}{(1-e^z)^3}dz = 2\pi i\cdot\text{Res}(f,0) = -2\pi i.$$

例 5.15 计算复积分 $\oint_{|z|=1} e^{1/z^2} dz$.

解 在单位圆周 $|z|=1$ 的内部,被积函数 $f(z)=e^{1/z^2}$ 只有一个本性奇点 $z=0$. 在该点的去心邻域内有洛朗展式

$$f(z)=e^{1/z^2}=1+\frac{1}{z^2}+\frac{1}{2!}\frac{1}{z^4}+\cdots,$$

于是

$$\text{Res}(f,0)=0.$$

故由留数定理得

$$\oint_{|z|=1} e^{1/z^2} dz = 2\pi i\cdot\text{Res}(f,0) = 0.$$

5.2.3 函数在无穷远点的留数

留数的概念可以推广到无穷远点的情形.

定义 5.5 设函数 $f(z)$ 在无穷远点 $z=\infty$ 的去心邻域 $0\leqslant r<|z|<+\infty$ 内解析, C 为这个去心邻域内包围原点 $z=0$ 的任意一条正向分段光滑简单闭曲线, 称复积分

$$\frac{1}{2\pi i}\oint_{C^-} f(z)dz,$$

为 $f(z)$ 在无穷远点 $z=\infty$ 处的**留数**, 记作 $\text{Res}(f,\infty)$, 即

$$\text{Res}(f,\infty) = \frac{1}{2\pi i}\oint_{C^-} f(z)dz \tag{5.9}$$

(值得注意的是,这里积分曲线的方向是负的,也就是取顺时针方向).

设函数 $f(z)$ 在无穷远点 $z=\infty$ 的去心邻域 $0\leqslant r<|z|<+\infty$ 内的洛朗展式为

$$f(z)=\cdots+\frac{c_{-n}}{z^n}+\cdots+\frac{c_{-1}}{z}+c_0+c_1 z+\cdots+c_n z^n+\cdots,$$

则

$$\text{Res}(f,\infty) = \frac{1}{2\pi i}\int_{C^-} f(z)dz = -c_{-1},$$

也就是说，$\operatorname{Res}(f,\infty)$ 等于 $f(z)$ 在无穷远点 $z=\infty$ 的洛朗展式中 $\dfrac{1}{z}$ 的系数的相反数.

定理 5.7 如果函数 $f(z)$ 在扩充复平面上只有有限个孤立奇点（包括无穷远点），则 $f(z)$ 在各孤立奇点处的留数总和为零.

证明 设 $f(z)$ 的孤立奇点为 $z_1,z_2,\cdots,z_n,\infty$. 以原点为圆心作圆周 Γ，使点 $z_1,z_2,\cdots,z_n$ 皆含于 Γ 的内部，则由留数定理得

$$\oint_\Gamma f(z)\mathrm{d}z = 2\pi\mathrm{i}\sum_{k=1}^n \operatorname{Res}(f,z_k),$$

上式两边除以 $2\pi\mathrm{i}$ 并移项，得

$$\frac{1}{2\pi\mathrm{i}}\oint_{\Gamma^-} f(z)\mathrm{d}z + \sum_{k=1}^n \operatorname{Res}(f,z_k)=0,$$

即

$$\sum_{k=1}^n \operatorname{Res}(f,z_k) + \operatorname{Res}(f,\infty)=0.$$

定理 5.7 给出了求无穷远点处的留数的一种方法. 下面是计算无穷远点处的留数的另一种方法：

令 $t=\dfrac{1}{z}$，记

$$g(t)=f\left(\frac{1}{t}\right)\frac{1}{t^2},$$

则有

$$\operatorname{Res}(f,\infty)=-\operatorname{Res}(g,0).$$

例 5.16 计算复积分 $I=\displaystyle\oint_{|z|=4}\dfrac{z^{15}}{(z^2+1)^2(z^4+2)^3}\mathrm{d}z$.

解 被积函数 $f(z)=\dfrac{z^{15}}{(z^2+1)^2(z^4+2)^3}$ 一共有七个奇点：

$$z=\pm\mathrm{i},\quad z=\sqrt[4]{2}\mathrm{e}^{\mathrm{i}\frac{\pi+2k\pi}{4}}\ (k=0,1,2,3),\quad z=\infty.$$

前六个奇点均含于圆周 $|z|=4$ 的内部，于是

$$I=2\pi\mathrm{i}(-\operatorname{Res}(f,\infty)).$$

方法一 由下式可知 $f(z)$ 在无穷远点 $z=\infty$ 处的洛朗展式中 $\dfrac{1}{z}$ 的系数为 $c_{-1}=1$：

$$f(z)=\frac{z^{15}}{(z^2+1)^2(z^4+2)^3}=\frac{z^{15}}{z^{16}\left(\dfrac{1}{z^2}+1\right)^2\left(1+\dfrac{2}{z^4}\right)^3},$$

$$=\frac{1}{z}\left(1-2\cdot\frac{1}{z^2}+\cdots\right)\left(1-3\cdot\frac{2}{z^4}+\cdots\right),$$

因此
$$\mathrm{Res}(f,\infty)=-1,$$
故
$$I=2\pi\mathrm{i}(-\mathrm{Res}(f,\infty))=2\pi\mathrm{i}.$$

方法二 令 $t=\dfrac{1}{z}$，记 $g(t)=f\left(\dfrac{1}{t}\right)\dfrac{1}{t^2}$，则有

$$g(t)=\dfrac{\dfrac{1}{t^{15}}}{\left(\dfrac{1}{t^2}+1\right)^2\left(\dfrac{1}{t^4}+2\right)^3}\cdot\dfrac{1}{t^2}=\dfrac{1}{t(1+t^2)^2(1+2t^4)^3}.$$

$g(t)$ 以点 $t=0$ 为一级极点，所以
$$I=2\pi\mathrm{i}(-\mathrm{Res}(f,\infty))=2\pi\mathrm{i}\cdot\mathrm{Res}(g,0)=2\pi\mathrm{i}.$$

习题 5.2

1. 求下列函数在指定孤立奇点处的留数：

 (1) $f(z)=\dfrac{z}{(z-1)(z+1)^2}$，孤立奇点 $z=\pm1,\infty$；

 (2) $f(z)=\dfrac{1}{\sin z}$，孤立奇点 $z=n\pi\ (n=0,\pm1,\pm2,\cdots)$；

 (3) $f(z)=\dfrac{1-\mathrm{e}^{2z}}{z^4}$，孤立奇点 $z=0,\infty$；

 (4) $f(z)=\mathrm{e}^{\frac{1}{z-1}}$，孤立奇点 $z=1,\infty$；

 (5) $f(z)=\dfrac{\mathrm{e}^z}{z^2-1}$，孤立奇点 $z=\pm1,\infty$.

2. 求下列函数在其孤立奇点（包含无穷远点）处的留数，其中 m 是正整数：

 (1) $f(z)=z^m\sin\dfrac{1}{z}$；　　(2) $f(z)=\dfrac{z^{2m}}{1+z^m}$；　　(3) $f(z)=\dfrac{\mathrm{e}^z}{z^2(z-\pi\mathrm{i})^4}.$

§5.3 留数在积分计算上的应用

根据留数定理，利用留数来计算积分是计算积分的一个有效方法，特别是当被积函数的原函数不易求得时更显得有用. 即使可用通常的方法来计算积分，基于留数的方法也往往较为简便.

5.3.1 形如 $\int_0^{2\pi} R(\sin x, \cos x)\,dx$ 的定积分

考虑如下定积分的计算：
$$\int_0^{2\pi} R(\sin x, \cos x)\,dx,$$

其中 $R(\sin x, \cos x)$ 表示关于 $\sin x$ 与 $\cos x$ 的有理分式，且它在区间 $[0, 2\pi]$ 上连续. 令 $e^{ix} = z$，则

$$dx = \frac{dz}{iz}, \quad \sin x = \frac{e^{ix} - e^{-ix}}{2i} = \frac{z^2 - 1}{2iz}, \quad \cos x = \frac{e^{ix} + e^{-ix}}{2} = \frac{z^2 + 1}{2z},$$

且当 x 由 0 连续地变到 2π 时，z 在单位圆周 $C: |z| = 1$ 上连续地移动一周. 故有

$$\int_0^{2\pi} R(\sin x, \cos x)\,dx = \oint_C R\left(\frac{z^2 - 1}{2iz}, \frac{z^2 + 1}{2z}\right) \frac{dz}{iz}. \quad (5.10)$$

(5.10) 式的右端是有理分式沿闭曲线 C 的积分，且积分曲线上无奇点，应用留数定理就可求得其值.

注 利用 (5.10) 式计算定积分的关键一步是引入代换 $e^{ix} = z$，至于被积函数 $R(\sin x, \cos x)$ 在区间 $[0, 2\pi]$ 上的连续性不必先检验，只要看变换后的被积函数在单位圆周 $|z| = 1$ 上是否有奇点即可.

例 5.17 计算定积分 $I = \int_0^{2\pi} \dfrac{dx}{1 - 2p\cos x + p^2} \ (0 < p < 1).$

解 令 $e^{ix} = z$，由 (5.10) 式得

$$I = \frac{-1}{i} \oint_C \frac{dz}{pz^2 - (p^2 + 1)z + p} = \frac{1}{i} \oint_C \frac{dz}{(1 - pz)(z - p)},$$

其中 C 为正向单位圆周 $|z| = 1$. 由于 $0 < p < 1$，故在单位圆周 $|z| = 1$ 内部，上式右端的被积函数 $f(z) = \dfrac{1}{(1 - pz)(z - p)}$ 只有一个一级极点 $z = p$. 于是，若记

$$g(z) = \frac{1}{\left(z - \dfrac{1}{p}\right)(z - p)},$$

则有

$$I = \frac{-1}{ip} \cdot 2\pi i \cdot \operatorname{Res}(g, p) = \frac{-2\pi}{p} \lim_{z \to p} \left[(z - p) \frac{1}{\left(z - \dfrac{1}{p}\right)(z - p)}\right] = \frac{2\pi}{1 - p^2}.$$

如果 $R(\sin x, \cos x)$ 为 x 的偶函数，那么定积分 $\int_0^{\pi} R(\sin x, \cos x)\,dx$

的值亦可由上述方法求出. 这时, 我们有
$$\int_0^\pi R(\sin x, \cos x)\mathrm{d}x = \frac{1}{2}\int_{-\pi}^\pi R(\sin x, \cos x)\mathrm{d}x.$$

仍然令 $\mathrm{e}^{\mathrm{i}x} = z$, 与前面的讨论一样, 可将定积分 $\int_{-\pi}^\pi R(\sin x, \cos x)\mathrm{d}x$ 化为单位圆周 $C: |z| = 1$ 上的复积分.

例 5.18 计算定积分 $I = \int_0^\pi \dfrac{\cos mx}{5 - 4\cos x}\mathrm{d}x$ (m 为正整数).

解 因被积函数 $\dfrac{\cos mx}{5 - 4\cos x}$ 为 x 的偶函数, 故
$$I = \frac{1}{2}\int_{-\pi}^\pi \frac{\cos mx}{5 - 4\cos x}\mathrm{d}x.$$

令
$$I_1 = \int_{-\pi}^\pi \frac{\cos mx}{5 - 4\cos x}\mathrm{d}x, \quad I_2 = \int_{-\pi}^\pi \frac{\sin mx}{5 - 4\cos x}\mathrm{d}x,$$
则
$$I_1 + \mathrm{i}I_2 = \int_{-\pi}^\pi \frac{\mathrm{e}^{\mathrm{i}mx}}{5 - 4\cos x}\mathrm{d}x.$$

设 $\mathrm{e}^{\mathrm{i}x} = z$, 则
$$I_1 + \mathrm{i}I_2 = \frac{1}{\mathrm{i}}\oint_C \frac{z^m}{5z - 2(1 + z^2)}\mathrm{d}z = \frac{\mathrm{i}}{2}\oint_C \frac{z^m}{\left(z - \frac{1}{2}\right)(z - 2)}\mathrm{d}z,$$

其中 C 为正向单位圆周 $|z| = 1$. 在单位圆周 $C: |z| = 1$ 内部, 上式右端的被积函数 $f(z) = \dfrac{z^m}{\left(z - \frac{1}{2}\right)(z - 2)}$ 只有一个一级极点 $z = \dfrac{1}{2}$, 且

$$\mathrm{Res}\left(f, \frac{1}{2}\right) = \frac{z^m}{z - 2}\bigg|_{z = \frac{1}{2}} = -\frac{1}{3 \cdot 2^{m-1}},$$

故由留数定理得
$$I_1 + \mathrm{i}I_2 = \left(-\frac{1}{2\mathrm{i}}\right) \cdot 2\pi\mathrm{i}\left(-\frac{1}{3 \cdot 2^{m-1}}\right) = \frac{\pi}{3 \cdot 2^{m-1}}.$$

由此可知
$$I_1 = \frac{\pi}{3 \cdot 2^{m-1}}, \quad I_2 = 0,$$
所以
$$I = \frac{1}{2}I_1 = \frac{\pi}{3 \cdot 2^m}.$$

5.3.2 形如 $\int_{-\infty}^{+\infty}\dfrac{P(x)}{Q(x)}\mathrm{d}x$ 的反常积分

考虑如下反常积分的计算：
$$\int_{-\infty}^{+\infty}\frac{P(x)}{Q(x)}\mathrm{d}x,$$

其中 $P(x)$ 与 $Q(x)$ 分别为关于 x 的 n 次和 m 次多项式，且 $m-n\geqslant 2$，$P(x)$ 与 $Q(x)$ 互质，$Q(x)\neq 0$. 利用留数定理计算这种反常积分，需要借助下述引理.

引理 5.1 设圆周 $C:|z|=R(R\text{ 充分大})$ 上的一段弧为 $C_R:|z|=R$，$\alpha<\arg z<\beta$，函数 $f(z)$ 在 C_R 上连续. 若对于任意 $z\in C_R$，均有 $\lim\limits_{R\to +\infty}zf(z)=k$，则
$$\lim_{R\to +\infty}\int_{C_R}f(z)\mathrm{d}z=\mathrm{i}(\beta-\alpha)k.$$

证明 因为 $\mathrm{i}(\beta-\alpha)k=k\int_{C_R}\dfrac{\mathrm{d}z}{z}$，所以
$$\left|\int_{C_R}f(z)\mathrm{d}z-\mathrm{i}(\beta-\alpha)k\right|=\left|\int_{C_R}\frac{zf(z)-k}{z}\mathrm{d}z\right|.$$

对于任意给定的 $\varepsilon>0$，由已知条件，存在 $R_0(\varepsilon)>0$，使得当 $R>R_0(\varepsilon)$ 时，有不等式
$$|zf(z)-k|<\frac{\varepsilon}{\beta-\alpha},\quad z\in C_R,$$

于是
$$\left|\int_{C_R}\frac{zf(z)-k}{z}\mathrm{d}z\right|<\frac{\varepsilon}{\beta-\alpha}\cdot\frac{l}{R}=\varepsilon,$$

其中 l 为 C_R 的长度，即 $l=R(\beta-\alpha)$. 所以，引理得证.

定理 5.8 设函数 $f(z)$ 为有理分式：$f(z)=\dfrac{P(z)}{Q(z)}$，其中 $P(z)=c_0z^m+c_1z^{m-1}+\cdots+c_m(c_0\neq 0)$ 与 $Q(z)=b_0z^n+b_1z^{n-1}+\cdots+b_n(b_0\neq 0)$ 为互质多项式，且符合条件：(1) $n-m\geqslant 2$，(2) 在实轴上有 $Q(z)\neq 0$，则
$$\int_{-\infty}^{+\infty}f(x)\mathrm{d}x=2\pi\mathrm{i}\sum_{\mathrm{Im}(z_j)>0}\mathrm{Res}(f,z_j),$$

其中 $z_j(j=1,2,\cdots)$ 是 $f(z)$ 的所有孤立奇点.

证明 由条件(1)与(2)及数学分析中的结论知，$\int_{-\infty}^{+\infty}f(x)\mathrm{d}x$ 存在，且
$$\int_{-\infty}^{+\infty}f(x)\mathrm{d}x=\lim_{R\to +\infty}\int_{-R}^{R}f(x)\mathrm{d}x.$$

取上半圆周 $C_R:z=R\mathrm{e}^{\mathrm{i}\theta}(0\leqslant\theta\leqslant\pi)$ 作为辅助曲线（图 5.1），则线段 $[-R,R]$

与 C_R 合成一条闭曲线 C. 先取 R 充分大,使得 C 内部包含 $f(z)$ 在上半平面内的一切孤立奇点[实际上只有有限个极点,不妨设为 $z_1, z_2, \cdots, z_t$ ($t \leqslant n$)]. 而由条件(2)知, $f(z)$ 在 C_R 上没有奇点,故由留数定理有

$$\oint_C f(z)\mathrm{d}z = 2\pi\mathrm{i} \sum_{j=1}^{t} \mathrm{Res}(f, z_j),$$

或写成

$$\int_{-R}^{R} f(x)\mathrm{d}x + \int_{C_R} f(z)\mathrm{d}z = 2\pi\mathrm{i} \sum_{\mathrm{Im}(z_j) > 0} \mathrm{Res}(f, z_j).$$

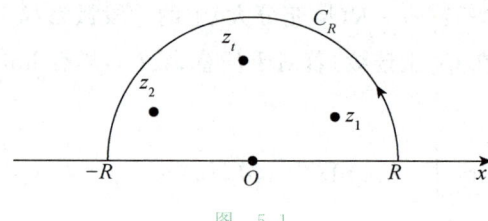

图 5.1

由于

$$|zf(z)| = \left| z \frac{P(z)}{Q(z)} \right| = \left| z \frac{c_0 z^m + c_1 z^{m-1} + \cdots + c_m}{b_0 z^n + b_1 z^{n-1} + \cdots + b_n} \right|$$

$$= \left| \frac{z^{m+1}}{z^n} \right| \left| \frac{c_0 + \dfrac{c_1}{z} + \cdots + \dfrac{c_m}{z^m}}{b_0 + \dfrac{b_1}{z} + \cdots + \dfrac{b_n}{z^n}} \right|,$$

又由条件(1)知 $n - m - 1 \geqslant 1$,故沿 C_R 有

$$\lim_{R \to +\infty} |zf(z)| = 0.$$

由引理 5.1 知

$$\lim_{R \to +\infty} \int_{C_R} f(z)\mathrm{d}z = 0,$$

因此定理得证.

例 5.19 计算反常积分 $\displaystyle\int_0^{+\infty} \frac{\mathrm{d}x}{x^4 + a^4}$ ($a > 0$).

解 我们有

$$\int_0^{+\infty} \frac{\mathrm{d}x}{x^4 + a^4} = \frac{1}{2} \int_{-\infty}^{+\infty} \frac{\mathrm{d}x}{x^4 + a^4}.$$

上式右端的被积函数 $f(z) = \dfrac{1}{z^4 + a^4}$ 一共有四个一级极点 $z_k = a\mathrm{e}^{\frac{\pi\mathrm{i} + 2k\pi}{4}}$ ($k = 0, 1, 2, 3$),且

$$\mathrm{Res}(f, z_k) = \frac{1}{4z^3} \bigg|_{z = z_k} = \frac{1}{4z_k^3} = \frac{z_k}{4z_k^4} = -\frac{z_k}{4a^4} \quad (k = 0, 1, 2, 3),$$

这里用到了 $z_k^4 + a^4 = 0$. $f(z)$ 在上半平面内只有两个极点 z_0 及 z_1,于是由定理 5.8 得

$$\int_0^{+\infty} \frac{\mathrm{d}x}{x^4+a^4} = \frac{1}{2}\int_{-\infty}^{+\infty} \frac{\mathrm{d}x}{x^4+a^4} = -\pi\mathrm{i}\,\frac{1}{4a^4}(a\mathrm{e}^{\frac{\pi}{4}\mathrm{i}} + a\mathrm{e}^{\frac{3\pi}{4}\mathrm{i}})$$

$$= -\pi\mathrm{i}\,\frac{1}{4a^3}(\mathrm{e}^{\frac{\pi}{4}\mathrm{i}} - \mathrm{e}^{-\frac{\pi}{4}\mathrm{i}})$$

$$= \frac{\pi}{2a^3}\sin\frac{\pi}{4} = \frac{\pi\sqrt{2}}{4a^3}.$$

例 5.20 计算反常积分 $\int_{-\infty}^{+\infty} \frac{x^2}{(x^2+1)^2}\mathrm{d}x$.

解 令 $f(z) = \frac{z^2}{(z^2+1)^2}$,选取积分曲线 C 为线段 $[-R,R]$ 与半径是 R 的半圆周 C_R 合成的正向闭曲线,如图 5.2 所示(R 充分大),则在 C 内部 $f(z)$ 只有一个二级极点 $z = \mathrm{i}$,从而

$$\int_{-R}^{R} f(x)\mathrm{d}x + \int_{C_R} f(z)\mathrm{d}z = 2\pi\mathrm{i} \cdot \mathrm{Res}(f,z).$$

因

$$2\pi\mathrm{i} \cdot \mathrm{Res}(f,z) = 2\pi\mathrm{i} \cdot \frac{1}{4\mathrm{i}} = \frac{\pi}{2},$$

又由引理 5.1 知 $\lim\limits_{R \to +\infty}\int_{C_R} f(z)\mathrm{d}z = 0$,故

$$\int_{-\infty}^{+\infty} \frac{x^2}{(x^2+1)^2}\mathrm{d}x = \frac{\pi}{2}.$$

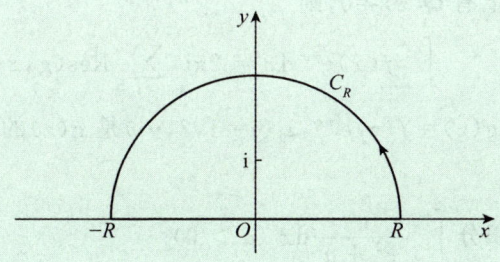

图 5.2

例 5.20 也可直接应用定理 5.8 的结论进行计算.

5.3.3 形如 $\int_{-\infty}^{+\infty} \frac{P(x)}{Q(x)}\mathrm{e}^{\mathrm{i}mx}\mathrm{d}x$ 的反常积分

引理 5.2[若尔当(Jordan) 引理] 设函数 $f(z)$ 在半圆周 $C_R: z = R\mathrm{e}^{\mathrm{i}\theta}(0 < \theta < \pi, R$ 充分大) 上连续,且对于任意 $z \in C_R$,均有

$$\lim_{R \to +\infty} f(z) = 0,$$

则
$$\lim_{R\to+\infty}\int_{C_R}f(z)\mathrm{e}^{\mathrm{i}mz}\,\mathrm{d}z=0\quad(m>0).$$

证明 对于任意给定的 $\varepsilon>0$，由已知条件，存在 $R_0(\varepsilon)>0$，使得当 $R>R_0(\varepsilon)$ 时，有
$$|f(z)|<\varepsilon,\quad z\in C_R,$$
于是
$$\left|\int_{C_R}f(z)\mathrm{e}^{\mathrm{i}mz}\,\mathrm{d}z\right|=\left|\int_0^\pi f(R\mathrm{e}^{\mathrm{i}\theta})\mathrm{e}^{\mathrm{i}mR\mathrm{e}^{\mathrm{i}\theta}}\cdot R\mathrm{i}\mathrm{e}^{\mathrm{i}\theta}\,\mathrm{d}\theta\right|$$
$$\leqslant R\varepsilon\int_0^\pi \mathrm{e}^{-mR\sin\theta}\,\mathrm{d}\theta,$$
这里利用了 $|f(R\mathrm{e}^{\mathrm{i}\theta})|<\varepsilon$，$|R\mathrm{e}^{\mathrm{i}\theta}\mathrm{i}|=R$ 以及 $|\mathrm{e}^{\mathrm{i}mR\mathrm{e}^{\mathrm{i}\theta}}|=|\mathrm{e}^{-mR\sin\theta+\mathrm{i}mR\cos\theta}|=\mathrm{e}^{-mR\sin\theta}$. 所以
$$\left|\int_{C_R}f(z)\mathrm{e}^{\mathrm{i}mz}\,\mathrm{d}z\right|\leqslant 2R\varepsilon\int_0^{\frac{\pi}{2}}\mathrm{e}^{-mR\sin\theta}\,\mathrm{d}\theta\leqslant 2R\varepsilon\int_0^{\frac{\pi}{2}}\mathrm{e}^{-\frac{2mR\theta}{\pi}}\,\mathrm{d}\theta$$
$$=2R\varepsilon\left(-\frac{\pi}{2mR}\mathrm{e}^{-\frac{2mR\theta}{\pi}}\right)\bigg|_0^{\frac{\pi}{2}}$$
$$=\frac{\pi\varepsilon}{m}(1-\mathrm{e}^{-mR})<\frac{\pi\varepsilon}{m}.$$

应用引理 5.2，类似于定理 5.8 的证明，可得到下面的定理.

定理 5.9 设函数 $f(z)$ 为有理分式：$f(z)=\dfrac{P(z)}{Q(z)}$，其中 $P(z)$ 与 $Q(z)$ 是互质多项式，且符合条件：(1) $Q(z)$ 比 $P(z)$ 的次数高，(2) 在实轴上有 $Q(z)\neq 0$，则
$$\int_{-\infty}^{+\infty}f(x)\mathrm{e}^{\mathrm{i}mx}\,\mathrm{d}x=2\pi\mathrm{i}\sum_{\mathrm{Im}(z_j)>0}\mathrm{Res}(g,z_j)\quad(m>0),$$
其中 $g(z)=f(z)\mathrm{e}^{\mathrm{i}mz}$，$z_j(j=1,2,\cdots)$ 是 $g(z)$ 的所有孤立奇点.

例 5.21 计算反常积分 $\displaystyle\int_{-\infty}^{+\infty}\frac{\mathrm{e}^{\mathrm{i}x}}{x^2+a^2}\,\mathrm{d}x\ (a>0)$.

解 令 $f(z)=\dfrac{1}{z^2+a^2}$，$g(z)=f(z)\mathrm{e}^{\mathrm{i}z}$，则 $f(z)$ 满足定理 5.9 的条件，且 $g(z)$ 在上半复平面内只有一个一级极点 $z_1=a\mathrm{i}$. 于是，由定理 5.9 有
$$\int_{-\infty}^{+\infty}\frac{\mathrm{e}^{\mathrm{i}x}}{x^2+a^2}\,\mathrm{d}x=2\pi\mathrm{i}\cdot\mathrm{Res}(g,z_1)=\frac{\pi}{a\mathrm{e}^a}.$$

例 5.22 计算反常积分 $\displaystyle\int_0^{+\infty}\frac{\cos x}{x^2+1}\,\mathrm{d}x$.

解 我们有

$$\int_0^{+\infty} \frac{\cos x}{x^2+1}\mathrm{d}x = \int_0^{+\infty} \frac{\mathrm{e}^{\mathrm{i}x}+\mathrm{e}^{-\mathrm{i}x}}{2(x^2+1)}\mathrm{d}x = \frac{1}{2}\int_{-\infty}^{+\infty} \frac{\mathrm{e}^{\mathrm{i}x}}{x^2+1}\mathrm{d}x.$$

令 $f(z)=\dfrac{1}{z^2+1}$, $g(z)=f(z)\mathrm{e}^{\mathrm{i}z}$, 则 $f(z)$ 满足定理 5.9 的条件, 且 $g(z)$ 在上半复平面只有一个一级极点 $z_1=\mathrm{i}$. 于是, 由定理 5.9 可得

$$\int_0^{+\infty} \frac{\cos x}{x^2+1}\mathrm{d}x = \frac{1}{2}\int_{-\infty}^{+\infty} \frac{\mathrm{e}^{\mathrm{i}x}}{x^2+1}\mathrm{d}x = \frac{1}{2}\cdot 2\pi\mathrm{i}\cdot \mathrm{Res}(g,z_1) = \frac{\pi}{2\mathrm{e}}.$$

5.3.4 积分路径上有奇点的积分

引理 5.3 设圆周 $C:|z-a|=r$ 上的一段弧为 $C_r:|z-a|=r, \alpha<\arg(z-a)<\beta$, 函数 $f(z)$ 在 C_r (r 充分小) 上连续. 若对于任意 $z\in C_r$, 均有 $\lim\limits_{r\to 0}(z-a)f(z)=k$, 则

$$\lim_{r\to 0}\int_{C_r} f(z)\mathrm{d}z = \mathrm{i}(\beta-\alpha)k.$$

证明 因为 $\mathrm{i}(\beta-\alpha)k = k\int_{C_r}\dfrac{\mathrm{d}z}{z-a}$, 所以

$$\left|\int_{C_r} f(z)\mathrm{d}z - \mathrm{i}(\beta-\alpha)k\right| = \left|\int_{C_r}\frac{(z-a)f(z)-k}{z-a}\mathrm{d}z\right|.$$

与引理 5.1 的证明相似, 可知 r 充分小时上式的值不超过任意给定的正数 ε, 于是引理得证.

例 5.23 计算反常积分 $\int_0^{+\infty}\dfrac{\sin x}{x}\mathrm{d}x$.

解 令 $f(z)=\dfrac{\mathrm{e}^{\mathrm{i}z}}{z}$, 则由柯西-古萨定理得复积分 $\oint_C f(z)\mathrm{d}z=0$, 其中积分曲线 C 是由图 5.3 中的半圆周 C_R, C_r (R 充分大, r 充分小) 与线段 $[-R,-r]$, $[r,R]$ 合成的正向闭曲线, 于是

$$\int_r^R \frac{\mathrm{e}^{\mathrm{i}x}}{x}\mathrm{d}x + \int_{C_R}\frac{\mathrm{e}^{\mathrm{i}z}}{z}\mathrm{d}z + \int_{-R}^{-r}\frac{\mathrm{e}^{\mathrm{i}x}}{x}\mathrm{d}x + \int_{C_r}\frac{\mathrm{e}^{\mathrm{i}z}}{z}\mathrm{d}z = 0. \tag{5.11}$$

由引理 5.2 知

$$\lim_{R\to +\infty}\int_{C_R}\frac{\mathrm{e}^{\mathrm{i}z}}{z}\mathrm{d}z = 0.$$

由引理 5.3 知

$$\lim_{r\to 0}\int_{C_r}\frac{\mathrm{e}^{\mathrm{i}z}}{z}\mathrm{d}z = -\mathrm{i}\pi,$$

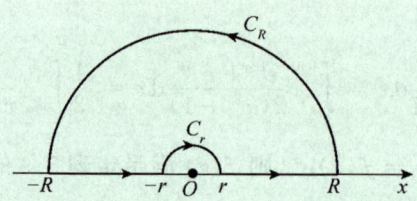

图 5.3

在(5.11)式中,令 $r \to 0, R \to +\infty$,取极限得

$$\int_{-\infty}^{+\infty} \frac{e^{ix}}{x} dx = i\pi.$$

而 $\int_{-\infty}^{+\infty} \frac{e^{ix}}{x} dx = \int_{-\infty}^{+\infty} \left(\frac{\cos x}{x} + i \frac{\sin x}{x}\right) dx$,所以

$$\int_0^{+\infty} \frac{\sin x}{x} dx = \frac{i\pi}{2i} = \frac{\pi}{2}.$$

 习题 5.3

1. 计算下列积分:

(1) $\int_0^{2\pi} \frac{d\theta}{a + \cos\theta} \ (a > 1)$;　　(2) $\int_0^{\pi} \tan(\theta + ia) d\theta \ (a\text{ 为实数且 } a \neq 0)$.

2. 计算下列积分:

(1) $\int_0^{+\infty} \frac{x^2}{(x^2+1)(x^2+4)} dx$;　　(2) $\int_{-\infty}^{+\infty} \frac{\cos x}{(x^2+1)(x^2+9)} dx$;

(3) $\int_0^{+\infty} \frac{x \sin mx}{x^4 + a^4} dx \ (m, a > 0)$.

§5.4 幅角原理及其应用

5.4.1 对数留数

留数理论的重要应用之一是计算复积分

$$\frac{1}{2\pi i} \int_C \frac{f'(z)}{f(z)} dz.$$

通常称此复积分为函数 $f(z)$ 的**对数留数**(这个名称来源于 $\frac{f'(z)}{f(z)} =$

$\frac{\mathrm{d}}{\mathrm{d}z}(\ln f(z))$). 由它推导出的幅角原理提供了计算解析函数零点个数的一个有效方法. 特别地, 可以借此研究在一个指定区域内多项式零点的个数问题.

显然, 函数 $f(z)$ 的零点和奇点都可能是 $\frac{f'(z)}{f(z)}$ 的奇点.

引理 5.4 (1) 设点 $z=a$ 为函数 $f(z)$ 的 n 级零点, 则点 $z=a$ 必是函数 $g(z)=\frac{f'(z)}{f(z)}$ 的一级极点, 且

$$\mathrm{Res}(g,a)=n;$$

(2) 设点 $z=b$ 是函数 $f(z)$ 的 m 级极点, 则点 $z=b$ 必是函数 $g(z)=\frac{f'(z)}{f(z)}$ 的一级极点, 且

$$\mathrm{Res}(g,b)=-m.$$

证明 (1) 由点 $z=a$ 是 $f(z)$ 的 n 级零点知, 在点 $z=a$ 的某个邻域 U_1 内, 有 $f(z)=(z-a)^n h(z)$, 其中函数 $h(z)$ 在点 $z=a$ 的邻域 U_1 内解析, 且 $h(a)\neq 0$, 于是

$$f'(z)=n(z-a)^{n-1}h(z)+h'(z)(z-a)^n,$$

从而

$$g(z)=\frac{f'(z)}{f(z)}=\frac{n}{z-a}+\frac{h'(z)}{h(z)}.$$

由 $\frac{h'(z)}{h(z)}$ 在点 $z=a$ 处解析可知, 点 $z=a$ 是 $g(z)$ 的一级极点, 且

$$\mathrm{Res}(g,a)=n.$$

(2) 由点 $z=b$ 是 $f(z)$ 的 m 级极点知, 在点 $z=b$ 的某个去心邻域 U_2 内, 有 $f(z)=\frac{l(z)}{(z-b)^m}$, 其中函数 $l(z)$ 在点 $z=b$ 的去心邻域 U_2 内解析, 且 $l(b)\neq 0$, 于是

$$g(z)=\frac{f'(z)}{f(z)}=\frac{-m}{z-b}+\frac{l'(z)}{l(z)}.$$

由于 $\frac{l'(z)}{l(z)}$ 在点 $z=b$ 处解析, 故 b 为 $g(z)$ 的一级极点, 且

$$\mathrm{Res}(g,b)=-m.$$

定理 5.10 设 C 为一条正向分段光滑简单闭曲线, 函数 $f(z)$ 满足:

(1) $f(z)$ 在闭曲线 C 内部除有限个极点外处处解析;

(2) $f(z)$ 在闭曲线 C 上解析且不取零,

则
$$\frac{1}{2\pi i}\oint_C \frac{f'(z)}{f(z)}\mathrm{d}z = N(f,C) - p(f,C), \tag{5.12}$$

其中 $N(f,C)$ 与 $p(f,C)$ 分别表示 $f(z)$ 在闭曲线 C 内部的零点个数与极点个数(在计算零点个数与极点个数时,m 级零点或极点算作 m 个零点或极点),闭曲线 C 取正向.

证明 根据已知条件,$f(z)$ 在闭曲线 C 内部至多只能有有限个零点与极点. 设 $a_k(k=1,2,\cdots,p)$ 为 $f(z)$ 在闭曲线 C 内部不同的零点,其级为 n_k;$b_j(j=1,2,\cdots,q)$ 为 $f(z)$ 在闭曲线 C 内部不同的极点,其级为 m_j. 由引理 5.4 知,$g(z) = \dfrac{f'(z)}{f(z)}$ 在闭曲线 C 上解析且在闭曲线 C 内部除一级极点 $a_k(k=1,2,\cdots,p)$ 及 $b_j(j=1,2,\cdots,q)$ 外处处解析. 由留数定理及引理 5.4 得

$$\frac{1}{2\pi i}\oint_C \frac{f'(z)}{f(z)}\mathrm{d}z = \frac{1}{2\pi i}\oint_C g(z)\mathrm{d}z = \sum_{k=1}^p \operatorname{Res}(g,a_k) + \sum_{j=1}^q \operatorname{Res}(g,b_j)$$

$$= \sum_{k=1}^p n_k + \sum_{j=1}^q (-m_j) = N(f,C) - p(f,C).$$

5.4.2 辐角原理

公式(5.12)的左端是 $f(z)$ 的对数留数,它有简单的意义. 为了说明这个意义,我们将它写成

$$\frac{1}{2\pi i}\oint_C \frac{f'(z)}{f(z)}\mathrm{d}z = \frac{1}{2\pi i}\oint_C \frac{\mathrm{d}}{\mathrm{d}z}(\ln f(z))\mathrm{d}z = \frac{1}{2\pi i}\oint_C \mathrm{d}(\ln f(z))$$

$$= \frac{1}{2\pi i}\left(\oint_C \mathrm{d}(\ln|f(z)|) + \mathrm{i}\oint_C \mathrm{d}(\arg f(z))\right).$$

函数 $\ln|f(z)|$ 是 z 的单值函数,当 z 从闭曲线 C 上某一点 z_0 沿闭曲线 C 的正向绕行一周回到点 z_0 时,有

$$\oint_C \mathrm{d}(\ln|f(z)|) = \ln|f(z_0)| - \ln|f(z_0)| = 0.$$

因此,当 z 从点 z_0 沿闭曲线 C 的正向绕行一周回到点 z_0 时,有

$$\frac{1}{2\pi i}\oint_C \frac{f'(z)}{f(z)}\mathrm{d}z = \frac{\Delta_C \arg f(z)}{2\pi},$$

其中 $\Delta_C \arg f(z)$ 表示 z 从点 z_0 沿闭曲线 C 的正向绕行一周时 $\arg f(z)$ 的改变量,它一定是 2π 的整倍数. 这样,定理 5.10 可以改写成下面的辐角原理.

定理 5.11 (**辐角原理**) 在定理 5.10 的条件下,$f(z)$ 在闭曲线 C 内部的零点个数与极点个数之差,等于 z 沿闭曲线 C 的正向绕行一周

时 $\arg f(z)$ 的改变量 $\Delta_C \arg f(z)$ 除以 2π，即
$$N(f,C) - p(f,C) = \frac{\Delta_C \arg f(z)}{2\pi}.$$

特别地，若函数 $f(z)$ 在分段光滑简单闭曲线 C 内部解析，且在闭曲线 C 上不为零，则
$$N(f,C) = \frac{\Delta_C \arg f(z)}{2\pi}.$$

例 5.24 设函数 $f(z) = (z-1)(z-2)^2(z-4)$，闭曲线 C 为圆周 $|z|=3$，试验证辐角原理.

解 $f(z)$ 在复平面上解析，在闭曲线 C 上无零点，且在闭曲线 C 的内部只有一个一级零点 $z=1$ 及一个二级零点 $z=2$，于是
$$N(f,C) = 1+2 = 3.$$
而当 z 沿闭曲线 C 的正向绕行一周时，有
$$\Delta_C \arg f(z) = \Delta_C \arg(z-1) + 2\Delta_C \arg(z-2) + \Delta_C \arg(z-4)$$
$$= 2\pi + 4\pi + 0 = 6\pi.$$
所以，辐角原理成立.

注 若将定理 5.10 的条件(2)减弱为"$f(z)$ 在闭曲线 C 上连续，且沿闭曲线 C 有 $f(z) \neq 0$"，则辐角原理仍然成立.

5.4.3 儒歇定理

下面的儒歇定理是辐角原理的一个推论. 在考察函数的零点分布时，这个定理用起来更为方便.

定理 5.12（**儒歇定理**） 设 C 为一条正向分段光滑简单闭曲线，函数 $f(z)$ 与 $\varphi(z)$ 满足：

(1) $f(z)$ 与 $\varphi(z)$ 均在闭曲线 C 内部解析，且在闭曲线 C 上连续；

(2) 在闭曲线 C 上有 $|f(z)| > |\varphi(z)|$，

则
$$N(f+\varphi, C) = N(f, C).$$

证明 根据已知条件，$f(z)$ 与 $f(z)+\varphi(z)$ 都在闭曲线 C 内部解析且在闭曲线 C 上连续，在闭曲线 C 上有 $|f(z)| > 0$，$|f(z)+\varphi(z)| > |f(z)| - |\varphi(z)| > 0$，于是只要证明
$$\Delta_C \arg(f(z) + \varphi(z)) = \Delta_C \arg f(z)$$

即可.又因
$$\Delta_C \arg(f(z)+\varphi(z)) = \Delta_C \arg f(z) + \Delta_C \arg\left(1+\frac{\varphi(z)}{f(z)}\right),$$
故只要证明
$$\Delta_C \arg\left(1+\frac{\varphi(z)}{f(z)}\right) = 0$$
即可.

记 $w=1+\frac{\varphi(z)}{f(z)}$,设它把闭曲线 C 映射为 w 平面上的曲线 Γ. 在闭曲线 C 上有 $|f(z)|>|\varphi(z)|$,于是 $|w-1|=\left|\frac{\varphi(z)}{f(z)}\right|<1$. 这意味着,曲线 Γ 含于圆周 $|w-1|=1$ 的内部,而原点 $w=0$ 又不在此圆周的内部,即 w 不会围着原点 $w=0$ 绕行,从而
$$\Delta_C \arg\left(1+\frac{\varphi(z)}{f(z)}\right) = 0.$$
由辐角原理知定理得证.

例 5.25　求方程 $z^8-5z^5-2z+1=0$ 在圆形区域 $|z|<1$ 内根的个数.

解　设函数 $f(z)=-5z^5, \varphi(z)=z^8-2z+1$,则它们在 $|z|<1$ 内解析且在其边界 $C:|z|=1$ 上连续.在边界 C 上有 $|f(z)|=5, |\varphi(z)|\leqslant 4$,所以 $|f(z)|>|\varphi(z)|$.由儒歇定理有
$$N(f+\varphi, C) = N(f, C) = 5,$$
所以 $z^8-5z^5-2z+1=0$ 在 $|z|<1$ 内根的个数为 5.

例 5.26　判断方程 $z^6+6z+12=0$ 在圆形区域 $|z|<1$ 内有几个根.

解　设函数 $f(z)=12, \varphi(z)=z^6+6z$,则它们在 $|z|<1$ 内解析且在其边界 $C:|z|=1$ 上连续.在边界 C 上有 $|f(z)|=12, |\varphi(z)|\leqslant 7$,所以 $|f(z)|>|\varphi(z)|$.由儒歇定理有
$$N(f+\varphi, C) = N(f, C) = 0,$$
所以 $z^6+6z+12=0$ 在 $|z|<1$ 内没有根.

习题 5.4

1. 证明:方程 $e^z - e^\lambda z^n = 0$ $(\lambda>1)$ 在圆形区域 $|z|<1$ 内有 n 个根.

2. 若函数 $f(z)$ 在正向分段光滑简单闭曲线 C 内部除有一个一级极点外处处解析且连续到闭曲线 C，在闭曲线 C 上有 $|f(z)|=1$，证明：方程 $f(z)=a$（$|a|>1$）在闭曲线 C 内部恰好有一个根.

3. 方程 $z^4-8z+10=0$ 在圆形区域 $|z|<1$ 与圆环形区域 $1<|z|<3$ 内各有几个根？

4. 设函数 $f(z)$ 在正向分段光滑简单闭曲线 C 内部解析且连续到闭曲线 C，证明：

(1) 若 $z\in C$ 时 $|f(z)|<1$，则方程 $f(z)=1$ 在闭曲线 C 内部的根个数等于 $f(z)$ 在闭曲线 C 内部的极点个数；

(2) 若 $z\in C$ 时 $|f(z)|>1$，则方程 $f(z)=1$ 在闭曲线 C 内部的根个数等于 $f(z)$ 在闭曲线 C 内部的零点个数.

5. 设函数 $f(z)$ 在圆形闭区域 $|z|\leqslant r$ 上解析，在圆周 $|z|=r$ 上有 $f(z)\neq 0$，证明：$\mathrm{Re}\left(z\dfrac{f'(z)}{f(z)}\right)$ 在圆周 $|z|=r$ 上的最大值不小于 $f(z)$ 在此圆周内部的零点个数.

6. 设 C 是一条正向分段光滑简单闭曲线，且函数 $f(z)$ 与 $\varphi(z)$ 满足：

(1) $f(z)$ 与 $\varphi(z)$ 在闭曲线 C 内部解析且连续到闭曲线 C；

(2) 在闭曲线 C 上有 $|f(z)|>|\varphi(z)|$.

证明：
$$N(f+\varphi,C)-p(\varphi+f,C)=N(f,C)-p(f,C).$$

第 6 章 傅里叶变换

傅里叶变换是通信系统、图像处理、数字信号处理及物理学等领域的一种重要的数学分析工具.通过傅里叶变换技术可以将时域上的波形分布变换为频域上的分布,从而获得信号的频谱特性.

§6.1 概 述

为了简化问题的求解,人们往往使用"变换分析"这种技巧.尽管这里的"变换"显得有些抽象,但是我们在中学时已经运用了变换分析技巧.大家一定还记得对数运算,它实际上也是一种数学变换.我们知道,两个正数的乘积的对数等于这两个正数的对数之和,两个正数的商的对数等于这两个正数的对数之差.利用这个对数运算法则,我们可以将数的乘法运算"转换"(准确地说是"变换")为数的加法运算,而将数的除法运算变换为数的减法运算.可见,变换分析给我们解决问题带来了方便.傅里叶(Fourier)变换就是变换分析中常用的变换,是分析问题和解决问题时极为方便的数学工具.

线性非时变系统的卷积分析实际上基于将信号函数分解为一组加权延时的单位脉冲函数的线性组合.本章将讨论信号和系统的另一种表示,其基本观点还是将信号函数分解为一组简单函数的线性组合,但是这里用的简单函数不是单位脉冲函数,而是三角函数(或复指数函数).

用三角函数的和表示信号的想法至少可以追溯到古巴比伦时代,当时人们利用这一想法来预测天体运动.这一问题的近代研究始于 1748 年,当时欧拉在振动弦的研究中发现:如果在某一时刻振动弦的形状是标准振动(谐波)模式的线性组合,那么在其后任何时刻,振动弦的形状也是标准振动模式的线性组合.另外,欧拉还证明了在该线性组合中,其后任何时刻的加权系数可以直接从前面时刻的加权系数中导出.欧拉的研究成果表明,如果一个线性非时变系统的输入可以表示为周期复指数函数或正弦函数的线性组合,则其输出也一定能表示成这种形式.

现在大家已经认识到,很多有用的信号都能用复指数函数的线性组合来表示,但是在 18 世纪中期,数学家们还对这一观点进行激烈的争论. 1753 年,伯努利(D. Bernoulli)曾声称:一根弦的实际运动可以用标准振动模式的线性组合来表示.而以拉格朗日(Lagrange)为代表的学者却强烈反对使用三角级数来研究振动弦运动.拉格朗日反对的论据基于他自己的信念——不可能用三角级数来表示一个具有间断点的函数.

正是在这种充满争执和怀疑的背景下,傅里叶于约半个世纪后提出了自己的想法.他在 1807 年的一项研究中发现:表示一个物体的温度分布时,呈谐波关系的正弦函数构成的级数是非常有用的,因而断言:任何周期函数都能用这样的级数来表示.尽管傅里叶本人对傅里叶级数的数学理论没有做出很大的贡献,但正是因为他洞察到三角级数的潜在威力,并且在很大程度上由于他的工作和断言,才激励和推动了傅里叶级数问题的深入研究.此外,傅里叶还指出了非周期函数的表达式不是呈谐波关系的正弦函数的加权和,而是不全呈谐波关系的正弦函数的加权积分.他的这一观点比他的任何先驱者的观点都大大地进了一步.遗憾的是,由于拉格朗日的反对,傅里叶的这一研究成果直到 1822 年(晚了 15 年)才发表在《热的分析理论》一书中.

在数学领域,尽管最初傅里叶分析只是作为热过程的解析分析的工具,但是其思想方法仍然具有典型的还原论和分析主义的特征.任意函数通过一定的分解,都能够表示为正弦函数线性组合的形式,而正弦函数在物理上是被充分研究且相对简单的函数类.从现代数学的眼光来看,傅里叶变换是一种特殊的积分变换,它能将满足一定条件的某个函数表示成正弦函数的线性组合或积分.

§ 6.2 傅里叶变换

定义 6.1 设 $f(t)$ 是定义在 **R** 上的函数.若反常积分

$$F(\Omega) = \int_{-\infty}^{+\infty} f(t) \mathrm{e}^{-\mathrm{i}\Omega t} \mathrm{d}t, \tag{6.1}$$

在实变量 Ω 的某个区间内收敛,则称 $F(\Omega)$ 为 $f(t)$ 的**傅里叶变换**,记为

$$F(\Omega) = \mathscr{F}[f(t)].$$

这时,有

$$f(t) = \frac{1}{2\pi}\int_{-\infty}^{+\infty} F(\Omega) \mathrm{e}^{\mathrm{i}\Omega t} \mathrm{d}\Omega. \tag{6.2}$$

称 $f(t)$ 为 $F(\Omega)$ 的**傅里叶逆变换**,记为

$$f(t) = \mathscr{F}^{-1}[F(\Omega)].$$

通常称(6.1)式为 $f(t)$ 的**傅里叶变换公式**;而称(6.2)式为 $f(t)$ 的**傅里叶积分公式**或**傅里叶逆变换公式**,其右端称为 $f(t)$ 的**傅里叶积分**.工程技术中 Ω 为模拟角频率,它与实际频率 ω 满足关系 $\Omega = 2\pi\omega$.利用实际频率 ω,傅里叶变换公式(6.1)和傅里叶逆变换公式(6.2)也可以分别写成

$$F(\omega) = \mathscr{F}[f(t)] = \int_{-\infty}^{+\infty} f(t) \mathrm{e}^{-2\pi \mathrm{i}\omega t} \mathrm{d}t, \qquad (6.3)$$

$$f(t) = \mathscr{F}^{-1}[F(\omega)] = \int_{-\infty}^{+\infty} F(2\pi\omega) \mathrm{e}^{2\pi \mathrm{i}\omega t} \mathrm{d}\omega. \qquad (6.4)$$

$F(\Omega)$ 通常为复变函数,可以写成

$$F(\Omega) = |F(\Omega)| \mathrm{e}^{\mathrm{i}\varphi(\Omega)}, \qquad (6.5)$$

其中 $|F(\Omega)|$ 称为 $F(\Omega)$ 的**幅度**,$\varphi(\Omega)$ 称为 $F(\Omega)$ 的**相位**或**幅角**.在工程技术中,$f(t)$ 通常表示某个信号,$|F(\Omega)|$ 表示信号中各频率下谱密度的相对大小,$\varphi(\Omega)$ 表示了信号中各频率成分的相位关系,所以通常也称 $|F(\Omega)|$ 为信号 $f(t)$ 的**幅度频谱**,而称 $\varphi(\Omega)$ 为信号 $f(t)$ 的**相位频谱**,它们都是频率 Ω 的连续函数.

应该指出,并非所有函数都能用(6.1)式或(6.3)式进行傅里叶变换.那么,怎样的函数才能做傅里叶变换呢?从上面对傅里叶变换概念的论述中可以看出,能做傅里叶变换的条件应该与傅里叶级数存在的条件类似.事实也是如此.下面给出函数 $f(t)$ 能做傅里叶变换的条件,这个条件称为**狄利克雷(Dirichlet)条件**(这是能做傅里叶变换的充分条件):

(1) $f(t)$ 绝对可积,即

$$\int_{-\infty}^{+\infty} |f(t)| \mathrm{d}t < +\infty; \qquad (6.6)$$

(2) 在任何有限区间内,$f(t)$ 只有有限个极值;

(3) 在任何有限区间内,$f(t)$ 只有有限个间断点,并且在每个间断点处都有左、右极限,这时其傅里叶变换收敛于间断点处左、右极限的平均值.

在工程实际中,绝大多数信号确实能用傅里叶变换来进行分析.

然而,上述条件只是函数可进行傅里叶变换的充分条件,并不是必要条件.为了使得一些不满足(6.6)式的函数(如表示瞬时由无到高度集中的物理量的函数)也可以进行傅里叶变换,引入满足等式

$$\int_{-\infty}^{+\infty} \delta(t) f(t) \mathrm{d}t = \lim_{\varepsilon \to 0} \int_{-\infty}^{+\infty} \delta_\varepsilon(t) f(t) \mathrm{d}t$$

的函数 $\delta(t)$ 是必要的,其中

$$\delta_\varepsilon(t) = \begin{cases} 0, & t < 0, \\ \dfrac{1}{\varepsilon}, & 0 \leqslant t \leqslant \varepsilon, \\ 0, & t > \varepsilon, \end{cases}$$

$f(t)$ 为任意无穷次可微函数.通常称函数 $\delta(t)$ 为 **δ 函数**或**狄拉克(Dirac)函数**,它在工程技术中表示单位脉冲信号,故也称为**单位脉冲函数**

或单位冲激函数. 另外,由此定义的 $\delta(t)$ 有时也称为 $\delta_\varepsilon(t)$ 的弱极限,记为
$$\delta(t) = \lim_{\varepsilon \to 0} \delta_\varepsilon(t).$$

现在我们以一个具体信号函数来研究傅里叶变换与傅里叶级数的关系. 在高等数学中,我们已经介绍了如何将周期函数展开为傅里叶级数(注意,傅里叶级数不等于傅里叶变换).

设有周期性矩形脉冲函数 $f(t)$,其在一个周期内的表达式为
$$f(t) = \begin{cases} E, & |t| \leqslant \dfrac{\tau}{2}, \\ 0, & \dfrac{\tau}{2} < |t| < \dfrac{T}{2}, \end{cases} \tag{6.7}$$

即脉冲幅度为 E,脉冲宽度为 τ,周期为 T,如图 6.1 所示.

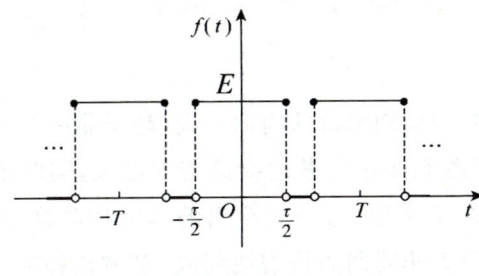

图 6.1

这个周期性矩形脉冲函数可以展开成傅里叶级数:
$$f(t) = \sum_{n=-\infty}^{+\infty} F_n e^{in\frac{2\pi}{T}t}, \tag{6.8}$$

其中傅里叶系数为
$$F_n = \frac{1}{T}\int_{-\frac{T}{2}}^{\frac{T}{2}} f(t) e^{-in\frac{2\pi}{T}t} dt = \frac{2E}{T} \cdot \frac{\sin\dfrac{n(2\pi/T)\tau}{2}}{n(2\pi/T)}$$
$$(n=0, \pm 1, \pm 2, \cdots).$$

令 $\Omega_0 = \dfrac{2\pi}{T}$,通常称 Ω_0 为基波角频率. 这时,上式可以简化为
$$F_n = \frac{E\tau}{T} \cdot \frac{\sin\dfrac{n\Omega_0\tau}{2}}{\dfrac{n\Omega_0\tau}{2}} = \frac{E\tau}{T} Sa\left(\frac{n\Omega_0\tau}{2}\right) \quad (n=0, \pm 1, \pm 2, \cdots), \tag{6.9}$$

其中 $Sa(t) = \dfrac{\sin t}{t}$ 称为抽样函数. 显然, F_n 是 $\Omega = n\Omega_0$ 的函数,只不过这里的频率变量取基波角频率的整倍数,可以理解为在离散频率上定义的频域信号,如图 6.2 所示,其中 φ_n 为 F_n 的相位.

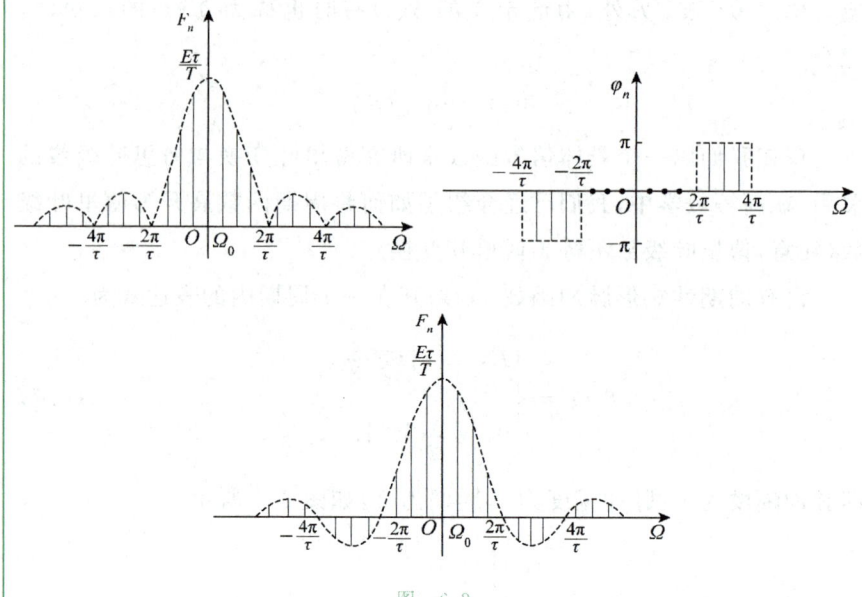

图 6.2

由以上分析可知,当周期函数的周期变大(趋于非周期)时,基波角频率 Ω_0 就变小,这时图 6.2 中离散谱线的密度增大,同时谱线的高度也趋于零. 如果用周期 T 乘以(6.9)式给出的傅里叶系数,并令周期 T 趋于无穷大(这时函数为非周期的),谱线间隔(基波角频率)Ω_0 也趋于零,于是图 6.2 中的谱线密度无限加密,$n\Omega_0$ 趋于连续变量 Ω,离散频谱趋于谱线的包络线,即有

$$F(\Omega) = \lim_{T \to +\infty} TF_n = \lim_{\Omega_0 \to 0} E\tau Sa\left(\frac{n\Omega_0 \tau}{2}\right) = E\tau Sa\left(\frac{\Omega\tau}{2}\right). \quad (6.10)$$

(6.10)式就是周期性矩形脉冲函数的傅里叶变换.

现在我们按照(6.1)式对图 6.1 所示的周期性矩形脉冲函数 $f(t)$ 进行傅里叶变换:

$$F(\Omega) = \int_{-\infty}^{+\infty} f(t) e^{-i\Omega t} dt = \int_{-\frac{\tau}{2}}^{\frac{\tau}{2}} E e^{-i\Omega t} dt = \frac{2E}{\Omega} \sin\frac{\Omega\tau}{2}$$

$$= E\tau \frac{\sin\frac{\Omega\tau}{2}}{\frac{\Omega\tau}{2}} = E\tau Sa\left(\frac{\Omega\tau}{2}\right).$$

可见,结果与(6.10)式给出的结果完全一致.

比较(6.9)式和(6.10)式,可以看出傅里叶变换与傅里叶系数有如下关系:

$$F(\Omega) \approx TF_n \quad (n \text{ 充分大}). \quad (6.11)$$

以上分析表明,傅里叶变换表示的是傅里叶系数乘以周期后得到的包络线,而傅里叶系数就是在此包络线上等间隔取得的样本. 此外,当 τ 一定时,包络线 TF_n 与周期 T 无关. 另外一种解释是:当周期函数的周期 T 趋于无穷大时,周期函数就变成非周期函数(周期为无穷大),周期函数的傅里叶系数(频谱分量)的幅度变成无穷小(趋于零),而谱线密度无限加密,以至于连续,在乘以周期 T(趋于无穷大)后就变成傅里叶变换,因此傅里叶变换反映的是频谱的"相对"大小.

上述例子说明了对非周期函数建立傅里叶变换的基本思想. 这就是说,在建立非周期函数的傅里叶变换时,可以把非周期函数当作一个周期为无穷大的"周期函数",并且将这个"周期函数"用傅里叶级数来表示. 这个"周期函数"的傅里叶系数乘以周期就得到非周期函数的傅里叶变换.

傅里叶级数和傅里叶变换都是把函数表示为一组复指数函数的线性组合,对于周期函数(用的是傅里叶级数),这些复指数函数的幅度为 $|F_n|$,在呈谐波关系的一组离散点 $n\Omega_0$($n=0, n=\pm 1, n=\pm 2, \cdots$)上出现;对于非周期函数(用的是傅里叶变换),这些复指数函数出现在连续的频率上,其幅度为一个微量 $\dfrac{F(\Omega)}{2\pi}\mathrm{d}\Omega$. 当函数 $f(t)$ 表示一个信号时,因为 $F(\Omega)$ 实际上给了我们组成该信号所需要的不同复指数函数的"大小"(幅度)信息,所以通常一个信号函数的傅里叶变换也称为该信号的频谱.

下面介绍几个常见的非周期信号函数的傅里叶变换.

6.2.1 矩形脉冲函数

矩形脉冲函数的一般表达式为

$$f(t)=\begin{cases} E, & |t|\leqslant \dfrac{\tau}{2}, \\ 0, & |t|> \dfrac{\tau}{2} \end{cases} \quad (E,\tau>0),$$

其中 E 为脉冲幅度,τ 为脉冲宽度. 我们通常用它来表示矩形脉冲信号.

类似于求周期性矩形脉冲函数的傅里叶变换,可得矩形脉冲函数 $f(t)$ 的傅里叶变换

$$F(\Omega)=\dfrac{2E}{\Omega}\sin\dfrac{\Omega\tau}{2}=E\tau Sa\left(\dfrac{\Omega\tau}{2}\right),$$

其幅度频谱为

$$|F(\Omega)|=E\tau\left|Sa\left(\dfrac{\Omega\tau}{2}\right)\right|,$$

相位频谱为

$$\varphi(\Omega)=\begin{cases}0, & \dfrac{4n\pi}{\tau}<|\Omega|<\dfrac{2(2n+1)\pi}{\tau},\\ \pm\pi, & \dfrac{2(2n+1)\pi}{\tau}\leqslant|\Omega|\leqslant\dfrac{4(n+1)\pi}{\tau}\end{cases}\quad(n=0,1,2,\cdots),$$

矩形脉冲函数 $f(t)$ 及其频谱的图形如图 6.3 所示.

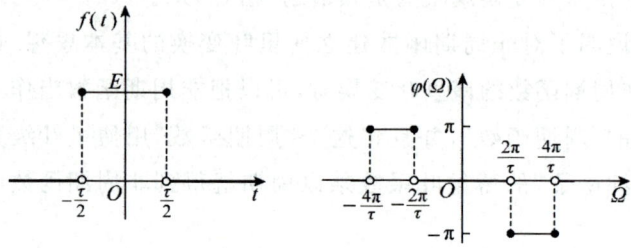

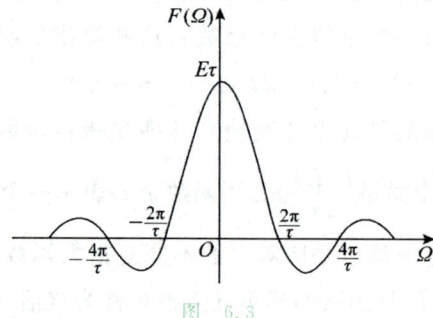

图 6.3

6.2.2 单边指数信号函数

单边指数信号一般可以用如下函数来表示:

$$f(t)=\begin{cases}\mathrm{e}^{-\alpha t}, & t>0,\\ 0, & t\leqslant 0\end{cases}\quad(\alpha>0)$$

或

$$f(t)=\mathrm{e}^{-\alpha t}u(t)\quad(\alpha>0),$$

其中

$$u(t)=\begin{cases}0, & t\leqslant 0,\\ 1, & t>0,\end{cases}$$

称为**单位阶跃函数**(用于表示单位阶跃信号). 于是, 单边指数信号函数 $f(t)$ 的傅里叶变换为

$$F(\Omega)=\int_{-\infty}^{+\infty}f(t)\mathrm{e}^{-\mathrm{i}\Omega t}\mathrm{d}t=\int_{0}^{+\infty}\mathrm{e}^{-\alpha t}\cdot\mathrm{e}^{-\mathrm{i}\Omega t}\mathrm{d}t=\int_{0}^{+\infty}\mathrm{e}^{-(\alpha+\mathrm{i}\Omega)t}\mathrm{d}t$$

$$=-\left.\dfrac{\mathrm{e}^{-(\alpha+\mathrm{i}\Omega)t}}{\alpha+\mathrm{i}\Omega}\right|_{0}^{+\infty}=\dfrac{1}{\alpha+\mathrm{i}\Omega}.$$

单边指数信号函数 $f(t)$ 的幅度频谱和相位频谱分别为
$$|F(\Omega)|=\frac{1}{\sqrt{\alpha^2+\Omega^2}}, \quad \varphi(\Omega)=-\arctan\frac{\Omega}{\alpha}.$$

图 6.4 给出了单边指数信号函数 $f(t)$ 及其幅度频谱和相位频谱的图形.

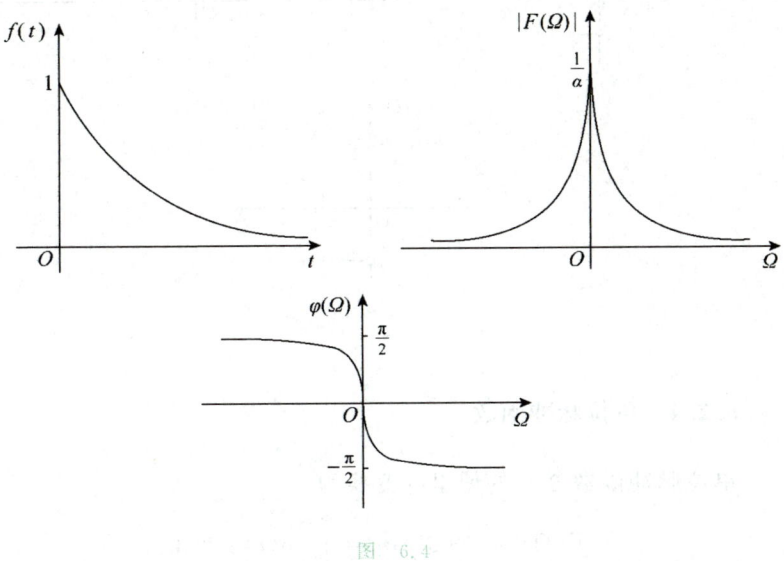

图 6.4

6.2.3 双边奇指数信号函数

双边奇指数信号一般可以用函数
$$f(t)=\begin{cases}-\mathrm{e}^{\alpha t}, & t\leqslant 0, \\ \mathrm{e}^{-\alpha t}, & t>0\end{cases} \quad (\alpha>0)$$
来表示,它的傅里叶变换为
$$F(\Omega)=\int_{-\infty}^{+\infty}f(t)\mathrm{e}^{-\mathrm{i}\Omega t}\mathrm{d}t=\int_{-\infty}^{0}-\mathrm{e}^{\alpha t}\cdot\mathrm{e}^{-\mathrm{i}\Omega t}\mathrm{d}t+\int_{0}^{+\infty}\mathrm{e}^{-\alpha t}\cdot\mathrm{e}^{-\mathrm{i}\Omega t}\mathrm{d}t$$
$$=-\frac{1}{\alpha-\mathrm{i}\Omega}+\frac{1}{\alpha+\mathrm{i}\Omega}=-\mathrm{i}\frac{2\Omega}{\alpha^2+\Omega^2},$$
其幅度频谱和相位频谱分别为
$$|F(\Omega)|=\frac{2|\Omega|}{\alpha^2+\Omega^2}, \quad \varphi(\Omega)=\begin{cases}\dfrac{\pi}{2}, & \Omega<0, \\ -\dfrac{\pi}{2}, & \Omega>0.\end{cases}$$

双边奇指数信号函数 $f(t)$ 及其幅度频谱和相位频谱的图形见图 6.5.

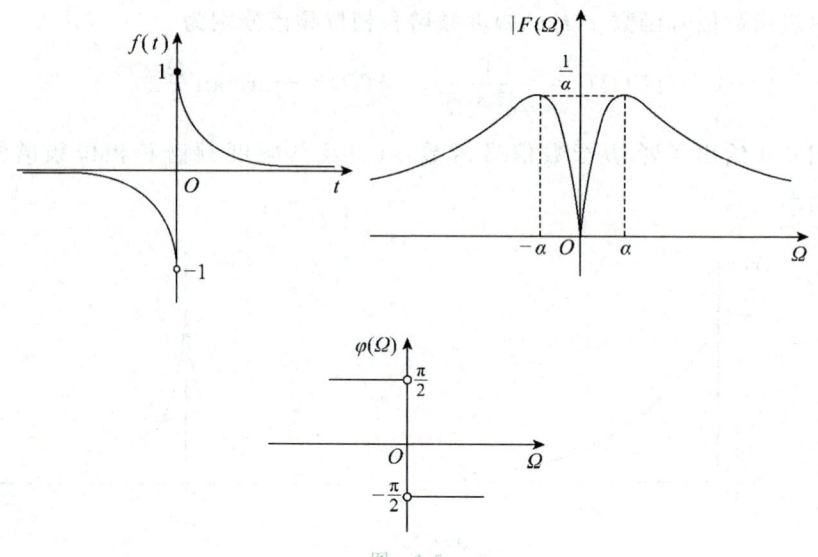

图 6.5

6.2.4 单位脉冲函数

单位脉冲函数 $\delta(t)$ 的傅里叶变换为

$$F(\Omega) = \mathscr{F}[\delta(t)] = \int_{-\infty}^{+\infty} \delta(t) e^{-i\Omega t} dt.$$

根据单位脉冲函数 $\delta(t)$ 的定义及矩形脉冲函数的傅里叶变换,可得

$$F(\Omega) = \lim_{\varepsilon \to 0} \int_{-\infty}^{+\infty} \delta_\varepsilon(t) e^{-i\Omega t} dt$$

$$= \lim_{\varepsilon \to 0} \frac{1}{\varepsilon} \cdot \varepsilon Sa\left(\frac{\Omega \varepsilon}{2}\right) = 1.$$

此结果表明,单位脉冲函数 $\delta(t)$ 表示无限带宽的信号,在整个频域内其频谱是均匀分布的. 这个频谱通常称为 均匀谱 或 白色谱.

6.2.5 单位直流信号函数

单位直流信号一般可以用函数

$$f(t) = 1, \quad -\infty < t < +\infty$$

来表示. 显然,单位直流信号函数 $f(t)$ 不满足狄利克雷条件,故不能直接用积分求出其傅里叶变换. 我们可以把单位直流信号看成脉冲幅度为 1,脉冲宽度 τ 趋于无穷大的矩形脉冲信号. 前面已经求得脉冲幅度为 $E=1$,脉冲宽度为 τ 的矩形脉冲信号函数的傅里叶变换为

$$E\tau Sa\left(\frac{\Omega \tau}{2}\right) = \tau Sa\left(\frac{\Omega \tau}{2}\right),$$

于是单位直流信号函数 $f(t)$ 的傅里叶变换为

$$F(\Omega) = \mathscr{F}[1] = \lim_{\tau \to +\infty} \tau Sa\left(\frac{\Omega\tau}{2}\right) = 2\pi \lim_{\tau \to +\infty} \frac{\tau}{2\pi} Sa\left(\frac{\Omega\tau}{2}\right).$$

注意到单位脉冲函数 $\delta(t)$ 的一种定义形式

$$\delta(t) = \lim_{k \to +\infty} \frac{k}{\pi} Sa(kt),$$

所以单位直流信号函数 $f(t)$ 的傅里叶变换为

$$F(\Omega) = \mathscr{F}[1] = 2\pi\delta(\Omega),$$

其相位频谱为

$$\varphi(\Omega) = 0.$$

单位直流信号函数 $f(t)$ 及其频谱的图形见图 6.6.

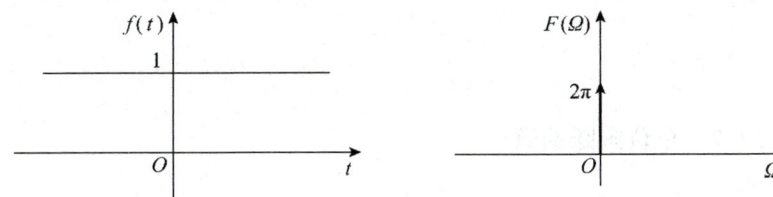

图 6.6

对于一般的直流信号函数

$$f(t) = a, \quad a > 0, \quad -\infty < t < +\infty,$$

类似地可求得它的傅里叶变换为

$$F(\Omega) = \mathscr{F}[a] = 2\pi a\delta(\Omega).$$

6.2.6 符号函数

如果将符号函数 $\mathrm{sgn}(t)$ 看成双边奇指数信号函数

$$f(t) = \begin{cases} -\mathrm{e}^{\alpha t}, & t \leqslant 0, \\ \mathrm{e}^{-\alpha t}, & t > 0 \end{cases} \quad (\alpha > 0)$$

当 $\alpha \to 0$ 时的极限,那么符号函数 $\mathrm{sgn}(t)$ 的傅里叶变换为

$$F(\Omega) = \mathscr{F}[\mathrm{sgn}(t)] = \lim_{\alpha \to 0} \frac{-2\Omega \mathrm{i}}{\alpha^2 + \Omega^2} = -\mathrm{i}\frac{2}{\Omega}.$$

所以,符号函数 $\mathrm{sgn}(t)$ 的幅度频谱和相位频谱分别为

$$|F(\Omega)| = \frac{2}{|\Omega|}, \quad \varphi(\Omega) = \begin{cases} -\dfrac{\pi}{2}, & \Omega > 0, \\ \dfrac{\pi}{2}, & \Omega < 0. \end{cases}$$

符号函数 $\mathrm{sgn}(t)$ 及其幅频谱和相位频谱的图形如图 6.7 所示.

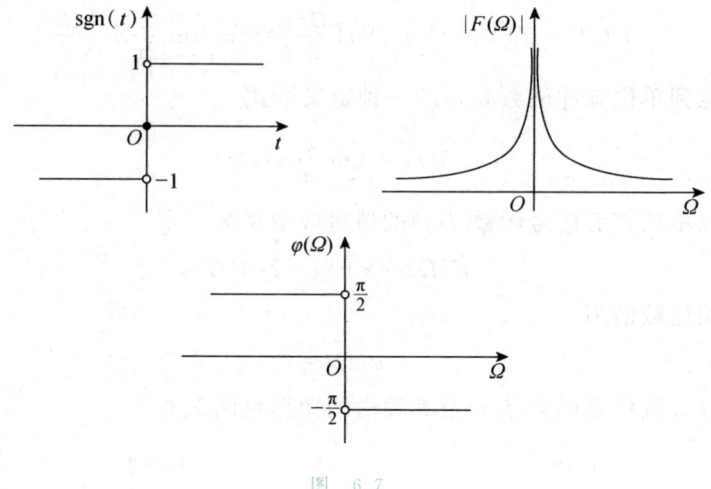

图 6.7

6.2.7 单位阶跃函数

单位阶跃函数

$$u(t)=\begin{cases}0, & t\leqslant 0,\\ 1, & t>0\end{cases}$$

可以看成直流信号函数与符号函数的叠加,即

$$u(t)=\frac{1}{2}+\frac{1}{2}\mathrm{sgn}(t).$$

对上式两边进行傅里叶变换,则有

$$\mathscr{F}[u(t)]=\mathscr{F}\left[\frac{1}{2}\right]+\mathscr{F}\left[\frac{1}{2}\mathrm{sgn}(t)\right].$$

代入直流信号函数的傅里叶变换和符号函数的傅里叶变换,可得单位阶跃函数 $u(t)$ 的傅里叶变换

$$F(\varOmega)=\mathscr{F}[u(t)]=\pi\delta(\varOmega)+\frac{1}{\mathrm{i}\varOmega}.$$

单位阶跃函数 $u(t)$ 的幅度频谱和相位频谱分别为

$$|F(\varOmega)|=\pi\delta(\varOmega)+\frac{1}{|\varOmega|},\quad \varphi(\varOmega)=\begin{cases}-\dfrac{\pi}{2}, & \varOmega>0,\\ \dfrac{\pi}{2}, & \varOmega<0.\end{cases}$$

图 6.8 给出了单位阶跃函数 $u(t)$ 及其幅度频谱和相位频谱的图形.

为了便于读者查阅使用,我们在书末给出了一个傅里叶变换简表(附表 1),从中可以查阅一些常用信号函数的傅里叶变换结果.

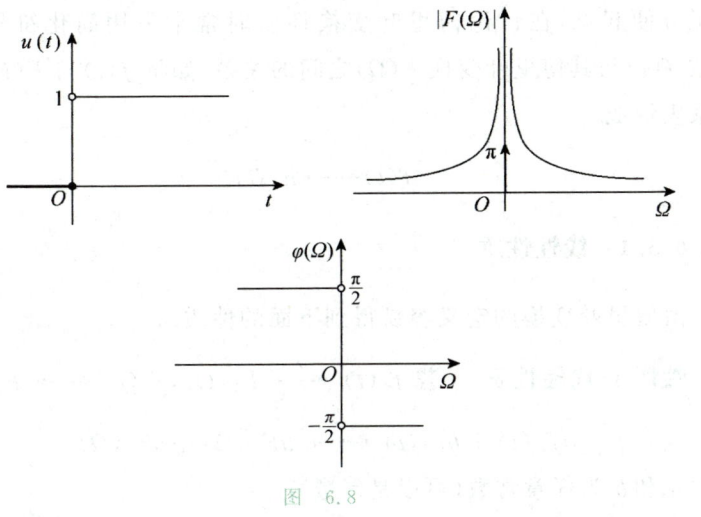

图 6.8

习题 6.2

1. 求下列函数的傅里叶变换：

(1) $f(t)=\begin{cases}1-t^2, & |t|\leqslant 1,\\ 0, & |t|>1;\end{cases}$

(2) $f(t)=\begin{cases}0, & t<0,\\ e^{-t}\sin 2t, & t\geqslant 0;\end{cases}$

(3) $f(t)=\begin{cases}0, & -\infty<t<-1,\\ -1, & -1<t<0,\\ 1, & 0<t<1,\\ 0, & 1<t<+\infty.\end{cases}$

2. 求下列函数的傅里叶变换：

(1) $f(t)=\cos t\sin t$；　　(2) $f(t)=\sin^3 t$；　　(3) $f(t)=\sin\left(5t+\dfrac{\pi}{3}\right)$.

§ 6.3 傅里叶变换的性质

研究傅里叶变换的性质便于了解函数时-频域特性的内在关系,以及进行傅里叶变换或傅里叶逆变换时简化计算.我们知道,一个函数 $f(t)$ 与它的傅里叶变换 $F(\Omega)$ 之间的关系由下面两式给出：

$$F(\Omega)=\mathscr{F}[f(t)]=\int_{-\infty}^{+\infty}f(t)e^{-i\Omega t}dt,$$

$$f(t)=\mathscr{F}^{-1}[F(\Omega)]=\frac{1}{2\pi}\int_{-\infty}^{+\infty}F(\Omega)e^{i\Omega t}d\Omega.$$

为了方便起见,在讨论傅里叶变换性质时常常采用简化符号来表示函数 $f(t)$ 与其傅里叶变换 $F(\Omega)$ 之间的关系,如将 $f(t)$ 与 $F(\Omega)$ 之间的关系表示成

$$f(t) \xleftrightarrow{\mathscr{F}} F(\Omega).$$

6.3.1 线性性质

由傅里叶变换的定义容易得到下面的性质.

性质 1(线性性质) 若 $f_1(t) \xleftrightarrow{\mathscr{F}} F_1(\Omega), f_2(t) \xleftrightarrow{\mathscr{F}} F_2(\Omega)$,则

$$af_1(t) + bf_2(t) \xleftrightarrow{\mathscr{F}} aF_1(\Omega) + bF_2(\Omega), \qquad (6.12)$$

其中 a 和 b 为任意常数(可以是复数).

6.3.2 奇偶性质

设 $f(t) \xleftrightarrow{\mathscr{F}} F(\Omega)$. 通常 $F(\Omega)$ 为复变函数,可以表示成

$$F(\Omega) = R(\Omega) + \mathrm{i} X(\Omega),$$

其中 $R(\Omega)$ 和 $X(\Omega)$ 分别为 $F(\Omega)$ 的实部和虚部. 根据傅里叶变换的定义,可知

$$R(\Omega) = \int_{-\infty}^{+\infty} f(t) \cos\Omega t \, \mathrm{d}t, \qquad (6.13)$$

$$X(\Omega) = -\int_{-\infty}^{+\infty} f(t) \sin\Omega t \, \mathrm{d}t. \qquad (6.14)$$

若 $f(t)$ 为实变函数,则

$$\mathscr{F}[f(t)] = \mathscr{F}[f^*(t)],$$

这里 $f^*(t)$ 表示对函数 $f(t)$ 取共轭. 又因为

$$\mathscr{F}[f^*(t)] = \int_{-\infty}^{+\infty} f^*(t) \mathrm{e}^{-\mathrm{i}\Omega t} \, \mathrm{d}t = \int_{-\infty}^{+\infty} f(t) \mathrm{e}^{\mathrm{i}(-\Omega)t} \, \mathrm{d}t$$
$$= F^*(-\Omega),$$

所以

$$F(\Omega) = F^*(-\Omega), \qquad (6.15)$$

从而

$$R(\Omega) = R(-\Omega),$$
$$X(\Omega) = -X(-\Omega).$$

由 (6.15) 式得

$$|F(\Omega)| = |F(-\Omega)|,$$
$$\varphi(\Omega) = -\varphi(-\Omega).$$

这两个式子说明，$|F(\Omega)|$ 和 $R(\Omega)$ 为 Ω 的偶函数，$\varphi(\Omega)$ 和 $X(\Omega)$ 为 Ω 的奇函数．

若 $f(t)$ 是实变偶函数，则 $f(t)\sin\Omega t$ 是 t 的奇函数，从而（6.14）式的积分为零，即
$$X(\Omega)=0.$$
于是
$$F(\Omega)=R(\Omega)=2\int_0^{+\infty}f(t)\cos\Omega t\,\mathrm{d}t.$$

若 $f(t)$ 是实变奇函数，则 $f(t)\cos\Omega t$ 是 t 的奇函数，从而
$$R(\Omega)=0.$$
于是
$$F(\Omega)=\mathrm{i}X(\Omega)=-2\mathrm{i}\int_0^{+\infty}f(t)\sin\Omega t\,\mathrm{d}t.$$

按照以上讨论方法，我们可以对 $f(t)$ 为复变偶函数和复变奇函数时 $F(\Omega)$ 的奇偶性进行研究．

6.3.3 对称性质

性质 2（对称性质） 若 $f(t)\overset{\mathscr{F}}{\longleftrightarrow}F(\Omega)$，则
$$\mathscr{F}[F(t)]=2\pi f(-\Omega). \tag{6.16}$$

证明 因为
$$f(t)=\frac{1}{2\pi}\int_{-\infty}^{+\infty}F(\Omega)\mathrm{e}^{\mathrm{i}\Omega t}\,\mathrm{d}\Omega,$$
所以
$$f(-t)=\frac{1}{2\pi}\int_{-\infty}^{+\infty}F(\Omega)\mathrm{e}^{-\mathrm{i}\Omega t}\,\mathrm{d}\Omega.$$
将上式中的 t 与 Ω 互换，得
$$f(-\Omega)=\frac{1}{2\pi}\int_{-\infty}^{+\infty}F(t)\mathrm{e}^{-\mathrm{i}\Omega t}\,\mathrm{d}t,$$
即有
$$\mathscr{F}[F(t)]=\int_{-\infty}^{+\infty}F(t)\mathrm{e}^{-\mathrm{i}\Omega t}\,\mathrm{d}t=2\pi f(-\Omega).$$

例如，在前面讨论过的单位脉冲函数与单位直流信号函数之间就满足性质 2 这种关系，即
$$\mathscr{F}[\delta(t)]=1,$$
$$\mathscr{F}[1]=2\pi\delta(-\Omega)=2\pi\delta(\Omega).$$

又如，在求抽样函数 $Sa(t)=\dfrac{\sin t}{t}$ 的傅里叶变换时，若直接按照傅

里叶变换的定义来求,会很麻烦,而根据傅里叶变换的对称性质,可以利用矩形脉冲函数的傅里叶变换来求:因为

$$f(t)=\begin{cases}E,&|t|<\dfrac{\tau}{2},\\ 0,&|t|\geqslant\dfrac{\tau}{2}\end{cases}\xleftrightarrow{\mathscr{F}}F(\Omega)=E\tau Sa\left(\dfrac{\Omega\tau}{2}\right),$$

所以令 $E=1,\tau=2$,则有

$$f(t)=\begin{cases}1,&|t|<1,\\ 0,&|t|\geqslant 1\end{cases}\xleftrightarrow{\mathscr{F}}F(\Omega)=2Sa(\Omega).$$

根据傅里叶变换的对称性质,有

$$\mathscr{F}[Sa(t)]=\dfrac{1}{2}\cdot 2\pi f(-\Omega)=\begin{cases}\pi,&|\Omega|<1,\\ 0,&|\Omega|\geqslant 1.\end{cases}$$

从以上两个例子我们看到,除了在幅度上相差一个比例常数外,时域中的单位脉冲函数的傅里叶变换为频域中的直流信号函数,而时域中的直流信号函数的傅里叶变换为频域中的单位脉冲函数;时域中的矩形脉冲函数的傅里叶变换为频域中的抽样函数,而时域中的抽样函数的傅里叶变换为频域中的矩形脉冲函数.傅里叶变换的对称性质是由傅里叶变换公式的对称性质所决定的,所以有时我们也称傅里叶变换的对称性质为对偶性质.

6.3.4 尺度变换性质

性质 3(尺度变换性质) 若 $f(t)\xleftrightarrow{\mathscr{F}}F(\Omega)$,则

$$f(at)\xleftrightarrow{\mathscr{F}}\dfrac{1}{|a|}F\left(\dfrac{\Omega}{a}\right),$$

其中 a 为任意非零实数.

由傅里叶变换的定义易知性质 3 成立.

尺度变换性质是傅里叶分析理论中的一个重要性质,它表明时间的伸缩必将导致频率的伸缩,但是时间的伸缩与频率的伸缩是相反的,即当 $a>1$ 时,$f(at)$ 的图形是 $f(t)$ 的图形的压缩(相当于时间的扩展),而 $F\left(\dfrac{\Omega}{a}\right)$ 的图形则是 $F(\Omega)$ 的图形的扩展(相当于频率的压缩),参见图 6.9.另外要注意,在频谱 $F(\Omega)$ 的图形扩展的同时,其幅度也按比例减小.

特别地,当 $a=-1$ 时,有

$$f(-t)\xleftrightarrow{\mathscr{F}}F(-\Omega).$$

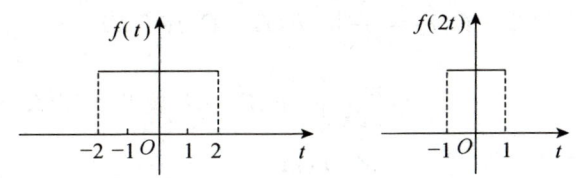

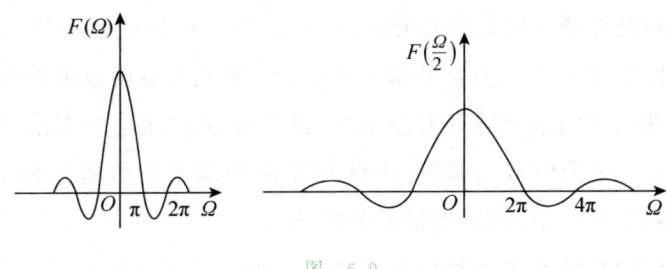

图 6.9

6.3.5 时移性质

性质 4（时移性质） 若 $f(t) \xleftrightarrow{\mathscr{F}} F(\Omega)$，则

$$f(t-t_0) \xleftrightarrow{\mathscr{F}} \mathrm{e}^{-\mathrm{i}\Omega t_0} F(\Omega), \tag{6.17}$$

其中 t_0 是可正可负的常数.

证明 因为

$$f(t-t_0) = \frac{1}{2\pi}\int_{-\infty}^{+\infty} F(\Omega)\mathrm{e}^{\mathrm{i}\Omega(t-t_0)}\mathrm{d}\Omega$$

$$= \frac{1}{2\pi}\int_{-\infty}^{+\infty} (\mathrm{e}^{-\mathrm{i}\Omega t_0} F(\Omega))\mathrm{e}^{\mathrm{i}\Omega t}\mathrm{d}\Omega,$$

所以

$$\mathscr{F}[f(t-t_0)] = \mathrm{e}^{-\mathrm{i}\Omega t_0} F(\Omega),$$

即（6.17）式成立.

时移性质说明，信号在时间上的平移，并不改变它的傅里叶变换的模（信号的幅度频谱），而仅仅引入了一个相移 $-\Omega t_0$，这个相移与频率呈线性关系.

6.3.6 频移性质

性质 5（频移性质） 若 $f(t) \xleftrightarrow{\mathscr{F}} F(\Omega)$，则

$$\mathrm{e}^{\mathrm{i}\Omega_0 t} f(t) \xleftrightarrow{\mathscr{F}} F(\Omega-\Omega_0), \tag{6.18}$$

其中 Ω_0 为可正可负的常数.

证明 由于

$$\mathscr{F}^{-1}[F(\Omega-\Omega_0)] = \frac{1}{2\pi}\int_{-\infty}^{+\infty} F(\Omega-\Omega_0)e^{i\Omega t}d\Omega$$

$$= \frac{e^{i\Omega_0 t}}{2\pi}\int_{-\infty}^{+\infty} F(\Omega-\Omega_0)e^{i(\Omega-\Omega_0)t}d(\Omega-\Omega_0)$$

$$= e^{i\Omega_0 t}f(t),$$

所以(6.18)式成立.

将频移性质与时移性质相比较可知,信号在时域中平移 t_0,在频域中就乘以因子 $e^{-i\Omega t_0}$,而在频域中平移 Ω_0,则在时域中也乘以因子 $e^{i\Omega_0 t}$,只是所乘因子的指数符号有所不同. 通常在通信理论中把信号 $f(t)$ 乘以因子 $e^{i\Omega_0 t}$ 称为信号的**调制**. 由此可见信号调制的本质是将某一频带的信号移至另一个频带(即信号的频移).

利用频移性质很容易得到正弦信号函数 $\sin\Omega_0 t$ 和 $\cos\Omega_0 t$ 的傅里叶变换. 因为

$$\sin\Omega_0 t = \frac{1}{2i}(e^{i\Omega_0 t} - e^{-i\Omega_0 t}),$$

$$\cos\Omega_0 t = \frac{1}{2}(e^{i\Omega_0 t} + e^{-i\Omega_0 t}),$$

所以

$$\mathscr{F}[\sin\Omega_0 t] = \frac{1}{2i}(\mathscr{F}[e^{i\Omega_0 t}] - \mathscr{F}[e^{-i\Omega_0 t}]),$$

$$\mathscr{F}[\cos\Omega_0 t] = \frac{1}{2}(\mathscr{F}[e^{i\Omega_0 t}] + \mathscr{F}[e^{-i\Omega_0 t}]).$$

而 $e^{i\Omega_0 t}$ 和 $e^{-i\Omega_0 t}$ 可以看成单位直流信号受 $e^{i\Omega_0 t}$ 和 $e^{-i\Omega_0 t}$ 的调制,又已知单位直流信号函数的傅里叶变换为

$$\mathscr{F}[1] = 2\pi\delta(\Omega),$$

所以

$$\mathscr{F}[\sin\Omega_0 t] = \frac{1}{2i}(2\pi\delta(\Omega-\Omega_0) - 2\pi\delta(\Omega+\Omega_0))$$

$$= i\pi(\delta(\Omega+\Omega_0) - \delta(\Omega-\Omega_0)),$$

$$\mathscr{F}[\cos\Omega_0 t] = \frac{1}{2}(2\pi\delta(\Omega-\Omega_0) + 2\pi\delta(\Omega+\Omega_0))$$

$$= \pi(\delta(\Omega+\Omega_0) + \delta(\Omega-\Omega_0)).$$

注意,这个例子同时也说明了正弦信号的频谱是两根脉冲谱线.

6.3.7 微分性质

性质 6(微分性质) 若 $f(t) \xleftrightarrow{\mathscr{F}} F(\Omega)$,则

$$\frac{\mathrm{d}f(t)}{\mathrm{d}t} \xleftrightarrow{\mathscr{F}} \mathrm{i}\Omega F(\Omega).$$

证明 由于

$$f(t) = \frac{1}{2\pi}\int_{-\infty}^{+\infty} F(\Omega)\mathrm{e}^{\mathrm{i}\Omega t}\mathrm{d}\Omega,$$

两边求导数得

$$\frac{\mathrm{d}f(t)}{\mathrm{d}t} = \frac{1}{2\pi}\int_{-\infty}^{+\infty} \mathrm{i}\Omega F(\Omega)\mathrm{e}^{\mathrm{i}\Omega t}\mathrm{d}\Omega,$$

即

$$\frac{\mathrm{d}f(t)}{\mathrm{d}t} \xleftrightarrow{\mathscr{F}} \mathrm{i}\Omega F(\Omega).$$

这是一个重要性质，它将时域中的求导数变成频域中的频谱与 $\mathrm{i}\Omega$ 的乘积．

6.3.8 积分性质

性质 7（积分性质） 若 $f(t) \xleftrightarrow{\mathscr{F}} F(\Omega)$，则

$$\int_{-\infty}^{t} f(x)\mathrm{d}x \xleftrightarrow{\mathscr{F}} \frac{1}{\mathrm{i}\Omega}F(\Omega) + \pi F(\Omega)\delta(\Omega). \tag{6.19}$$

证明 我们有

$$\mathscr{F}\left[\int_{-\infty}^{t} f(x)\mathrm{d}x\right] = \int_{-\infty}^{+\infty}\left(\int_{-\infty}^{t} f(x)\mathrm{d}x\right)\mathrm{e}^{-\mathrm{i}\Omega t}\mathrm{d}t$$

$$= \int_{-\infty}^{+\infty}\left(\int_{-\infty}^{+\infty} f(x)u(t-x)\mathrm{d}x\right)\mathrm{e}^{-\mathrm{i}\Omega t}\mathrm{d}t.$$

交换上式后一个等号右端的积分次序，得

$$\mathscr{F}\left[\int_{-\infty}^{t} f(x)\mathrm{d}x\right] = \int_{-\infty}^{+\infty} f(x)\left[\int_{-\infty}^{+\infty} u(t-x)\mathrm{e}^{-\mathrm{i}\Omega t}\mathrm{d}t\right]\mathrm{d}x.$$

上式右端方括弧中的积分为单位阶跃函数 $u(t-x)$ 的傅里叶变换．由于

$$u(t) \xleftrightarrow{\mathscr{F}} \pi\delta(\Omega) + \frac{1}{\mathrm{i}\Omega},$$

从而

$$u(t-x) \xleftrightarrow{\mathscr{F}} \pi\delta(\Omega)\mathrm{e}^{-\mathrm{i}\Omega x} + \frac{1}{\mathrm{i}\Omega}\mathrm{e}^{-\mathrm{i}\Omega x},$$

所以

$$\mathscr{F}\left[\int_{-\infty}^{t} f(x)\mathrm{d}x\right] = \int_{-\infty}^{+\infty} f(x)\left(\pi\delta(\Omega)\mathrm{e}^{-\mathrm{i}\Omega x} + \frac{1}{\mathrm{i}\Omega}\mathrm{e}^{-\mathrm{i}\Omega x}\right)\mathrm{d}x$$

$$= \pi\delta(\Omega)\int_{-\infty}^{+\infty} f(x)\mathrm{e}^{-\mathrm{i}\Omega x}\mathrm{d}x + \frac{1}{\mathrm{i}\Omega}\int_{-\infty}^{+\infty} f(x)\mathrm{e}^{-\mathrm{i}\Omega x}\mathrm{d}x$$

$$= \pi\delta(\Omega)F(\Omega) + \frac{1}{\mathrm{i}\Omega}F(\Omega),$$

即(6.19)式成立.

习题 6.3

1. 若 $f(t) \xrightarrow{\mathscr{F}} F(\Omega)$，证明：
$$f(\pm\Omega) = \frac{1}{2\pi}\int_{-\infty}^{+\infty} F(\mp t)\mathrm{e}^{-\mathrm{i}\Omega t}\mathrm{d}t.$$

2. 若 $f(t) \xrightarrow{\mathscr{F}} F(\Omega)$，证明：
$$\frac{\mathrm{d}F(\Omega)}{\mathrm{d}\Omega} = \mathscr{F}[-\mathrm{i}t f(t)].$$

§6.4 卷积

上一节我们介绍了关于傅里叶变换的一些重要性质，本节将介绍关于傅里叶变换的另一类重要性质，它们都是分析线性系统的极为有用的工具．

6.4.1 卷积的概念与性质

定义 6.2 设 $f_1(t), f_2(t)$ 均是定义在实数域 **R** 上的函数．若广义积分

$$\int_{-\infty}^{+\infty} f_1(\tau)f_2(t-\tau)\mathrm{d}\tau$$

收敛，则称之为函数 $f_1(t)$ 与 $f_2(t)$ 的**卷积**，记为 $f_1(t)*f_2(t)$，即

$$f_1(t)*f_2(t) = \int_{-\infty}^{+\infty} f_1(\tau)f_2(t-\tau)\mathrm{d}\tau.$$

卷积是函数的一种运算，容易验证它满足如下运算律：

(1) **交换律**：$f_1(t)*f_2(t) = f_2(t)*f_1(t)$；

(2) **结合律**：$f_1(t)*(f_2(t)*f_3(t)) = (f_1(t)*f_2(t))*f_3(t)$；

(3) **对加法的分配律**：
$$f_1(t)*(f_2(t)+f_3(t)) = f_1(t)*f_2(t)+f_1(t)*f_3(t).$$

而且，卷积具有下列**基本性质**：

(1) $a(f_1(t)*f_2(t)) = (af_1(t))*f_2(t) = f_1(t)*(af_2(t))$（$a$ 为

实常数）；

(2) $\dfrac{\mathrm{d}}{\mathrm{d}t}(f_1(t) * f_2(t)) = \dfrac{\mathrm{d}f_1(t)}{\mathrm{d}t} * f_2(t) = f_1(t) * \dfrac{\mathrm{d}f_2(t)}{\mathrm{d}t}$；

(3) $\displaystyle\int_{-\infty}^{t}(f_1(\xi) * f_2(\xi))\mathrm{d}\xi = f_1(t) * \int_{-\infty}^{t} f_2(\xi)\mathrm{d}\xi = \int_{-\infty}^{t} f_1(\xi)\mathrm{d}\xi * f_2(t).$

另外，对于卷积还有不等式
$$|f_1(t) * f_2(t)| \leqslant |f_1(t)| * |f_2(t)|$$
成立，即函数卷积的绝对值小于或等于函数绝对值的卷积．

下面我们仅给出对加法的分配律的证明，其余结论的证明留给读者自行完成．

证明 根据卷积的定义，有
$$\begin{aligned}
&f_1(t) * (f_2(t) + f_3(t)) \\
&= \int_{-\infty}^{+\infty} f_1(\tau)(f_2(t-\tau) + f_3(t-\tau))\mathrm{d}\tau \\
&= \int_{-\infty}^{+\infty} f_1(\tau)f_2(t-\tau)\mathrm{d}\tau + \int_{-\infty}^{+\infty} f_1(\tau)f_3(t-\tau)\mathrm{d}\tau \\
&= f_1(t) * f_2(t) + f_1(t) * f_3(t),
\end{aligned}$$
即卷积满足对加法的分配律．

6.4.2 卷积定理

定理 6.1（时域卷积定理） 若 $f_1(t) \xleftrightarrow{\mathscr{F}} F_1(\Omega), f_2(t) \xleftrightarrow{\mathscr{F}} F_2(\Omega)$，则
$$f_1(t) * f_2(t) \xleftrightarrow{\mathscr{F}} F_1(\Omega)F_2(\Omega), \tag{6.20}$$
即时域上卷积函数的傅里叶变换等于函数傅里叶变换的乘积．

证明 我们有
$$f_1(t) * f_2(t) = \int_{-\infty}^{+\infty} f_1(\tau)f_2(t-\tau)\mathrm{d}\tau.$$
对上式两端进行傅里叶变换，有
$$\mathscr{F}[f_1(t) * f_2(t)] = \int_{-\infty}^{+\infty}\left(\int_{-\infty}^{+\infty} f_1(\tau)f_2(t-\tau)\mathrm{d}\tau\right)\mathrm{e}^{-\mathrm{i}\Omega t}\mathrm{d}t.$$
交换上式右端的积分次序，得
$$\begin{aligned}
\mathscr{F}[f_1(t) * f_2(t)] &= \int_{-\infty}^{+\infty} f_1(\tau)\left(\int_{-\infty}^{+\infty} f_2(t-\tau)\mathrm{e}^{-\mathrm{i}\Omega t}\mathrm{d}t\right)\mathrm{d}\tau \\
&= \int_{-\infty}^{+\infty} f_1(\tau)\mathrm{e}^{-\mathrm{i}\Omega\tau}\left[\int_{-\infty}^{+\infty} f_2(t-\tau)\mathrm{e}^{-\mathrm{i}\Omega(t-\tau)}\mathrm{d}(t-\tau)\right]\mathrm{d}\tau.
\end{aligned}$$
上式后一个等号右端方括弧中的积分就是 $f_2(t)$ 的傅里叶变换，所以

$$\mathscr{F}[f_1(t)*f_2(t)] = \int_{-\infty}^{+\infty} f_1(\tau) \mathrm{e}^{-\mathrm{i}\Omega\tau} F_2(\Omega) \mathrm{d}\tau$$
$$= F_2(\Omega) \int_{-\infty}^{+\infty} f_1(\tau) \mathrm{e}^{-\mathrm{i}\Omega\tau} \mathrm{d}\tau.$$

上式后一个等号右端的积分就是 $f_1(t)$ 的傅里叶变换,于是
$$\mathscr{F}[f_1(t)*f_2(t)] = F_1(\Omega) F_2(\Omega),$$
即(6.20)式成立.

定理 6.2 (频域卷积定理) 若 $f_1(t) \xleftrightarrow{\mathscr{F}} F_1(\Omega), f_2(t) \xleftrightarrow{\mathscr{F}} F_2(\Omega)$,则
$$f_1(t) f_2(t) \xleftrightarrow{\mathscr{F}} \frac{1}{2\pi} F_1(\Omega) * F_2(\Omega), \tag{6.21}$$

即时域上两个函数乘积的傅里叶变换等于这两个函数傅里叶变换的卷积乘以 $\frac{1}{2\pi}$.

证明 我们有
$$\frac{1}{2\pi} F_1(\Omega) * F_2(\Omega) = \frac{1}{2\pi} \int_{-\infty}^{+\infty} F_1(\lambda) F_2(\Omega - \lambda) \mathrm{d}\lambda.$$

对上式两端做傅里叶逆变换,有
$$\mathscr{F}^{-1} \left[\frac{1}{2\pi} F_1(\Omega) * F_2(\Omega) \right] = \frac{1}{2\pi} \int_{-\infty}^{+\infty} \left[\frac{1}{2\pi} \int_{-\infty}^{+\infty} F_1(\lambda) F_2(\Omega - \lambda) \mathrm{d}\lambda \right] \mathrm{e}^{\mathrm{i}\Omega t} \mathrm{d}\Omega.$$

交换上式右端的积分次序,得
$$\mathscr{F}^{-1} \left[\frac{1}{2\pi} F_1(\Omega) * F_2(\Omega) \right] = \frac{1}{2\pi} \int_{-\infty}^{+\infty} F_1(\lambda) \left[\frac{1}{2\pi} \int_{-\infty}^{+\infty} F_2(\Omega - \lambda) \mathrm{e}^{\mathrm{i}\Omega t} \mathrm{d}\Omega \right] \mathrm{d}\lambda$$
$$= \frac{1}{2\pi} \int_{-\infty}^{+\infty} F_1(\lambda) \mathrm{e}^{\mathrm{i}\lambda t} \left[\frac{1}{2\pi} \int_{-\infty}^{+\infty} F_2(\Omega - \lambda) \mathrm{e}^{\mathrm{i}(\Omega - \lambda)t} \mathrm{d}(\Omega - \lambda) \right] \mathrm{d}\lambda.$$

上式后一个等号右端方括号部分就是 $F_2(\Omega)$ 的傅里叶逆变换,于是
$$\mathscr{F}^{-1} \left[\frac{1}{2\pi} F_1(\Omega) * F_2(\Omega) \right] = \frac{1}{2\pi} \int_{-\infty}^{+\infty} F_1(\lambda) \mathrm{e}^{\mathrm{i}\lambda t} f_2(t) \mathrm{d}\lambda$$
$$= f_2(t) \left[\frac{1}{2\pi} \int_{-\infty}^{+\infty} F_1(\lambda) \mathrm{e}^{\mathrm{i}\lambda t} \mathrm{d}\lambda \right].$$

上式后一个等号右端方括号部分就是 $F_1(\Omega)$ 的傅里叶逆变换,所以
$$\mathscr{F}^{-1} \left[\frac{1}{2\pi} F_1(\Omega) * F_2(\Omega) \right] = f_2(t) f_1(t) = f_1(t) f_2(t),$$

即(6.21)式成立.

线性非时变系统理论俗称 LTI 系统理论,源自应用数学,主要应用于核磁共振频谱学、地震学、电路、信号处理和控制理论等领域.它研究的是线性非时变系统对任意输入信号的响应.虽然系统的轨迹通常是

随时间变化来测量和跟踪的,但是应用到图像处理和场论时,线性非时变系统在空间维度上也有轨迹. 在离散系统中线性非时变系统对应的术语是线性时不变平移系统. 由电阻、电容、电感组成的电路是线性非时变系统系统的一个很好的例子. 线性非时变系统的一个重要特性是,已知该系统的单位脉冲响应 $h(t)$ 时, 该系统对任何输入信号 $x(t)$ 的输出信号(称为**响应**)$y(t)$ 可以用卷积求出,即

$$y(t) = x(t) * h(t).$$

运用傅里叶变换的时域卷积定理,有

$$Y(\Omega) = X(\Omega) H(\Omega), \tag{6.22}$$

其中

$$y(t) \xleftrightarrow{\mathscr{F}} Y(\Omega), \quad x(t) \xleftrightarrow{\mathscr{F}} X(\Omega), \quad h(t) \xleftrightarrow{\mathscr{F}} H(\Omega).$$

也就是说,线性非时变系统对任意输入信号的响应的傅里叶变换等于输入信号的傅里叶变换与系统单位脉冲响应的傅里叶变换的乘积. 注意到线性非时变系统的单位脉冲响应 $h(t)$ 与输入信号 $x(t)$ 无关,只取决于系统的结构和参数,因此它的傅里叶变换 $H(\Omega)$ 也只与系统的结构和参数有关,而与输入信号 $x(t)$ 毫无关系. 这就是说, $H(\Omega)$ 从频域上反映了线性非时变系统的固有特性,我们称之为线性非时变系统的**频率特性**或**频率响应**.

为了进一步认识线性非时变系统频率响应的重要性,我们来研究线性非时变系统的输入信号 $x(t)$ 为复指数信号 $e^{ik\Omega_0 t}$ 时系统的响应 $y(t)$, 这里 k 为整数, Ω_0 为任意实常数. 假定线性非时变系统的单位脉冲响应为 $h(t)$, 频率响应为 $H(\Omega)$, 即 $\mathscr{F}[h(t)] = H(\Omega)$.

求线性非时变系统的响应,可以利用输入信号 $x(t)$ 与该系统的单位脉冲响应 $h(t)$ 的卷积, 也可以利用傅里叶变换的时域卷积定理, 这里采用后一种方法. 先求出输入信号 $x(t)$ 的傅里叶变换. 由于

$$x(t) = e^{ik\Omega_0 t},$$

所以输入信号 $x(t)$ 可以看成 $e^{ik\Omega_0 t}$ 与单位直流信号的乘积. 而

$$1 \xleftrightarrow{\mathscr{F}} 2\pi\delta(\Omega),$$

根据傅里叶变换的频移性质,有

$$e^{ik\Omega_0 t} \xleftrightarrow{\mathscr{F}} 2\pi\delta(\Omega - k\Omega_0),$$

因此

$$Y(\Omega) = 2\pi\delta(\Omega - k\Omega_0) H(\Omega).$$

根据单位脉冲函数的取样特性 $f(t)\delta(t - t_0) = f(t_0)\delta(t - t_0)$, 上式可以

写成
$$Y(\Omega)=2\pi H(k\Omega_0)\delta(\Omega-k\Omega_0),$$
所以
$$y(t)=\mathscr{F}^{-1}[Y(\Omega)]=H(k\Omega_0)\mathscr{F}^{-1}[2\pi\delta(\Omega-k\Omega_0)]$$
$$=H(k\Omega_0)\mathrm{e}^{\mathrm{i}k\Omega_0 t}.$$

以上分析表明，对于输入信号 $\mathrm{e}^{\mathrm{i}k\Omega_0 t}$，线性非时变系统的响应为 $H(k\Omega_0)\cdot\mathrm{e}^{\mathrm{i}k\Omega_0 t}$，这里 $H(k\Omega_0)$ 为复常数，因此指数函数通常称为线性非时变系统的**特征函数**[①]. 如果将 $H(k\Omega_0)$ 写成指数形式：
$$H(k\Omega_0)=|H(k\Omega_0)|\mathrm{e}^{\mathrm{i}\arg H(k\Omega_0)},$$
则
$$y(t)=|H(k\Omega_0)|\mathrm{e}^{\mathrm{i}k\Omega_0 t+\mathrm{i}\arg H(k\Omega_0)}.$$

上式与输入信号相比较可见，输入与输出具有相同的形式，只是输出的幅度增大或缩小为 $|H(k\Omega_0)|$ 倍，相位增加了 $\arg H(k\Omega_0)$ 弧度，所以 $H(k\Omega_0)$ 实际上反映了线性非时变系统对频率为 $k\Omega_0$ 的复指数信号的传输能力. 当 k 取不同值时，对应的 $|H(k\Omega_0)|$ 和 $\arg H(k\Omega_0)$ 也取相应的值. 也就是说，在知道了线性非时变系统的频率响应后，该系统对输入信号 $\mathrm{e}^{\mathrm{i}k\Omega_0 t}$ 的传输能力也就确定了.

任意给定的周期为 T 的周期信号 $x(t)$ 可以展开成傅里叶级数，即
$$x(t)=\sum_{k=-\infty}^{+\infty}X_k\mathrm{e}^{\mathrm{i}k\Omega_0 t},$$
其中 $\Omega_0=\dfrac{2\pi}{T}$ 为基波角频率；X_k 为傅里叶系数（可以是复数），它由下式确定：
$$X_k=\frac{1}{T}\int_{-\frac{T}{2}}^{\frac{T}{2}}x(t)\mathrm{e}^{-\mathrm{i}k\Omega_0 t}\mathrm{d}t.$$

根据前面分析的结果，一个线性非时变系统对这个周期信号的每个分量 $X_k\mathrm{e}^{\mathrm{i}k\Omega_0 t}(k=0,\pm1,\pm2,\cdots)$ 的响应为
$$X_k H(k\Omega_0)\mathrm{e}^{\mathrm{i}k\Omega_0 t},$$
于是该系统的响应为
$$y(t)=\sum_{k=-\infty}^{+\infty}X_k H(k\Omega_0)\mathrm{e}^{\mathrm{i}k\Omega_0 t}.$$

对于非周期信号，上式中的 $k\Omega_0$ 趋于连续变量 Ω，傅里叶系数 X_k 趋于信号的傅里叶变换 $X(\Omega)$，求和就变成积分，即有

[①] 若一个系统对某个输入信号的响应是一个常数（可以是复数）乘以该输入信号，则称这个输入信号为该系统的**特征函数**，而称幅度因子为该系统的**特征值**. 线性非时变系统的特征函数是复指数函数.

$$y(t) = \frac{1}{2\pi}\int_{-\infty}^{+\infty} X(\Omega)H(\Omega)\mathrm{e}^{\mathrm{i}\Omega t}\,\mathrm{d}\Omega.$$

因为 $y(t)=x(t)*h(t)$，所以

$$x(t)*h(t) \overset{\mathscr{F}}{\longleftrightarrow} X(\Omega)H(\Omega).$$

实际上，上式就是傅里叶变换的时域卷积定理所说表明的结果.

现在再来讨论一个例子. 设有一个线性非时变系统，它的单位脉冲响应为

$$h(t)=\delta(t-t_0).$$

这个系统对任何输入信号 $x(t)$ 的响应 $y(t)$ 可以由卷积求出，即

$$y(t) = x(t)*h(t) = \int_{-\infty}^{+\infty} x(\tau)\delta(t-t_0-\tau)\,\mathrm{d}\tau.$$

因为 $f(t)\delta(t-t_0)=f(t_0)\delta(t-t_0)$（单位脉冲函数的取样特性），所以

$$y(t) = \int_{-\infty}^{+\infty} x(\tau)\delta(t-t_0-\tau)\,\mathrm{d}\tau = \int_{-\infty}^{+\infty} x(\tau)\delta(\tau-(t-t_0))\,\mathrm{d}\tau$$

$$= x(t-t_0)\int_{-\infty}^{+\infty}\delta(\tau-(t-t_0))\,\mathrm{d}\tau = x(t-t_0).$$

可见，该系统是一个**延时系统**（仅对输入信号产生一个延时）. 而该系统的单位脉冲响应的傅里叶变换为

$$H(\Omega)=\mathscr{F}[\delta(t-t_0)]=\mathrm{e}^{-\mathrm{i}\Omega t_0}.$$

由上式可知，该系统的频率响应的模为 1，而相位为 $-\Omega t_0$，即相位与频率 Ω 呈线性关系. 这个结论很重要，具有普遍意义.

当线性非时变系统的输入与输出关系由下式给出时，称该系统为**微分系统**：

$$y(t)=\frac{\mathrm{d}x(t)}{\mathrm{d}t}.$$

对上式两端做傅里叶变换，由傅里叶变换的微分性质得

$$Y(\Omega)=\mathrm{i}\Omega X(\Omega),$$

所以微分系统的频率响应为

$$H(\Omega)=\frac{Y(\Omega)}{X(\Omega)}=\mathrm{i}\Omega.$$

当线性非时变系统的输入与输出关系由下式给出时，称该系统为**积分系统**：

$$y(t)=\int_{-\infty}^{t} x(\tau)\,\mathrm{d}\tau.$$

对上式两端做傅里叶变换，由傅里叶变换的积分性质得

$$Y(\Omega)=\frac{1}{\mathrm{i}\Omega}X(\Omega)+\pi X(\Omega)\delta(\Omega),$$

所以积分系统的频率响应为

$$H(\Omega) = \frac{1}{\mathrm{i}\Omega} + \pi\delta(\Omega).$$

延时器、微分器和积分器是控制系统中常见的基本单元,它们的频率响应依次就是上述延时系统、微分系统和积分系统的频率响应,所以我们讨论这些系统的频率响应有着极为重要的理论意义和实践价值.

习题 6.4

1. (1) 若函数 $f_1(t) = \mathrm{e}^{-\alpha t} u(t)$ (α 为实常数),$f_2(t) = u(t)\sin t$,求 $f_1(t) * f_2(t)$.

(2) 若函数 $f_1(t) = \begin{cases} 0, & t < 0 \\ \mathrm{e}^{-t}, & t \geq 0 \end{cases}$,$f_2(t) = \begin{cases} \sin t, & 0 \leq t \leq \dfrac{\pi}{2} \\ 0, & \text{其他} \end{cases}$,求 $f_1(t) * f_2(t)$.

2. 证明:

(1) $f_1(t) * f_2(t) = f_2(t) * f_1(t)$;

(2) $f_1(t) * (f_2(t) * f_3(t)) = (f_1(t) * f_2(t)) * f_3(t)$;

(3) $a(f_1(t) * f_2(t)) = (af_1(t)) * f_2(t) = f_1(t) * (af_2(t))$ (a 为实常数);

(4) $\dfrac{\mathrm{d}}{\mathrm{d}t}(f_1(t) * f_2(t)) = \dfrac{\mathrm{d}f_1(t)}{\mathrm{d}t} * f_2(t) = f_1(t) * \dfrac{\mathrm{d}f_2(t)}{\mathrm{d}t}$;

(5) $f(t) * \delta(t - t_0) = f(t - t_0)$;

(6) $f(t) * \delta'(t) = f'(t)$.

3. 相关函数的概念和卷积的概念一样,也是频谱分析中的一个重要概念. 设函数 $f(t)$ 表示某个信号,我们称反常积分

$$\int_{-\infty}^{+\infty} f(t) f(t + \tau) \mathrm{d}t$$

为信号 $f(t)$ 的 自相关函数(简称相关函数),用记号 $R(\tau)$ 表示,即

$$R(\tau) = \int_{-\infty}^{+\infty} f(t) f(t + \tau) \mathrm{d}t.$$

若 $F(\Omega) = \mathscr{F}[f(t)]$,则有

$$R(\tau) = \frac{1}{2\pi} \int_{-\infty}^{+\infty} |F(\Omega)|^2 \mathrm{e}^{\mathrm{i}\Omega\tau} \mathrm{d}\Omega,$$

其中 $|F(\Omega)|^2$ 称为信号 $f(t)$ 的**能量谱密度**,记为 $S(\Omega)$;同时,根据位移性质和能量谱密度的定义可以推得

$$S(\Omega) = \int_{-\infty}^{+\infty} R(\tau) e^{-i\Omega\tau} d\tau.$$

根据以上结论解答:

(1) 已知某个信号的相关函数为 $R(\tau) = \dfrac{1}{4} e^{-2a|\tau|}$,求它的能量谱密度 $S(\Omega)$,其中 $a > 0$;

(2) 已知某个信号的相关函数为 $R(\tau) = \dfrac{1}{2}\cos\omega_0\tau$ (ω_0 为常数),求它的能量谱密度 $S(\Omega)$.

*§6.5 周期函数的傅里叶变换

对于周期函数 $f(t)$,不能直接用傅里叶积分来求它的傅里叶变换,但它可以展开成傅里叶级数,即有

$$f(t) = \sum_{k=-\infty}^{+\infty} F_k e^{ik\Omega_0 t},$$

其中 $\Omega_0 = \dfrac{2\pi}{T}$,$T$ 为 $f(t)$ 的周期,$F_k(k=0, \pm 1, \pm 2, \cdots)$ 为傅里叶系数. 上式两边求傅里叶变换,得

$$F(\Omega) = \mathscr{F}\left[\sum_{k=-\infty}^{+\infty} F_k e^{ik\Omega_0 t}\right] = \sum_{k=-\infty}^{+\infty} F_k \mathscr{F}\left[e^{ik\Omega_0 t}\right].$$

因为 $\mathscr{F}[e^{ik\Omega_0 t}] = 2\pi\delta(\Omega - k\Omega_0)$,所以

$$F(\Omega) = 2\pi \sum_{k=-\infty}^{+\infty} F_k \delta(\Omega - k\Omega_0).$$

上式说明,周期函数在频域上由一串单位脉冲函数所组成,各单位脉冲函数的傅里叶变换正比于相应的傅里叶系数. 换言之,一个傅里叶系数为 $\{F_k\}$ 的周期函数的傅里叶变换,可以看成出现在谐波关系的频率上的一串单位脉冲函数,发生在第 k 次谐波频率 $k\Omega_0$ 上的单位脉冲函数的傅里叶变换是第 k 个傅里叶系数 F_k 的 2π 倍.

现在讨论一个有用的例子. 已知一个周期为 T 的周期性单位脉冲函数序列(图 6.10)

$$s(t) = \sum_{k=-\infty}^{+\infty} \delta(t - kT),$$

周期函数 $s(t)$ 的傅里叶系数为

$$F_k = \dfrac{1}{T} \int_{-\frac{T}{2}}^{\frac{T}{2}} \delta(t) e^{-ik\Omega_0 t} dt = \dfrac{1}{T},$$

所以它的傅里叶变换为
$$F(\Omega) = \frac{2\pi}{T}\sum_{k=-\infty}^{+\infty}\delta(\Omega - k\Omega_0).$$

由此可见,在时域上周期为 T 的周期性单位脉冲函数序列的傅里叶变换在频域上是一个周期为 $\Omega_0 = \dfrac{2\pi}{T}$ 的周期性脉冲函数序列,如图 6.11 所示. 注意到,当 T 增大时,Ω_0 减小,即时域中冲激周期(即脉冲函数的周期)增大时,频域中冲激周期(等于基波频率)就减小,这再一次表明了时域与频域之间存在相反关系.

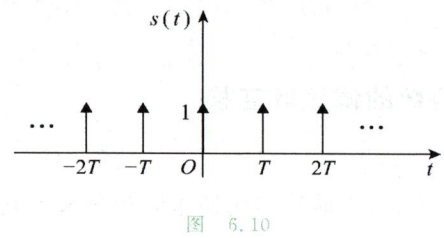

图 6.10

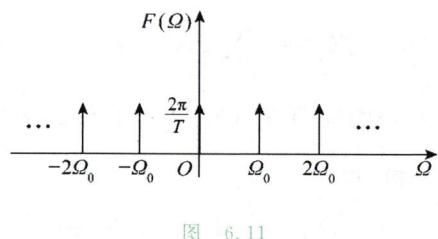

图 6.11

§6.6 抽样函数的傅里叶变换与抽样定理

由于数字信号处理技术具有许多模拟信号处理技术所没有的优点,现代科学技术中数字信号处理技术的运用极为普遍.然而,我们并不能用数字信号处理技术实现模拟信号处理技术所能完成的一切任务,所以在高科技领域中我们采用数字信号处理技术和模拟信号处理技术相结合的方式处理信号.图 6.12 给出了典型的数字信号处理系统的基本框架.图 6.12 中限带滤波器的作用是滤除模拟信号(连续信号)的高频成分、调整信号电平至某一频率范围内,使其他范围的频率分量衰减到极低水平,这时输出的信号还是连续信号;模-数转换器的作用是将模拟信号转换(抽样)为数字信号,这时得到的是离散信号;数字处理器对数字信号进行处理(加工),处理后信号仍然是离散的;数-模转换器将离散信号（准确地讲是数字信号）转换为连续信号，处理后信号又变为连续的；平滑滤波器的作用是对连续信号进行缩小高频、扩大低频的处理，并进行信号电平调整，这时输出信号为模拟信号.

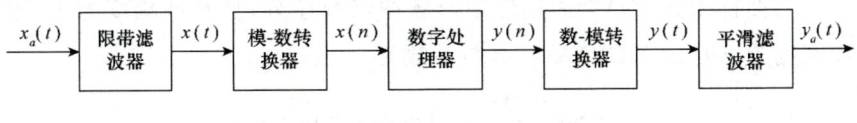

图 6.12

对于上述系统，自然会产生这样的问题：信号是传载信息的，一个模拟信号经上述处理后会不会丢失信息呢？这个问题又有两个内涵：一是将模拟信号转变成数字信号会不会丢失信息；二是将数字信号恢复为模拟信号后，能不能从恢复的模拟信号中得到需要的信息. 考察处理后是否丢失信息，常常通过两个方面来判别：一方面，考察这两个信号的频谱是否一致；另一方面，考察能否从一个信号恢复出另一个信号. 下面我们研究信号的抽样过程（也就是模拟信号转换为数字信号的过程）及其数学描述.

6.6.1 时域抽样

在一定条件下，一个连续信号完全可以用该信号在等间隔点上的样本值来表示，并且可以用这些样本值把原连续信号全部恢复出来，这就是抽样定理所要表述的意思. 抽样定理给我们用离散信号（数字信号）表示连续信号提供了理论依据.

设有连续信号 $f(t)$，每间隔时间 T 抽取一个样本值，所得的一系列样本值构成一个序列 $\{f(nT)\}$，

这时信号的抽样过程可以看成原信号 $f(t)$ 与一个周期为 T 的周期性单位脉冲函数序列 $s(t)$ 相乘的结果. 记

$$f_s(t) = f(t)s(t).$$

通常我们称 $f_s(t)$ 为**抽样信号**，而称 $s(t)$ 为时域上的**抽样函数**. 相应地，称 $f(t)$ 为**被抽样信号**.

实际上，可以用不同的抽样函数来实现抽样过程. 如果抽样函数 $s(t)$ 为周期函数，这时称它的周期为**抽样周期**，记为 T_s. 抽样周期的倒数 $\omega_s = \dfrac{1}{T_s}$ 称为**抽样频率**，而 $\Omega_s = 2\pi\omega_s$ 称为**抽样角频率**.

当抽样函数 $s(t)$ 为周期函数时，其傅里叶变换为

$$S(\Omega) = 2\pi \sum_{n=-\infty}^{+\infty} S_n \delta(\Omega - n\Omega_s),$$

其中 S_n 为 $s(t)$ 的傅里叶系数,即

$$S_n = \frac{1}{T_s}\int_{-\frac{T_s}{2}}^{\frac{T_s}{2}} s(t) e^{-in\Omega_0 t} dt \quad (n=0,\pm 1,\pm 2,\cdots).$$

当抽样函数 $s(t)$ 为周期性矩形脉冲函数序列,且脉冲幅度为 E,脉冲宽度为 τ 时,$s(t)$ 的傅里叶级数系数为

$$S_n = \frac{E\tau}{T_s} Sa\left(\frac{n\Omega_s \tau}{2}\right) \quad (n=0,\pm 1,\pm 2,\cdots).$$

若取 $E = \dfrac{T_s}{\tau}$,则

$$S_n = Sa\left(\frac{n\Omega_s \tau}{2}\right) \quad (n=0,\pm 1,\pm 2,\cdots).$$

可见, $Sa\left(\dfrac{n\Omega_s \tau}{2}\right)$ 在频域上起到抽样的作用,通常将它称为频域上的**抽样函数**. 于是

$$S(\Omega) = 2\pi \sum_{n=-\infty}^{+\infty} Sa\left(\frac{n\Omega_s \tau}{2}\right) \delta(\Omega - n\Omega_s).$$

因为 $f_s(t) = f(t)s(t)$,所以根据频域卷积定理,有

$$F_s(\Omega) = \frac{1}{2\pi} F(\Omega) * S(\Omega),$$

其中

$$f_s(t) \stackrel{\mathscr{F}}{\longleftrightarrow} F_s(\Omega),$$
$$f(t) \stackrel{\mathscr{F}}{\longleftrightarrow} F(\Omega),$$
$$s(t) \stackrel{\mathscr{F}}{\longleftrightarrow} S(\Omega).$$

于是

$$F_s(\Omega) = \frac{1}{2\pi} F(\Omega) * \left(2\pi \sum_{n=-\infty}^{+\infty} Sa\left(\frac{n\Omega_s \tau}{2}\right) \delta(\Omega - n\Omega_s)\right)$$
$$= \sum_{n=-\infty}^{+\infty} Sa\left(\frac{n\Omega_s \tau}{2}\right) F(\Omega) * \delta(\Omega - n\Omega_s)$$
$$= \sum_{n=-\infty}^{+\infty} Sa\left(\frac{n\Omega_s \tau}{2}\right) F(\Omega - n\Omega_s).$$

现在介绍限带信号的概念. 如果一个信号 $f(t)$ 的频谱仅在有限频域区间上取非零值,即

$$f(t) \stackrel{\mathscr{F}}{\longleftrightarrow} F(\Omega) = 0, \quad |\Omega| > \Omega_M,$$

其中 Ω_M 为某个正数,则称这个信号为**限带信号**,有时候也称为**带限信号**.

假设被抽样信号 $f(t)$ 是一个限带信号,具有如图 6.13 所示的频谱(这里仅考虑幅度频谱),则当抽样函数 $s(t)$ 为周期性矩形脉冲函数序列时,抽样信号 $f_s(t)$ 的频谱为

$$F_s(\Omega) = \sum_{n=-\infty}^{+\infty} Sa\left(\frac{n\Omega_s \tau}{2}\right) F(\Omega - n\Omega_s),$$

其中 τ 为抽样函数的脉冲宽度,且取脉冲幅度为 $E = \dfrac{T_s}{\tau}$. 为了简便起见,设 $\tau = 2$,则有

$$F_s(\Omega) = \sum_{n=-\infty}^{+\infty} Sa(n\Omega_s) F(\Omega - n\Omega_s),$$

其中 $Sa(n\Omega_s)$ 具有图 6.14 所示的图形. 假定 $\Omega_s > 2\Omega_M$,则可以画出抽样信号的频谱,如图 6.15 所示.

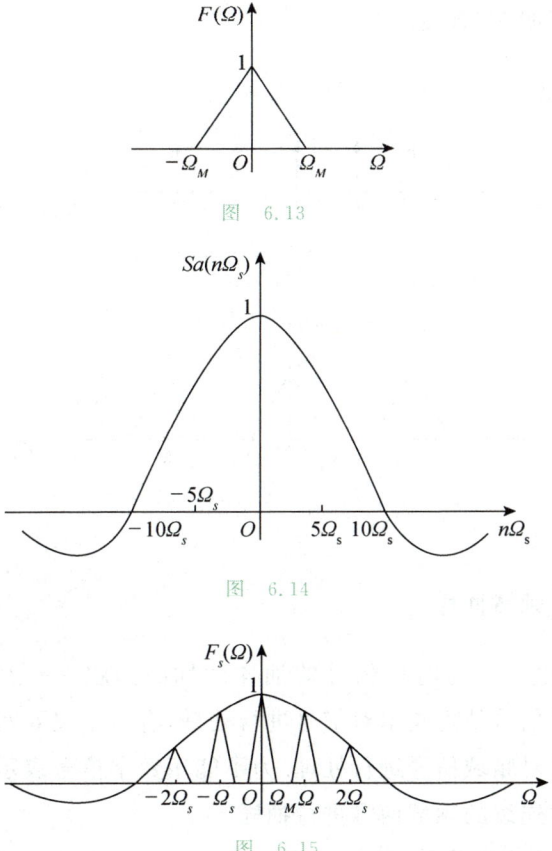

图 6.13

图 6.14

图 6.15

从图 6.15 可以看出,用周期性矩形脉冲函数序列 $s(t)$ 抽样时(这是最接近工程实际的情况),$F_s(\Omega)$ 在以 Ω_s 为间隔的离散点上重复原信号的频谱 $F(\Omega)$,其幅度以抽样函数 $Sa(n\Omega_s)$ 的规律变化.

当抽样函数 $s(t)$ 为周期性单位脉冲函数序列,即

$$s(t) = \sum_{n=-\infty}^{+\infty} \delta(t - nT_s)$$

时,其图形由图 6.16 给出,显然它也是一个周期函数,其周期为 T_s(抽样周期),傅里叶级数系数为 $S_n = \dfrac{1}{T_s}(n=0,\pm 1,\pm 2,\cdots)$,所以

$$F(\Omega) = \sum_{n=-\infty}^{+\infty} \frac{1}{T_s} F(\Omega - n\Omega_s).$$

这里我们仍假设 $\Omega_s > 2\Omega_M$,这时抽样信号 $f_s(t)$ 的频谱 $F_s(\Omega)$ 如图 6.17 所示.由于脉冲函数的频谱为直流信号函数,所以在周期性单位脉冲函数序列的调制下,抽样信号 $f_s(t)$ 的频谱 $F_s(\Omega)$ 在以 Ω_s 为间隔的离散点上重复被抽样信号 $f(t)$ 的频谱 $F(\Omega)$,其形状不变,但其幅度变为 $\dfrac{1}{T_s}$ 倍,与抽样周期 T_s 有关.

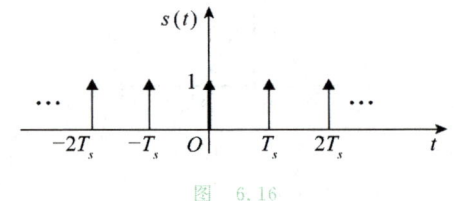

图 6.16

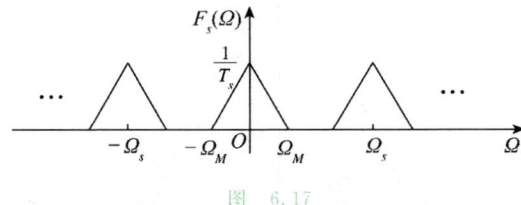

图 6.17

6.6.2 频域抽样

现在讨论一个与时域信号的抽样对称的问题——频域信号的抽样.运用数字信号处理技术对信号进行处理,有时不仅要对时域信号进行处理,还要对频域信号进行处理.为了能用数字信号表示连续的频域信号,需要对连续的频域信号进行抽样.

设 $f(t)$ 为连续信号,且

$$f(t) \xleftrightarrow{\mathscr{F}} F(\Omega),$$

这里 Ω 是连续的频域变量.现以频域中间隔为 Ω_1 的周期性单位脉冲函数序列 $\delta_{\Omega_1}(\Omega)$ 进行抽样,即

$$\delta_{\Omega_1}(\Omega) = \sum_{k=-\infty}^{+\infty} \delta(\Omega - k\Omega_1),$$

则频域抽样信号为

$$F_s(\Omega) = F(\Omega)\delta_{\Omega_1}(\Omega).$$

因为

$$\mathscr{F}^{-1}\Big[\sum_{k=-\infty}^{+\infty} \delta(\Omega - k\Omega_1)\Big] = \frac{1}{\Omega_1} \sum_{k=-\infty}^{+\infty} \delta(t - kT_1),$$

其中 $T_1 = \dfrac{2\pi}{\Omega_1}$,所以根据频域卷积定理,有

$$f_s(t) = \mathscr{F}^{-1}[F_s(\Omega)] = \mathscr{F}^{-1}[F(\Omega)\delta_{\Omega_1}(\Omega)]$$

$$= f(t) * \Big(\frac{1}{\Omega_1} \sum_{k=-\infty}^{+\infty} \delta(t - kT_1)\Big)$$

$$= \frac{1}{\Omega_1} \sum_{k=-\infty}^{+\infty} f(t - kT_1).$$

如果 $f(t)$ 为在有限时间区间上取非零值的信号(称为**时限信号**),即

$$f(t) = 0, \quad |t| > t_M > 0$$

(其中 t_M 为某个正数),且具有如图 6.18 所示的图形,则频域抽样信号的时域波形如图 6.19 所示.

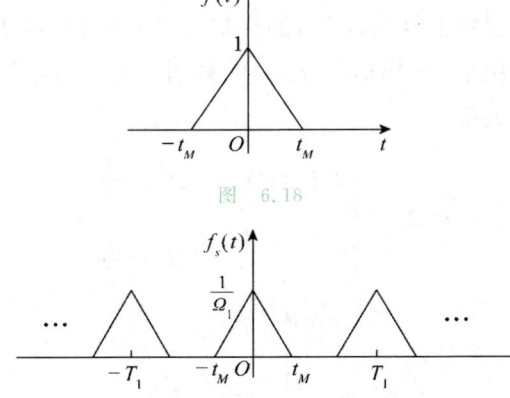

图 6.18

图 6.19

6.6.3 抽样定理

定理 6.3 (**时域抽样定理**) 设 $f(t)$ 是限带信号,在 $|\Omega| > \Omega_M$ 时,其频谱 $F(\Omega) = 0$. 如果抽样频率 $\Omega_s > 2\Omega_M$,其中 $\Omega_s = \dfrac{2\pi}{T_s}$,那么 $f(t)$ 就唯一地由其样本值 $f(nT_s)$ ($n = 0, \pm 1, \pm 2, \cdots$) 所确定. 已知这样的

样本值,可以用如下方法重建 $f(t)$:首先,产生一个等时距的脉冲函数序列,其脉冲幅度就是这些依次而来的样本值;然后,让该脉冲函数序列通过一个增益为 T_s,截取频率范围为 $(\Omega_M, \Omega_s - \Omega_M)$ 的理想低通滤波器,该滤波器的输出就是 $f(t)$.

定理证明略.

在时域抽样定理中,抽样频率必须大于 $2\Omega_M$. 通常称频率 $2\Omega_M$ 为**奈奎斯特(Nyguist)率**,而称对应于 $\dfrac{1}{2}$ 奈奎斯特率的频率 Ω_M 为**奈奎斯特频率**.

现在我们来讨论信号的恢复. 设信号 $f(t)$ 是限带信号,信号的最高频率(角频率)为 Ω_M,假定 $f(t)$ 具有如图 6.20 所示的频谱,抽样频率 Ω_s 大于 $2\Omega_M$. 若已知抽样信号 $f_s(t)$,如何恢复出原信号 $f(t)$ 呢? 下面来讨论这个问题.

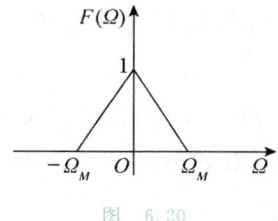

图 6.20

注意到,在理想抽样情况下,抽样信号 $f_s(t)$ 的频谱 $F_s(\Omega)$ 具有如图 6.21 所示的图形. 抽样信号 $f_s(t)$ 的频谱 $F_s(\Omega)$ 与原信号 $f(t)$ 的频谱 $F(\Omega)$ 有如下关系:

$$F(\Omega) = \begin{cases} T_s F_s(\Omega), & |\Omega| < \dfrac{\Omega_s}{2}, \\ 0, & |\Omega| \geqslant \dfrac{\Omega_s}{2}. \end{cases}$$

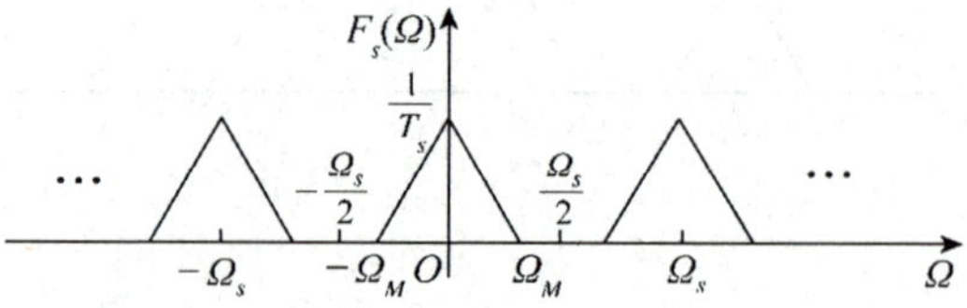

图 6.21

设有一个信号 $h(t)$,它具有如图 6.22 所示的频谱,即

$$H(\Omega) = \begin{cases} T_s, & |\Omega| < \dfrac{\Omega_s}{2}, \\ 0, & |\Omega| \geqslant \dfrac{\Omega_s}{2} \end{cases}$$

（实际上，这是一个理想低通滤波器的频谱），于是有
$$F(\Omega)=F_s(\Omega)H(\Omega).$$

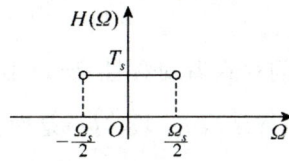

图 6.22

根据时域卷积定理，有
$$f(t)=f_s(t)*h(t),$$
其中
$$h(t)=\mathscr{F}^{-1}[H(\Omega)]=\frac{1}{2\pi}\int_{-\frac{\Omega_s}{2}}^{\frac{\Omega_s}{2}}T_s\mathrm{e}^{\mathrm{i}\Omega t}\mathrm{d}\Omega=Sa\left(\frac{\Omega_s t}{2}\right),$$

$$f_s(t)=f(t)s(t)=f(t)\sum_{n=-\infty}^{+\infty}\delta(t-nT_s)$$
$$=\sum_{n=-\infty}^{+\infty}f(t)\delta(t-nT_s)$$
$$=\sum_{n=-\infty}^{+\infty}f(nT_s)\delta(t-nT_s),$$

这里
$$\frac{1}{2\pi}\int_{-\frac{\Omega_s}{2}}^{\frac{\Omega_s}{2}}T_s\mathrm{e}^{\mathrm{i}\Omega t}\mathrm{d}\Omega=\frac{T_s}{2\pi}\cdot\frac{1}{\mathrm{i}t}\mathrm{e}^{\mathrm{i}\Omega t}\bigg|_{-\frac{\Omega_s}{2}}^{\frac{\Omega_s}{2}}=\frac{1}{\mathrm{i}\Omega_s t}\left(\mathrm{e}^{\mathrm{i}\frac{\Omega_s t}{2}}-\mathrm{e}^{-\mathrm{i}\frac{\Omega_s t}{2}}\right)$$
$$=\frac{2}{\Omega_s t}\sin\frac{\Omega_s t}{2}=Sa\left(\frac{\Omega_s t}{2}\right),$$

所以
$$f(t)=\left(\sum_{n=-\infty}^{+\infty}f(nT_s)\delta(t-nT_s)\right)*Sa\left(\frac{\Omega_s t}{2}\right)$$
$$=\sum_{n=-\infty}^{+\infty}f(nT_s)\delta(t-nT_s)*Sa\left(\frac{\Omega_s t}{2}\right)$$
$$=\sum_{n=-\infty}^{+\infty}f(nT_s)Sa\left(\frac{\Omega_s(t-nT_s)}{2}\right),$$

从而
$$f(t)=\sum_{n=-\infty}^{+\infty}f(nT_s)Sa\left(\frac{\Omega_s t}{2}-n\pi\right).$$

上面两个式子给出了由信号的样本值 $f(nT_s)$ ($n=0,\pm1,\pm2,\cdots$) 恢复出原信号 $f(t)$ 的公式. 注意到，当信号的抽样频率一定时，抽样函数 $Sa\left(\frac{\Omega_s(t-nT_s)}{2}\right)$ 或 $Sa\left(\frac{\Omega_s t}{2}-n\pi\right)$ 也就确定了，即抽样函数的取值与

信号无关，而且在推导这两个公式的过程中没有做任何近似，所以根据这两个公式可以精确地由样本值恢复出原信号. 这就是时域抽样定理所表述的含义.

由于时域与频域之间存在着对称性，所以不难得出下面的定理.

定理 6.4（频域抽样定理） 设 $f(t)$ 是时限信号，即有 $f(t)=0$，$|t|>t_M$. 如果在频域中以不大于 $\dfrac{1}{2t_M}$ 的频率间隔对信号 $f(t)$ 的频谱 $F(\Omega)$ 进行抽样，则抽样所得频谱 $F_s(\Omega)$ 可以唯一地表示原信号 $f(t)$.

第 7 章 拉普拉斯变换

拉普拉斯变换是工程数学中常用的一种积分变换,又称拉氏变换.拉普拉斯变换将一个实变函数转换为一个复变函数,可视作傅里叶变换的改良和推广.它在许多工程技术和科学研究领域中有着广泛的应用,特别是在力学系统、电学系统、自动控制系统、可靠性系统以及随机服务系统等系统科学中起着重要的作用.

§7.1 拉普拉斯变换的概念

7.1.1 拉普拉斯变换

定义 7.1 设 $f(t)$ 是定义在区间 $[0,+\infty)$ 上的实变函数. 若反常积分

$$F(s) = \int_0^{+\infty} f(t) e^{-st} dt \quad (s \text{ 是复参数}) \tag{7.1}$$

在关于 s 的某一区域内收敛,则称 $F(s)$ 为函数 $f(t)$ 的**拉普拉斯变换**或**拉氏变换**,记为

$$F(s) = \mathscr{L}[f(t)]. \tag{7.2}$$

例 7.1 求单位阶跃函数 $u(t) = \begin{cases} 0, & t \leqslant 0 \\ 1, & t > 0 \end{cases}$ 的拉普拉斯变换.

解 根据拉普拉斯变换的定义,有

$$\mathscr{L}[u(t)] = \int_0^{+\infty} e^{-st} dt.$$

这个反常积分在 $\mathrm{Re}(s) > 0$ 时收敛,而且有

$$\int_0^{+\infty} e^{-st} dt = -\frac{1}{s} e^{-st} \Big|_0^{+\infty} = \frac{1}{s},$$

所以

$$\mathscr{L}[u(t)] = \frac{1}{s} \quad (\mathrm{Re}(s) > 0).$$

例 7.2 求指数函数 $f(t) = e^{kt}$ (k 为实常数)的拉普拉斯变换.

解 根据拉普拉斯变换的定义,有

$$\mathscr{L}[f(t)] = \int_0^{+\infty} e^{kt} \cdot e^{-st} dt = \int_0^{+\infty} e^{-(s-k)t} dt.$$

这个反常积分在 $\mathrm{Re}(s) > k$ 时收敛,而且有

$$\int_0^{+\infty} e^{-(s-k)t} dt = \frac{1}{s-k},$$

所以

$$\mathscr{L}[f(t)] = \mathscr{L}[e^{kt}] = \frac{1}{s-k} \quad (\mathrm{Re}(s) > k).$$

7.1.2 拉普拉斯变换存在定理

从上面两个例子可见,虽然拉普拉斯变换存在的条件要比傅里叶变换存在的条件弱很多,但是对一个函数求拉普拉斯变换也需要具备一些条件. 那么,一个函数满足什么条件时,它的拉普拉斯变换存在呢? 下面的定理回答了这个问题.

定理 7.1（拉普拉斯变换存在定理） 若函数 $f(t)$ 满足下列条件：

(1) 在 $t \geqslant 0$ 的任意有限区间内分段连续；

(2) 当 $t \to +\infty$ 时, $f(t)$ 的增长速度不超过某一指数函数,即存在常数 $M>0$ 及 $c \geqslant 0$,使得

$$|f(t)| \leqslant M\mathrm{e}^{ct} \quad (0 \leqslant t < +\infty), \tag{7.3}$$

则 $f(t)$ 的拉普拉斯变换 $F(s) = \int_0^{+\infty} f(t)\mathrm{e}^{-st}\mathrm{d}t$ 在区域 $\mathrm{Re}(s) > c$ 上一定存在,且 $F(s)$ 是 s 的解析函数.

我们略去此定理的证明. 这个定理的两个条件是充分的,物理学和工程技术中常见的函数大都满足这两个条件. 由此可见,相比傅里叶变换,拉普拉斯变换的应用将更为广泛.

7.1.3 周期函数的拉普拉斯变换

在实际应用中,我们常常会遇到周期函数. 关于周期函数的拉普拉斯变换,有如下结论：

对于以 T 为周期的函数 $f(t)$,即 $f(t+T) = f(t)\,(T>0)$,当 $f(t)$ 在一个周期上分段连续时,有

$$\mathscr{L}[f(t)] = \frac{1}{1-\mathrm{e}^{-sT}}\int_0^T f(t)\mathrm{e}^{-st}\mathrm{d}t \quad (\mathrm{Re}(s) > 0).$$

此结论的证明可参阅相关的文献.

例 7.3 求全波整流后的正弦波 $f(t) = |\sin\omega t|\,(\omega > 0)$ 的拉普拉斯变换.

解 $f(t)$ 的周期为 $T = \dfrac{\pi}{\omega}$,于是有

$$\mathscr{L}[f(t)] = \frac{1}{1-\mathrm{e}^{-sT}}\int_0^T \mathrm{e}^{-st}\sin\omega t\,\mathrm{d}t = \frac{1}{1-\mathrm{e}^{-sT}} \cdot \left.\frac{\mathrm{e}^{-st}(-s\sin\omega t - \omega\cos\omega t)}{s^2+\omega^2}\right|_0^T$$

$$= \frac{\omega}{s^2+\omega^2} \cdot \frac{1+\mathrm{e}^{-sT}}{1-\mathrm{e}^{-sT}} \quad (\mathrm{Re}(s) > 0).$$

习题 7.1

1. 用定义求下列函数的拉普拉斯变换：

(1) $f(t) = \sin\dfrac{t}{2}$；   (2) $f(t) = e^{-2t}$；   (3) $f(t) = t^2$；

(4) $f(t) = \sin t \cos t$；   (5) $f(t) = \cos^2 t$；   (6) $f(t) = \sin^2 t$.

2. 求下列函数的拉普拉斯变换：

(1) $f(t) = \begin{cases} 3, & 0 \leqslant t < 2, \\ -1, & 2 \leqslant t < 4, \\ 0, & t \geqslant 4; \end{cases}$ (2) $f(t) = \begin{cases} 3, & t < \dfrac{\pi}{2}, \\ \cos t, & t > \dfrac{\pi}{2}; \end{cases}$

(3) $f(t) = e^{2t} + 5\delta(t)$；   (4) $f(t) = \delta(t)\cos t - u(t)\sin t$.

3. 求周期函数 $f(t)$（周期 $T = 2\pi$）的拉普拉斯变换，已知 $f(t)$ 在一个周期内的表达式如下：

$$f(t) = \begin{cases} \sin t, & 0 < t \leqslant \pi, \\ 0, & \pi < t \leqslant 2\pi. \end{cases}$$

§7.2 拉普拉斯变换的性质

这一节我们将介绍拉普拉斯变换的几个基本性质，它们在拉普拉斯变换的应用中起着重要的作用．

7.2.1 线性性质

由拉普拉斯变换的定义容易得到如下性质：

性质 1（线性性质） 设 α,β 为常数，且

$$\mathscr{L}[f_1(t)] = F_1(s), \quad \mathscr{L}[f_2(t)] = F_2(s),$$

则

$$\mathscr{L}[\alpha f_1(t) + \beta f_2(t)] = \alpha F_1(s) + \beta F_2(s). \tag{7.4}$$

7.2.2 微分性质

性质 2（微分性质） 若 $\mathscr{L}[f(t)] = F(s)$，则

$$\mathscr{L}[f'(t)] = sF(s) - f(0). \tag{7.5}$$

证明 根据拉普拉斯变换的定义及分部积分公式,有

$$\mathcal{L}[f'(t)] = \int_0^{+\infty} f'(t) \mathrm{e}^{-st} \mathrm{d}t$$

$$= f(t) \mathrm{e}^{-st} \Big|_0^{+\infty} + s \int_0^{+\infty} f(t) \mathrm{e}^{-st} \mathrm{d}t$$

$$= s \mathcal{L}[f(t)] - f(0),$$

所以

$$\mathcal{L}[f'(t)] = sF(s) - f(0).$$

推论 1 若 $\mathcal{L}[f(t)] = F(s)$,则

$$\mathcal{L}[f^{(n)}(t)] = s^n F(s) - s^{n-1} f(0) - \cdots - f^{(n-1)}(0). \quad (7.6)$$

特别地,当 $f(0) = f'(0) = \cdots = f^{(n-1)}(0) = 0$ 时,有

$$\mathcal{L}[f'(t)] = sF(s), \quad \mathcal{L}[f''(t)] = s^2 F(s), \quad \cdots,$$

$$\mathcal{L}[f^{(n)}(t)] = s^n F(s).$$

例 7.4 求函数 $f(t) = \cos kt$(k 为实常数)的拉普拉斯变换.

解 由于 $f(0) = 1, f'(0) = 0$,而 $f''(t) = -k^2 \cos kt$,因此

$$\mathcal{L}[-k^2 \cos kt] = \mathcal{L}[f''(t)] = s^2 \mathcal{L}[f(t)] - sf(0) - f'(0),$$

即

$$-k^2 \mathcal{L}[\cos kt] = s^2 \mathcal{L}[\cos kt] - s,$$

从而

$$\mathcal{L}[f(t)] = \mathcal{L}[\cos kt] = \frac{s}{s^2 + k^2} \quad (\mathrm{Re}(s) > 0).$$

例 7.5 求函数 $f(t) = t^m$(m 是正整数)的拉普拉斯变换.

解 因为 $f(0) = f'(0) = \cdots = f^{(m-1)}(0) = 0$,而 $f^{(m)}(t) = m!$,所以

$$\mathcal{L}[m!] = \mathcal{L}[f^{(m)}(t)]$$

$$= s^m \mathcal{L}[f(t)] - s^{m-1} f(0) - s^{m-2} f'(0) - \cdots - f^{(m-1)}(0)$$

$$= s^m \mathcal{L}[t^m].$$

又有

$$\mathcal{L}[m!] = m! \mathcal{L}[1] = \frac{m!}{s} \quad (\mathrm{Re}(s) > 0),$$

从而

$$\mathcal{L}[f(t)] = \mathcal{L}[t^m] = \frac{m!}{s^{m+1}} \quad (\mathrm{Re}(s) > 0).$$

由拉普拉斯变换的定义,还可以证明如下关于拉普拉斯变换像函数的微分性质:

若 $\mathscr{L}[f(t)] = F(s)$,则
$$F'(s) = \mathscr{L}[-tf(t)]. \tag{7.7}$$

一般地,有
$$F^{(n)}(s) = \mathscr{L}[(-t)^n f(t)]. \tag{7.8}$$

7.2.3 积分性质

性质 3(积分性质) 若 $\mathscr{L}[f(t)] = F(s)$,则
$$\mathscr{L}\left[\int_0^t f(t)\mathrm{d}t\right] = \frac{1}{s}F(s). \tag{7.9}$$

证明 设 $h(t) = \int_0^t f(t)\mathrm{d}t$,则
$$h'(t) = f(t), \quad \text{且} \quad h(0) = 0.$$

由拉普拉斯变换的微分性质有
$$\mathscr{L}[h'(t)] = s\mathscr{L}[h(t)] - h(0) = s\mathscr{L}[h(t)],$$

所以
$$\mathscr{L}\left[\int_0^t f(t)\mathrm{d}t\right] = \frac{1}{s}\mathscr{L}[f(t)] = \frac{1}{s}F(s).$$

这个性质表明,一个函数积分的拉普拉斯变换等于这个函数的拉普拉斯变换除以复参数 s. 重复应用此性质,就可以得到
$$\mathscr{L}\left[\int_0^t \mathrm{d}t \int_0^t \mathrm{d}t \cdots \int_0^t f(t)\mathrm{d}t\right] = \frac{1}{s^n}F(s).$$

另外,由拉普拉斯变换的定义,还可以得到如下关于拉普拉斯变换像函数的积分性质:

若 $\mathscr{L}[f(t)] = F(s)$,则
$$\int_0^{+\infty} F(s)\mathrm{d}s = \mathscr{L}\left[\frac{f(t)}{t}\right]. \tag{7.10}$$

7.2.4 位移性质

由拉普拉斯变换的定义,不难证明下面的性质成立.

性质 4(位移性质) 若 $\mathscr{L}[f(t)] = F(s)(\mathrm{Re}(s) > c, c$ 为某个实数$)$,则
$$\mathscr{L}[\mathrm{e}^{at}f(t)] = F(s-a) \quad (a \text{ 为常数},\text{且 } \mathrm{Re}(s-a) > c).$$
$$\tag{7.11}$$

例 7.6 求 $\mathscr{L}(e^{at}t^m)$（a 为常数）．

解 由于
$$\mathscr{L}[t^m] = \frac{m!}{s^{m+1}} \quad (\mathrm{Re}(s) > 0),$$
利用位移性质可得
$$\mathscr{L}[e^{at}t^m] = \frac{m!}{(s-a)^{m+1}} \quad (\mathrm{Re}(s-a) > 0).$$

7.2.5 延迟性质

性质 5（延迟性质） 若 $\mathscr{L}[f(t)] = F(s)$，且当 $t < 0$ 时，$f(t) = 0$，则对于任意非负实数 τ，有
$$\mathscr{L}[f(t-\tau)] = e^{-s\tau} F(s). \tag{7.12}$$

证明
$$\begin{aligned}
\mathscr{L}[f(t-\tau)] &= \int_0^{+\infty} f(t-\tau) e^{-st} \mathrm{d}t \\
&= \int_0^{\tau} f(t-\tau) e^{-st} \mathrm{d}t + \int_\tau^{+\infty} f(t-\tau) e^{-st} \mathrm{d}t \\
&= \int_\tau^{+\infty} f(t-\tau) e^{-st} \mathrm{d}t \\
&\xrightarrow{\diamondsuit\, t-\tau = u} e^{-s\tau} \int_0^{+\infty} f(u) e^{-su} \mathrm{d}u \\
&= e^{-s\tau} F(s).
\end{aligned}$$

例 7.7 求函数 $u(t-\tau) = \begin{cases} 0, & t \leqslant \tau \\ 1, & t > \tau \end{cases}$ 的拉普拉斯变换．

解 由 $\mathscr{L}[u(t)] = \dfrac{1}{s}$ $(\mathrm{Re}(s) > 0)$，根据拉普拉斯的延迟性质，有
$$\mathscr{L}[u(t-\tau)] = \frac{1}{s} e^{-s\tau} \quad (\mathrm{Re}(s) > 0).$$

习题 7.2

1. 利用拉普拉斯变换的性质求下列函数的拉普拉斯变换：
 (1) $f(t) = 1 - te^t$； (2) $f(t) = (t-1)^2 e^t$； (3) $f(t) = e^{-2t} \sin 6t$；
 (4) $f(t) = u(3t-5)$； (5) $f(t) = u(1 - e^{-t})$．

2. 若 $\mathscr{L}[f(t)]=F(s)$,证明拉普拉斯变换像函数的积分性质:
$$\int_0^{+\infty} F(s)\mathrm{d}s = \mathscr{L}\left[\frac{f(t)}{t}\right].$$
利用此结论,求下列函数的拉普拉斯变换:

(1) $f(t)=\dfrac{\sin kt}{t}$ (k 为实常数); (2) $f(t)=\dfrac{\mathrm{e}^{-3t}\sin 2t}{t}$.

§7.3 拉普拉斯逆变换

在许多工程问题中,需要根据拉普拉斯变换的像函数 $F(s)$ 来求原像函数 $f(t)$. 本节将给出解决此问题的一般方法:先由像函数 $F(s)$ 写出原像函数 $f(t)$ 的表达式,然后利用留数求出原像函数 $f(t)$.

定义 7.2 已知函数 $F(s)$,令 $s=\beta+\mathrm{i}\omega$,称
$$f(t) = \frac{1}{2\pi\mathrm{i}}\int_{\beta-\infty\mathrm{i}}^{\beta+\infty\mathrm{i}} F(s)\mathrm{e}^{st}\mathrm{d}s \quad (t>0)$$
为 $F(s)$ 的**拉普拉斯逆变换**或**拉普拉斯反演积分**,记作
$$f(t)=\mathscr{L}^{-1}[F(s)].$$

可以证明,若函数 $f(t)$ 为函数 $F(s)$ 的拉普拉斯逆变换,则 $F(s)$ 为 $f(t)$ 的拉普拉斯变换,即
$$F(s)=\mathscr{L}[f(t)].$$
所以,由拉普拉斯变换的像函数 $F(s)$ 求原像函数 $f(t)$,就是求 $F(s)$ 的拉普拉斯逆变换. 当 $F(s)$ 满足一定条件时,可以用留数来求其拉普拉斯逆变换 $f(t)$.

定理 7.2 若 $s_1,s_2,\cdots,s_n$ 是函数 $F(s)$ 的所有奇点,且当 $s\to\infty$ 时,$F(s)\to 0$,则 $F(s)$ 的拉普拉斯逆变换为
$$f(t) = \frac{1}{2\pi\mathrm{i}}\int_{\beta-\infty\mathrm{i}}^{\beta+\infty\mathrm{i}} F(s)\mathrm{e}^{st}\mathrm{d}s = \sum_{k=1}^n \mathrm{Res}(F(s)\mathrm{e}^{st},s_k) \quad (t>0),$$
即
$$f(t) = \sum_{k=1}^n \mathrm{Res}(F(s)\mathrm{e}^{st},s_k) \quad (t>0). \tag{7.13}$$
定理证明略.

设 $F(s)$ 是有理分式:$F(s)=\dfrac{A(s)}{B(s)}$,其中 $A(s),B(s)$ 均是不可约多项式,$B(s)$ 的次数是 n,而且 $A(s)$ 的次数小于 $B(s)$ 的次数. 在这种情况下,$F(s)$ 满足定理 7.2 的要求. 一般来说,这时有两种常见的情形:

情形 1 $B(s)$ 有 n 个单零点 $s_1, s_2, \cdots, s_n$, 即这些点都是 $F(s)$ 的一级极点. 这时, 由留数的计算方法有

$$f(t) = \sum_{k=1}^{n} \text{Res}(F(s)e^{st}, s_k) = \sum_{k=1}^{n} \frac{A(s_k)}{B'(s_k)} e^{s_k t} \quad (t > 0). \quad (7.14)$$

情形 2 s_1 是 $B(s)$ 的 m 级零点, $s_i (i = m+1, m+2, \cdots, n)$ 是 $B(s)$ 的单零点, 即 s_1 是 $F(s)$ 的 m 级极点, $s_i (i = m+1, m+2, \cdots, n)$ 是 $F(s)$ 的一级极点. 这时, 由留数的计算方法有

$$f(t) = \sum_{i=m+1}^{n} \text{Res}(F(s)e^{st}, s_i) + \text{Res}(F(s)e^{st}, s_1)$$

$$= \sum_{i=m+1}^{n} \frac{A(s_i)}{B'(s_i)} e^{s_i t} + \frac{1}{(m-1)!} \lim_{s \to s_1} \frac{d^{m-1}}{ds^{m-1}} \left((s-s_1)^m \frac{A(s)}{B(s)} e^{st} \right) \quad (t > 0). \quad (7.15)$$

我们称 (7.14) 式和 (7.15) 式为**赫维塞德 (Heaviside) 展开式**, 在拉普拉斯变换的应用中常常会碰到它们.

例 7.8 求函数 $F(s) = \dfrac{1}{s(s-1)^2}$ 的拉普拉斯逆变换.

解 这里 $B(s) = s(s-1)^2$, $s = 0$ 为单零点, $s = 1$ 为二级零点. 由上述情形 2 有

$$f(t) = \frac{1}{3s^2 - 4s + 1} e^{st} \bigg|_{s=0} + \lim_{s \to 1} \frac{d}{ds} \left((s-1)^2 \frac{1}{s(s-1)^2} e^{st} \right)$$

$$= 1 + \lim_{s \to 1} \frac{d}{ds} \left(\frac{1}{s} e^{st} \right) = 1 + \lim_{s \to 1} \left(\frac{t}{s} e^{st} - \frac{1}{s^2} e^{st} \right)$$

$$= 1 + (te^t - e^t) = 1 + e^t(t-1) \quad (t > 0).$$

求函数的拉普拉斯逆变换, 除了上面的方法外, 还可以利用拉普拉斯变换的性质和拉普拉斯变换简表 (附表 2) 来解决. 下面举一个例子来说明.

例 7.9 求函数 $F(s) = \dfrac{1}{s^2(s+1)}$ 的拉普拉斯逆变换.

解 $F(s)$ 是一个有理分式, 可以将它化为部分分式:

$$F(s) = \frac{1}{s^2(s+1)} = -\frac{1}{s} + \frac{1}{s^2} + \frac{1}{s+1}.$$

利用拉普拉斯变换简表 (附表 2), 得

$$\mathscr{L}^{-1}\left(\frac{1}{s}\right) = 1, \quad \mathscr{L}^{-1}\left(\frac{1}{s^2}\right) = t, \quad \mathscr{L}^{-1}\left(\frac{1}{s+1}\right) = e^{-t},$$

于是
$$f(t)=\mathscr{L}^{-1}\left[\frac{1}{s^2(s+1)}\right]=-1+t+\mathrm{e}^{-t}.$$

 习题 7.3

1. 若 $\mathscr{L}[f(t)]=F(s)$，证明：
$$t\mathscr{L}^{-1}\left[\int_s^{+\infty}F(s)\mathrm{d}s\right]=f(t) \quad \text{（像函数的积分性质）}.$$
利用此结论，求下列函数的拉普拉斯逆变换：

(1) $F(s)=\dfrac{s}{(s^2-1)^2}$； (2) $F(s)=\displaystyle\int_0^s \dfrac{\mathrm{e}^{-3t}\sin 2t}{t}\mathrm{d}t$.

2. 求下列函数的拉普拉斯逆变换：

(1) $F(s)=\dfrac{1}{s^2+4}$； (2) $F(s)=\dfrac{1}{s^4}$；

(3) $F(s)=\dfrac{1}{(s+1)^4}$； (4) $F(s)=\dfrac{2s+3}{s^3+9}$；

(5) $F(s)=\dfrac{s+1}{s^2+s-6}$.

§7.4 卷积

除了用上一节中给出的方法外，我们还可以利用卷积来求拉普拉斯逆变换. 下面先给出卷积的定义.

定义 7.3 对于函数 $f_1(t)$ 与 $f_2(t)$，若积分
$$\int_0^t f_1(\tau)f_2(t-\tau)\mathrm{d}\tau$$
存在，则这个积分为函数 $f_1(t)$ 与 $f_2(t)$ 的**卷积**，记为 $f_1(t)*f_2(t)$，即
$$f_1(t)*f_2(t)=\int_0^t f_1(\tau)f_2(t-\tau)\mathrm{d}\tau.$$

可见，这里卷积的定义和傅里叶变换中给出的卷积的定义是一致的. 根据卷积的定义，显然有
$$|f_1(t)*f_2(t)|\leqslant|f_1(t)|*|f_2(t)|.$$

例 7.10 求函数 $f_1(t)=t$ 和 $f_2(t)=\sin t$ 的卷积.

解 根据卷积的定义,有
$$f_1(t)*f_2(t)=\int_0^t \tau\sin(t-\tau)\mathrm{d}\tau=\tau\cos(t-\tau)\Big|_0^t-\int_0^t\cos(t-\tau)\mathrm{d}\tau=t-\sin t.$$

由卷积的定义很容易推得卷积的**性质**:

(1) **交换律**: $f_1(t)*f_2(t)=f_2(t)*f_1(t)$;

(2) **结合律**: $f_1(t)*(f_2(t)*f_3(t))=(f_1(t)*f_2(t))*f_3(t)$;

(3) **对加法的分配律**:
$$f_1(t)*(f_2(t)+f_3(t))=f_1(t)*f_2(t)+f_1(t)*f_3(t).$$

利用卷积来求拉普拉斯逆变换,其理论依据是卷积定理.下面不加证明地给出这个定理.

定理 7.3 (**卷积定理**) 假定 $f_1(t),f_2(t)$ 满足拉普拉斯变换存在定理的条件,且
$$\mathscr{L}[f_1(t)]=F_1(s),\quad \mathscr{L}[f_2(t)]=F_2(s),$$
则 $f_1(t)*f_2(t)$ 的拉普拉斯变换一定存在,且
$$\mathscr{L}[f_1(t)*f_2(t)]=F_1(s)F_2(s), \tag{7.16}$$
或
$$\mathscr{L}^{-1}[F_1(s)F_2(s)]=f_1(t)*f_2(t). \tag{7.17}$$

这个定理表明,两个函数卷积的拉普拉斯变换等于这两个函数的拉普拉斯变换的乘积.此定理可以推广到多个函数的情形:若 $f_k(t)$ $(k=1,2,\cdots,n)$ 满足拉普拉斯变换存在定理的条件,且
$$\mathscr{L}[f_k(t)]=F_k(s)\quad(k=1,2,\cdots,n),$$
则
$$\mathscr{L}[f_1(t)*f_2(t)*\cdots*f_n(t)]=F_1(s)F_2(s)\cdots F_n(s).$$

例 7.11 设函数 $F(s)=\dfrac{1}{s^2(s^2+1)}$,求 $F(s)$ 的拉普拉斯逆变换 $f(t)$.

解 我们有
$$F(s)=\frac{1}{s^2(s^2+1)}=\frac{1}{s^2}\cdot\frac{1}{s^2+1}.$$
令
$$F_1(s)=\frac{1}{s^2},\quad F_2(s)=\frac{1}{s^2+1}.$$

则 $F_1(s), F_2(s)$ 的拉普拉斯逆变换分别为
$$f_1(t) = t, \quad f_2(t) = \sin t.$$
根据卷积定理和例 7.10,可得
$$f(t) = f_1(t) * f_2(t) = t * \sin t = \int_0^t \tau \sin(t-\tau) \mathrm{d}\tau = t - \sin t.$$

例 7.12 设函数 $F(s) = \dfrac{s^2}{(s^2+1)^2}$,求 $F(s)$ 的拉普拉斯逆变换 $f(t)$.

解 因为
$$F(s) = \frac{s^2}{(1+s^2)^2} = \frac{s}{s^2+1} \cdot \frac{s}{s^2+1},$$
所以
$$\begin{aligned} f(t) &= \mathscr{L}^{-1}\left[\frac{s}{s^2+1} \cdot \frac{s}{s^2+1}\right] = \cos t * \cos t = \int_0^t \cos\tau \cos(t-\tau) \mathrm{d}\tau \\ &= \frac{1}{2}\int_0^t (\cos t + \cos(2\tau - t)) \mathrm{d}\tau = \frac{1}{2}(t\cos t + \sin t). \end{aligned}$$

习题 7.4

1. 求下列卷积:
(1) $1 * 1$; (2) $t * t$; (3) $t^2 * t^3$;
(4) $\sin t * \cos t$; (5) $t * \mathrm{sh} t$.

2. 利用卷积定理证明下列等式:
(1) $\mathscr{L}\left[\int_0^t f(t) \mathrm{d}t\right] = \dfrac{F(s)}{s}$; (2) $\mathscr{L}^{-1}\left[\dfrac{a}{s(s^2+a^2)}\right] = \dfrac{1}{a}(1-\cos at) \ (a \neq 0)$.

§7.5 拉普拉斯变换的应用

7.5.1 常系数线性微分方程(组)的求解

我们可以利用拉普拉斯变换来求解常系数线性微分方程(组),具体方法如下:先对(所有)微分方程的两端做拉普拉斯变换,再由拉普拉斯变换的微分性质,得出有关未知函数 $f(t)$ 的拉普拉斯变换 $F(s)$ 的代数方程,从而求出 $F(s)$,最后通过求其拉普拉斯逆变换得出所给微分方程(组)的解.

例 7.13 求微分方程 $y''+4y'+3y=e^{-t}$ 满足初始条件 $y\big|_{t=0}=y'\big|_{t=0}=1$ 的解.

解 设 $\mathscr{L}[y(t)]=Y(s)$. 对微分方程的两端做拉普拉斯变换,利用拉普拉斯变换的微分性质,并代入初始条件,得到关于 $Y(s)$ 的代数方程

$$s^2Y(s)-s-1+4(sY(s)-1)+3Y(s)=\frac{1}{s+1},$$

解得

$$Y(s)=\frac{s^2+6s+6}{(s+1)^2(s+3)}.$$

这是所求微分方程的解 $y(t)$ 的拉普拉斯变换,取它的拉普拉斯逆变换便可以得出 $y(t)$.

为了求 $Y(t)$ 的拉普拉斯逆变换,利用定理 7.2,有

$$y(t)=\lim_{s\to-1}\frac{\mathrm{d}}{\mathrm{d}s}\left(\frac{s^2+6s+6}{s+3}e^{st}\right)+\lim_{s\to-3}\frac{s^2+6s+6}{(s+1)^2}e^{st}$$

$$=\frac{7}{4}e^{-t}+\frac{1}{2}te^{-t}-\frac{3}{4}e^{-3t}.$$

这便是所求微分方程的解.

例 7.14 求微分方程组

$$\begin{cases}y''-x''+x'-y=e^t-2,\\ 2y''-x''-2y'+x=-t\end{cases}$$

满足初始条件 $\begin{cases}y(0)=y'(0)=0\\ x(0)=x'(0)=0\end{cases}$ 的解.

解 设 $\mathscr{L}[y(t)]=Y(s),\mathscr{L}[x(t)]=X(s)$. 对微分方程组中每个微分方程的两端做拉普拉斯变换,并考虑到初始条件,得

$$\begin{cases}s^2Y(s)-s^2X(s)+sX(s)-Y(s)=\dfrac{1}{s-1}-\dfrac{2}{s},\\ 2s^2Y(s)-s^2X(s)-2sY(s)+X(s)=-\dfrac{1}{s^2},\end{cases}$$

化简后得

$$\begin{cases}(s+1)Y(s)-sX(s)=\dfrac{-s+2}{s(s-1)^2},\\ 2sY(s)-(s+1)X(s)=-\dfrac{1}{s^2(s-1)},\end{cases}$$

解得

$$\begin{cases}Y(s)=\dfrac{1}{s(s-1)^2},\\ X(s)=\dfrac{2s-1}{s^2(s-1)^2}.\end{cases}$$

再做拉普拉斯逆变换,得
$$\begin{cases} y(t)=1-e^t+te^t, \\ x(t)=-t+te^t. \end{cases}$$

例 7.13 和例 7.14 向我们展示了求解常系数线性微分方程(组)的方法.容易看出,若我们只求某个未知函数,而不必知道其余的未知函数时,将省去许多运算,但一般用经典求解方法却不能做到这一点.

7.5.2 线性系统的传递函数

拉普拉斯变换在电力学中也有广泛的应用.这里的线性系统是指由一组相互关联的任一类别的元素构成的整体(如电容器、电阻等构成的电路),它可以用一个常系数线性微分方程来描述.设外界对一个线性系统有一个作用,它是随时间 t 变化的输入信号 $x(t)$,称之为 **激励**,此时这个系统的随时间 t 变化的输出信号 $y(t)$ 称为 **响应**.

在一个线性系统的输入、输出信号的初始条件为零的前提下,响应的拉普拉斯变换 $Y(s)$ 与激励的拉普拉斯变换 $X(s)$ 的比
$$H(s)=\frac{Y(s)}{X(s)}$$
称为该系统的 **传递函数**,它反映了该系统本身的特性.若 $h(t)=\mathscr{L}^{-1}[H(s)]$,则当激励 $x(t)$ 已知时,该系统的响应为
$$y(t)=h(t)*x(t)=\int_0^t h(\tau)x(t-\tau)\mathrm{d}\tau,$$
即该系统的响应等于其激励与传递函数的拉普拉斯逆变换的卷积.

习题 7.5

1. 求下列微分方程满足所给初始条件的解:
(1) $y'-y=e^{2t}$, $y(0)=0$;
(2) $y''+4y'+3y=e^{-t}$, $y(0)=y'(0)=1$;
(3) $y''+3y'+2y=u(t-1)$, $y(0)=0$, $y'(0)=1$;
(4) $y''-2y'+2y=2e^t\cos t$, $y(0)=y'(0)=0$;
(5) $y''+2y'+5y=e^{-t}\sin t$, $y(0)=0$, $y'(0)=1$;

(6) $y'' - y = 4\sin t + 5\cos 2t$, $y(0) = -1$, $y'(0) = -2$.

2. 求下列微分方程组满足所给初始条件的解：

(1) $\begin{cases} x' + x - y = e^t, \\ y' + 3x - 2y = 2e^t, \end{cases}$ $x(0) = y(0) = 1$;

(2) $\begin{cases} y' - 2z' = f(t), \\ y'' - z'' + z = 0, \end{cases}$ $y(0) = y'(0) = z(0) = z'(0) = 0$;

(3) $\begin{cases} ty' + z + tz' = (t-1)e^{-t}, \\ y' - z = e^{-t}, \end{cases}$ $y(0) = 1$, $z(0) = -1$.

3. 求解下列积分方程：

(1) $f(t) = at + \int_0^t \sin(t-\tau)f(\tau)\mathrm{d}\tau$ (a 为实常数)；

(2) $f(t) = e^{-t} - \int_0^t f(\tau)\mathrm{d}\tau$；

(3) $f(t) + \int_0^t f(t-\tau)e^t\mathrm{d}\tau = 2t - 3$.

4. 设某个系统的激励为 $x(t) = \sin t$ 时，其响应为 $y(t) = e^{-t} - \cos t + \sin t$，求：

(1) 该系统的传递函数 $H(s)$；

(2) 激励为单位脉冲信号时该系统的响应.

第 8 章 积分变换的 Matlab 实现及若干简单应用

傅里叶变换和拉普拉斯变换这两种积分变换是重要的数学分析工具,它们广泛应用于许多工程技术和科学研究领域.本章主要介绍如何利用 Matlab 来实现这两种积分变换及其一些简单应用.

§8.1 离散傅里叶变换的 Matlab 实现

设 $x(t)$ 是给定的时域上的一个信号(波形),则其傅里叶变换为

$$X(\omega) = \int_{-\infty}^{+\infty} x(t) e^{-2\pi i \omega t} dt,$$

其中 ω 为实际频率. 显然, $X(\omega)$ 代表频域上的一个信号(波形),且一般来说 $X(\omega)$ 是复数. 相应地, $X(\omega)$ 的傅里叶逆变换为

$$x(t) = \int_{-\infty}^{+\infty} X(\omega) e^{2\pi i \omega t} d\omega.$$

因此,傅里叶变换将时域上的波形变换为频域上的波形;反之,傅里叶逆变换则将频域上的波形变换为时域上的波形.

由于傅里叶变换的广泛应用,人们自然希望能够用计算机来实现傅里叶变换. 这就需要对傅里叶变换做离散化处理,使之符合计算机计算的特征. 另外,当把傅里叶变换应用于实验数据的分析和处理时,由于处理的对象具有离散性,因此也需要对傅里叶变换进行离散化处理. 而要将傅里叶变换离散化,首先要对时域上的信号 $x(t)$ [图 8.1(a)] 进行离散化处理. 利用时域上的一个单位脉冲函数序列[图 8.1(b)]

$$\delta(t-nT), \quad n=0,1,2,\cdots,N-1$$

进行抽样,可以实现上述目的,其中 N 为抽样点数, T 为抽样周期. 这里 $\omega_s = \dfrac{1}{T}$ 是抽样频率. 注意,抽样时抽样频率 ω_s 必须大于两倍的信号频率(实际是截止频率),才能避免混叠效应.

接下来对离散化后的时域信号 $\tilde{x}(t) = x(t)\delta(t-nT) = x(nT)$ [图 8.1(c)] 的傅里叶变换 $\tilde{X}(\omega)$ 进行离散化处理. 与上述做法类似,利用频域上的单位脉冲函数序列

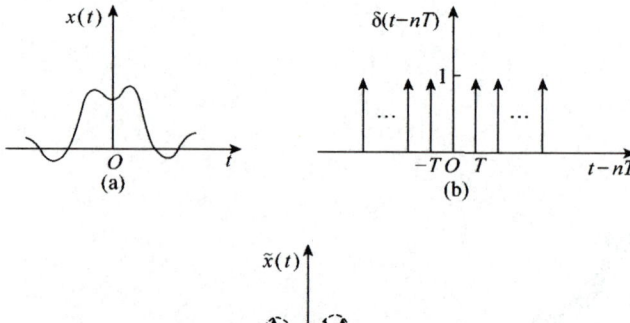

图 8.1

$$\delta(\omega - n/T_0), \quad n = 0, 1, 2, \cdots, N-1$$

进行抽样,可以实现傅里叶变换 $\tilde{X}(\omega)$ 的离散化,其中 $T_0 = NT$ 为总抽样时间.

不难看出,离散化后的傅里叶变换的频率间隔(频率轴上离散点的间隔,即频域分辨率)为

$$\Delta \omega = \frac{1}{T_0} = \frac{1}{NT} = \frac{\omega_s}{N}.$$

因此,要增加分辨率,需增加抽样点数 N. 频域上每个离散点对应的频率为

$$\omega_n = \frac{n}{T_0} = \frac{n}{NT} = n\frac{\omega_s}{N}, \quad n = 0, 1, 2, \cdots, N-1.$$

显然,$n = 0$ 的点对应于直流成分.

经过以上离散化处理之后,连续积分形式的傅里叶变换变为如下离散形式:

$$X(\omega_n) = \sum_{k=0}^{N-1} x(t_k) e^{-2\pi i n k/N}, \quad n = 0, 1, 2, \cdots, N-1, \quad (8.1)$$

称之为**离散傅里叶变换**(Discrete Fourier Transform,DFT),其中 $t_k = kT$ ($k = 0, 1, 2, \cdots, N-1$)代表抽样时点. $X(\omega_n)$ 一般是复数,因此对 $x(t)$ 做 DFT 后,它变成一个 N 点复数序列(即含 N 项的复数序列). $X(\omega_n)$ 的模代表幅度,其幅角代表相位,因此由(8.1)式可以给出 DFT 下信号的幅度频谱和相位频谱,简写成如下形式:

$$X(n) = e^{-2\pi i/N} \sum_{k=0}^{N-1} x(k) W_N^{nk}, \quad n = 0, 1, 2, \cdots, N-1, \quad (8.2)$$

其中 $X(n) = X(\omega_n)$,$W_N = e^{-2\pi i/N}$ 称为**旋转因子**,$x(k) = x(t_k)$. 可见,DFT 的结果是 N 点复数序列 $X(0), X(1), \cdots, X(N-1)$. (8.1)式或(8.2)式就是对傅里叶变换进行数值计算的基础.

例 8.1 用 Matlab 实现指数信号的 DFT.

解 Matlab 命令如下:

```
N = 8;
n = 0:1:N-1;
xn = 0.5.^n;
w = (-8:1:8)*4*pi/8;
j = sqrt(-1);
X = xn*exp(-j*(n'*w));
```

```
subplot(4,1,1)
stem(n,xn);
title('原信号(指数信号)');
subplot(4,1,2)
plot(w/pi,abs(X));
title('DFT')
subplot(4,1,3);
stem(w/pi,abs(X));
title('原信号的 16 点 DFT')
w1 = (-4:1:4)*4*pi/4;
X1 = xn*exp(-j*(n'*w1));
subplot(4,1,4)
stem(w1/pi,abs(X1));
title('原信号的 8 点 DFT')
```

运行结果如图 8.2 所示.

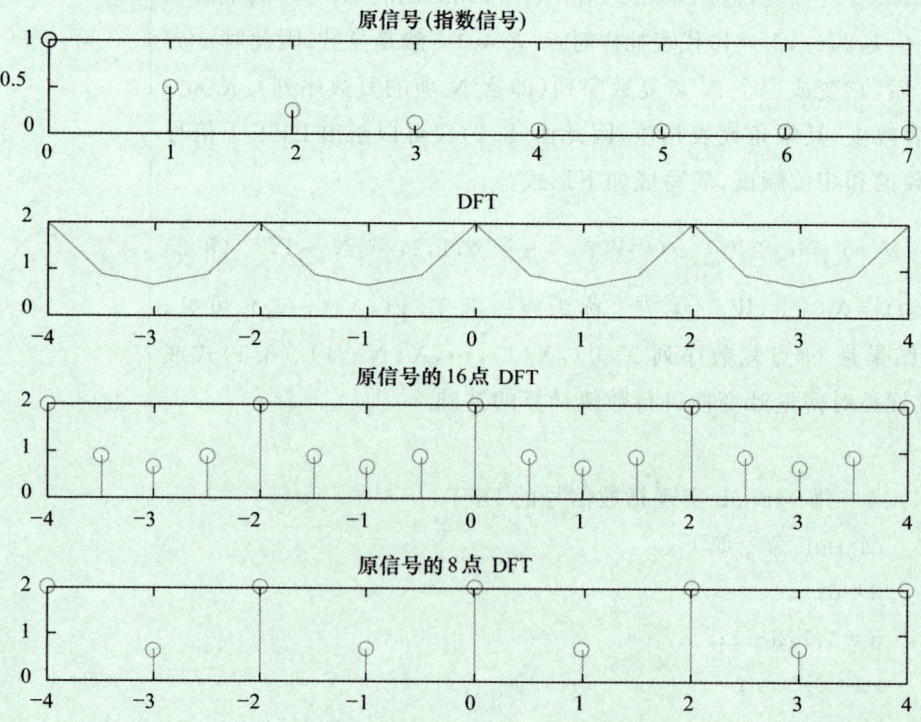

图 8.2

由图 8.2 可见,离散信号的 DFT 是周期的,这也符合奈奎斯特采样定理的描述:连续信号经周期抽样后所得离散信号的频谱是原连续信号频谱的周期延拓.

§8.2 傅里叶变换的对称性质和频移性质的 Matlab 实现

本节将通过两个例子来展示傅里叶变换的对称性质和频移性质的 Matlab 实现.

例 8.2 利用 Matlab 实现矩形脉冲信号 $f_1(t)=\begin{cases}\pi, & |t|\leqslant 1,\\ 0, & |t|>1\end{cases}$ 和抽样函数 $f_2(t)=Sa\left(\dfrac{t}{\pi}\right)$ 的傅里叶变换的对称性质.

解 Matlab 命令如下:

```
N = 3001;
t = linspace( - 15,15,N);
f1 = pi * [heaviside(t + 1) - heaviside(t - 1)];
subplot(2,2,1),
plot(t,f1);
grid on
axis([ - 2,2, - 1,4]);
xlabel('t'); ylabel('f1(t)');
dt = 30/(N - 1); M = 500;
w = linspace( - 5 * pi,5 * pi,M);
F1 = f1 * exp( - j * t' * w) * dt;
subplot(2,2,2), plot(w,real(F1));
axis([ - 20,20, - 3,7]);
xlabel('w');ylabel('Re(F1(w))');
f2 = sinc(t/pi);
F2 = f2 * exp( - j * t' * w) * dt;
subplot(2,2,3),plot(t,f2);
xlabel('t');ylabel('f2(t) = sin(t/pi)');
subplot(2,2,4),plot(w,real(F2));
```

```
axis([-2,2,-1,4]);
xlabel('w'); ylabel('Re(F2(w))');
```
运行结果如图 8.3 所示.

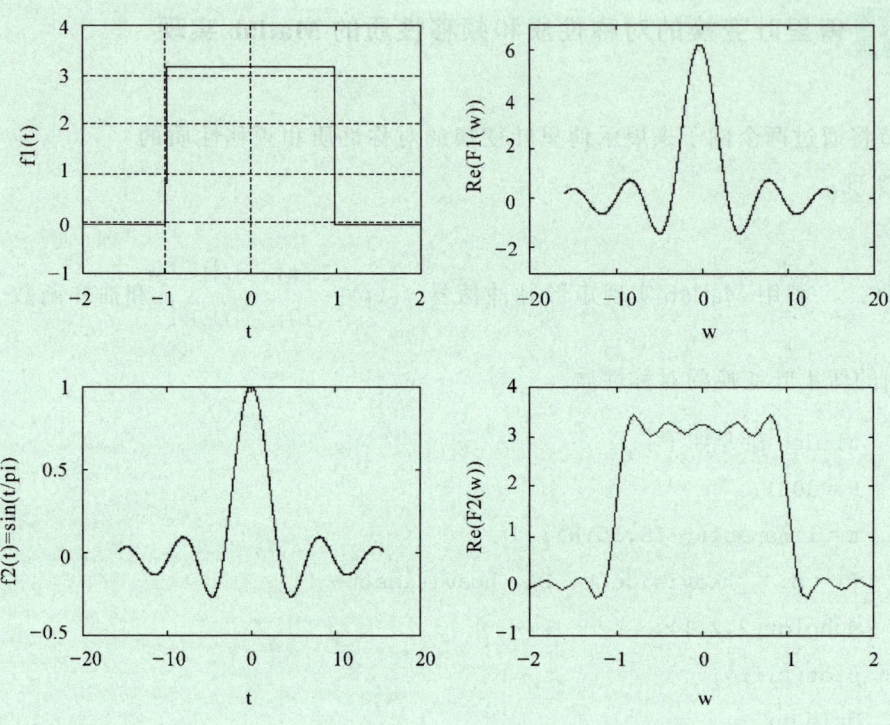

图 8.3

例 8.3 利用 Matlab 实现信号 $u(t)\cos 20t$ 的傅里叶变换的频移性质,其中 $u(t)$ 为单位阶跃函数.

解 Matlab 命令如下：
```
N = 256;M = 500; t = linspace(-2,2,N);
w = linspace(-10*pi,10*pi,M);
dt = 4/(N-1);
u = heaviside(t);
f = u.*cos(20*t);
F = f*exp(-j*t'*w)*dt;
subplot(2,1,1);
plot(w,real(F));
```

```
grid on
xlabel('w');ylabel('real(F(w))');
title('信号傅里叶变换的实部')
subplot(2,1,2);
plot(w,abs(F)),
grid on
xlabel('w');ylabel('abs(F(w))');
title('信号的幅度频谱')
```

运行结果如图 8.4 所示.

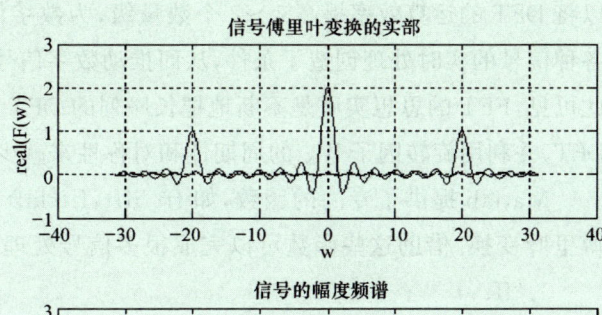

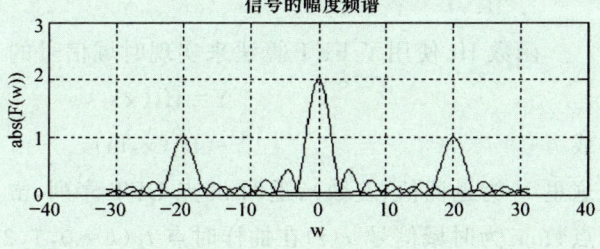

图 8.4

§8.3 快速傅里叶变换的 Matlab 实现

一般抽样点数 N 越大,DFT 的结果越接近真实的情况,但是当 N 较大时,运算量很大,因为按照(8.2)式进行计算时,总共要做 N^2 次复数乘法和 $N(N-1)$ 次复数加法. 因此,直接用 DFT 算法((8.1)式)进行谱分析和信号的实时处理是不切实际的.

为了减少运算量,人们提出了一种所谓**快速傅里叶变换**(Fast Fourier Transform,FFT)的思想:取 $N=2^m$,先将 N 点抽样数据 $x:x_0$, $x_1,x_2,\cdots,x_{N-1}$ 分成 2 个 $\dfrac{N}{2}$ 点序列:

$$x^{(1)}: x_0, x_2, \cdots, x_{N-2};\quad \text{（偶数序列）}$$
$$x^{(2)}: x_1, x_3, \cdots, x_{N-1}.\quad \text{（奇数序列）}$$

这样处理的好处是可以把(8.2)式分解为 2 个 $\frac{N}{2}$ 点的 DFT,使运算量下降.再将 $\frac{N}{2}$ 点序列 $x^{(1)}$ 仿照上述做法进一步分成 2 个 $\frac{N}{4}$ 点序列 $x^{(3)}$ 和 $x^{(4)}$,另一序列 $x^{(2)}$ 亦做如此处理,分成 2 个 $\frac{N}{4}$ 点序列 $x^{(5)}$ 和 $x^{(6)}$,这样 2 个 $\frac{N}{2}$ 点序列分成更短的 4 个 $\frac{N}{4}$ 点序列;依次类推,最后的结果是一个 N 点抽样数据 x 分成 N 个单点序列:$x_0, x_1, x_2, \cdots, x_{N-1}$.这样做可以将 DFT 的运算效率提高 1～2 个数量级,为数字信号处理技术应用于各种信号的实时处理创造了条件,从而推动数字信号处理技术的发展.由此可见,FFT 的思想实质是不断地把长序列的 DFT 分解成若干短序列的 DFT,并利用旋转因子 W_N 的周期性和对称性来减少 DFT 的运算次数.

Matlab 提供了专门的函数,如 fft,ifft,fftshift 等,用于实现信号的傅里叶变换.借助这些函数可以完成很多信号处理任务.

1. fft

函数 fft 使用了 FFT 算法来实现时域信号的 DFT,其命令格式为
$$Y = fft(x)$$
或
$$Y = fft(x, m)$$

这里 Y 为返回值(复数),返回 m 点 DFT 序列,m 为计算时使用的数据点数;x 为时域信号 $x(t)$ 在抽样时点 $t_k(k=0,1,2,\cdots,N-1)$ 处的采样集.若实际抽样点数为 N(m 和 N 都必须是 2 的幂次),则 x 为 N 点序列,即长度为 N 的序列.若 x 的长度小于 m,则计算时将自动在 x 的后面补 0;若 x 的长度大于 m,则 x 自动截断,使之长度为 m.对信号进行频谱分析时,数据样本应有足够的长度,一般 FFT 算法程序中所用数据点数(即 m)最好与原信号含有的数据点数(即 N)相同,这样的频谱图具有较高的质量,可减小因补 0 或截断而产生的影响.

2. fftshift

函数 fftshift 的作用是将零频点移到频谱的中间(即奈奎斯特频率处),其命令格式为
$$Y = fftshift(X)$$

这里 X 是序列(向量).该命令将频谱 X 的零频点移动到其中间,并交换频谱 X 的左、右两半.将零频点放到频谱的中间对于观察傅里叶变换是有用的.

3. ifft

函数 ifft 的作用是进行离散傅里叶变换的逆变换,其命令格式为

$$x = \text{ifft}(Y)$$

或

$$x = \text{ifft}(Y, m)$$

这里 Y 是 FFT 的输出结果,返回值 x 是时域上的结果,m 是计算所使用的数据点数.

例 8.4 利用 Matlab 实现信号 $x(t) = 0.5^t (t \geqslant 0)$ 的 FFT.

解 Matlab 命令如下:

```
N = 64;
n = [0:1:N-1]
xn = 0.5.^n;
Xk = fft(xn,N);
subplot(2,1,1);
stem(n,xn);
title('原信号');
subplot(2,1,2);
stem(n,abs(Xk));
title('FFT')
```

运行结果如图 8.5 所示.

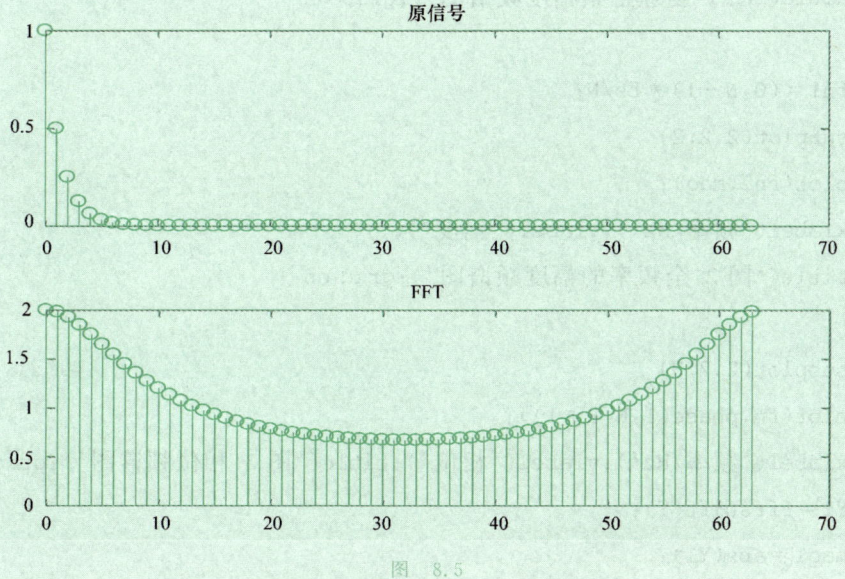

图 8.5

在上例中，若程序末尾使用 x＝ifft(Y,N)，则得到抽样时点上信号 $x(t)$ 的样本值．

由图 8.5 可见，FFT 的频率中心不在点 0 处．这是 FFT 算法造成的．把例 8.4 中所用的函数 fft 改为函数 fftshift，可以将频率中心移到点 0 处．

例 8.5 利用 Matlab 对信号 $x(t)=0.5\sin(2\pi \cdot 15t)+2\sin(2\pi \cdot 40t)$ 进行频谱分析．

解 Matlab 命令如下：

```
N = 256;
n = 0:N-1;
fs = 100;
t = n/fs;
x = 0.5 * sin(2 * pi * 15 * t) + 2 * sin(2 * pi * 40 * t);
Y = fft(x,N);
mag = abs(Y);
phase = unwrap(angle(Y));
fn = (0:N/2) * fs/N;
subplot(2,2,1)
plot(fn,mag(1:N/2 + 1))
xlabel('频率/Hz');ylabel('幅度');
title('图 1 物理正频幅度频谱图');grid on

fn1 = (0:N-1) * fs/N;
subplot(2,2,2)
plot(fn1,mag);
xlabel('频率/Hz');ylabel('幅度');
title('图 2 全频率的幅度频谱图');grid on

subplot(2,2,3)
plot(fn,phase(1:N/2 + 1));
xlabel('频率/Hz');ylabel('相位');title('图 3 相位频谱图');grid
Y1 = fftshift(Y);
mag1 = abs(Y1);
```

```
            fn2 = fn1 - fs/2;
            subplot(2,2,4);
            plot(fn2,mag1);
            xlabel('频率/Hz');ylabel('幅度');
            title('图 4 fftshift 作用后的幅度频谱图');grid
```
运行结果如图 8.6 所示.

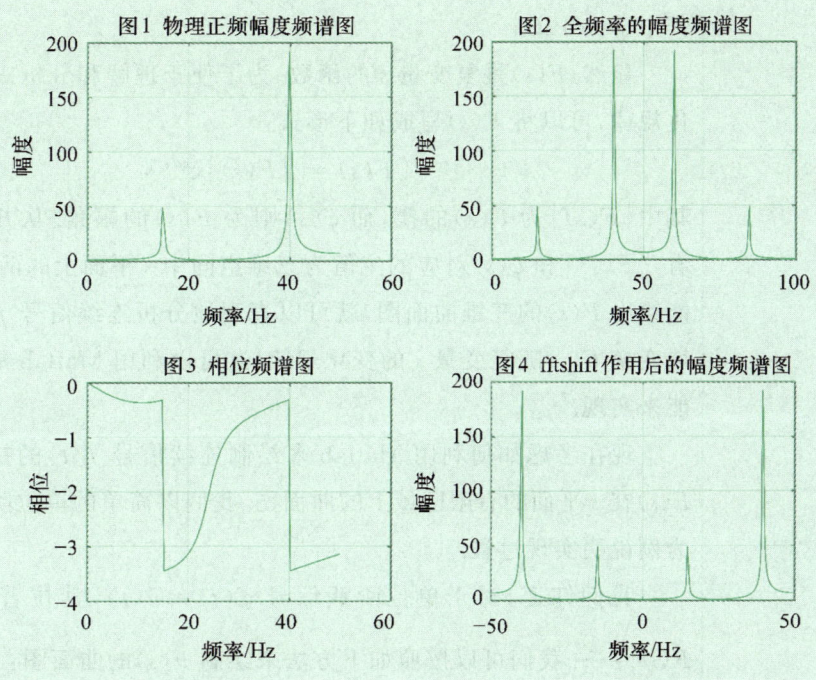

图 8.6

在图 8.6 给出的运行结果中,图 1 是物理正频幅度频谱图(正频部分),从中看到该信号包含两个频率 15 Hz 和 40 Hz. 由于使用的抽样频率为 $f_s=100$ Hz,所以奈奎斯特频率为 50 Hz. 在图 2 中明显能看到整个幅度频谱图关于奈奎斯特频率对称,不过奈奎斯特频率右边的幅度频谱实际上是负频部分,没有意义. 图 4 是经过函数 fftshift 作用后的幅频图,由于它是图 2 左右交换的结果,因此图 2 右边变成负频部分. 另外,图 8.6 中的幅度不是真实的信号幅度. 从信号 $x(t)$ 的表达式我们知道,15 Hz 和 40 Hz 这两种频率成分的幅度分别是 0.5 和 2. 要得到真实的幅度,只需要将程序中的 mag 除以 $\dfrac{N}{2}$ 即可.

§8.4 拉普拉斯变换的曲面图

8.4.1 拉普拉斯变换曲面图的绘制

连续信号 $f(t)$ 的拉普拉斯变换为

$$F(s) = \int_0^{+\infty} f(t) e^{-st} dt, \tag{8.3}$$

其中 $s = \sigma + i\Omega$.

显然,$F(s)$ 是复变量 s 的函数.为了便于理解和分析 $F(s)$ 随 s 的变化规律,可以将 $F(s)$ 写成如下形式:

$$F(s) = |F(s)| e^{i\varphi(s)}, \tag{8.4}$$

其中 $|F(s)|$ 为 $F(s)$ 的模,而 $\varphi(s)$ 则为 $F(s)$ 的幅角.从几何的角度来看,$|F(s)|$ 和 $\varphi(s)$ 对应的主值为三维空间中 s 平面上的两个曲面,如果能绘出 $F(s)$ 的三维曲面图,就可以直观地分析连续信号 $f(t)$ 的拉普拉斯变换 $F(s)$ 随复变量 s 的变化规律.这可以利用 Matlab 的三维绘图功能来实现.

现在考虑如何利用 Matlab 来绘制连续信号 $f(t)$ 的拉普拉斯变换 $F(s)$ 在 s 平面的有限区域上的曲面图.我们以简单的单位阶跃信号 $u(t)$ 为例说明实现过程.

我们知道,对于单位阶跃信号 $f(t) = u(t)$,其拉普拉斯变换为 $F(s) = \dfrac{1}{s}$.我们可以按照如下方法来绘制 $F(s)$ 的曲面图:

首先,利用两个向量来确定复平面上绘制曲面图的横坐标和纵坐标的范围.例如,可定义绘制曲面图的横坐标范围向量 $x1$ 和纵坐标范围向量 $y1$ 分别如下:

```
x1 = -0.2:0.03:0.2;
y1 = -0.2:0.03:0.2;
```

然后,调用函数 meshgrid 产生序列 s,并用该序列来表示绘制曲面图的复平面区域,对应的 Matlab 命令如下:

```
[x,y] = meshgrid(x1,y1);
s = x + i * y;
```

上述 Matlab 命令产生的序列 s 包含了复平面中 $-0.2 < \sigma < 0.2$,$-0.2 < \Omega < 0.2$ 范围内以时间间隔 0.03 抽样的所有样本点.

最后,计算出信号 $f(t)$ 的拉普拉斯变换在复平面上这些样本点处

的值,即可用函数 mesh 绘出其曲面图,对应的 Matlab 命令如下:

```
fs = abs(1./s);
mesh(x,y,fs);
surf(x,y,fs);
title('单位阶跃信号的拉普拉斯变换曲面图');
colormap(hsv);
axis([-0.2,0.2,-0.2,0.2,0.2,60]);
rotate3d;
```

运行结果如图 8.7 所示.

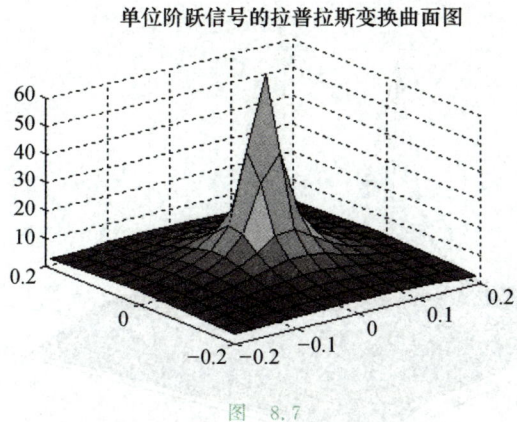

图 8.7

例 8.6 已知单边正弦信号 $f(t)=u(t)\sin t$,利用 Matlab 绘制其拉普拉斯变换的曲面图,其中 $u(t)$ 为单位阶跃函数.

解 该信号的拉普拉斯变换为

$$F(s)=\frac{1}{s^2+1}.$$

绘制 $F(s)$ 的曲面图的 Matlab 命令如下:

```
clf;
x = -0.5:0.08:0.5;
y = -1.99:0.08:1.99;
[x,y] = meshgrid(x,y);
d = ones(size(x));
s = x + i*y;
s = s.*s;
s = s + d;
```

```
fs = abs(1./s);
mesh(x,y,fs);
surf(x,y,fs);
axis([-0.5,0.5,-2,2,0,15]);
title('单边正弦信号的拉普拉斯变换曲面图');
colormap(hsv);
```

运行结果如图 8.8 所示.

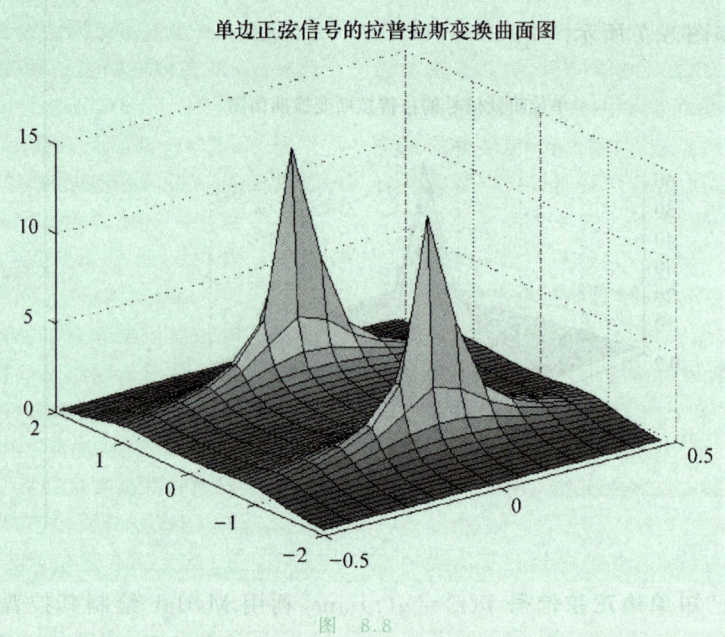

图 8.8

8.4.2 频域与复频域的关系

如果信号 $f(t)$ 的拉普拉斯变换 $F(s)$ 的极点均位于 s 平面的左半平面,则 $f(t)$ 的傅里叶变换 $F(\Omega)$ 与 $F(s)$ 存在如下关系:

$$F(\Omega) = F(s)|_{s=\Omega},$$

即在 $f(t)$ 的拉普拉斯变换 $F(s)$ 中令 $\sigma=0$,就可得到 $f(t)$ 的傅里叶变换 $F(\Omega)$. 从几何角度来看,信号 $f(t)$ 的傅里叶变换 $F(\Omega)$ 就是其拉普拉斯变换的曲面图中虚轴所对应的曲线. 我们可以通过拉普拉斯变换曲面图的虚轴剖面来直观地了解信号的拉普拉斯变换与傅里叶变换的对应关系.

例 8.7 试利用 Matlab 绘制信号 $f(t) = e^{-t}u(t)\sin t$ 的拉普拉斯变换 $F(s)$ 的曲面图，观察曲面图在虚轴剖面上的曲线，并将其与利用 $f(t)$ 的傅里叶变换 $F(\Omega)$ 绘制的幅度频谱图相比较，其中 $u(t)$ 为单位阶跃函数.

解 根据拉普拉斯变换和傅里叶变换的定义和性质，可求得该信号的拉普拉斯变换 $F(s)$ 和傅里叶变换 $F(\Omega)$ 如下：

$$F(s) = \frac{1}{(s+1)^2+1}, \quad F(\Omega) = \frac{1}{(\Omega+1)^2+1}.$$

利用前面介绍的方法绘制拉普拉斯变换 $F(s)$ 的曲面图. 为了更好地观察 $F(s)$ 的曲面图在虚轴剖面上的曲线，定义复平面上绘制曲面图的实轴范围从 0 开始，并用函数 view 来调整观察视角. 具体的 Matlab 命令如下：

```
clf;
x = 0:0.1:5;
y = -20:0.1:20;
[x,y] = meshgrid(x,y);
s = x + i * y;
s = 1./((s+1).*(s+1)+1);
s = abs(s);
mesh(x,y,s);
surf(x,y,s);
view(-60,20)
axis([-0,5,-20,20,0,0.5]);
title('拉普拉斯变换的曲面图');
colormap(hsv);
```

运行结果如图 8.9 所示.

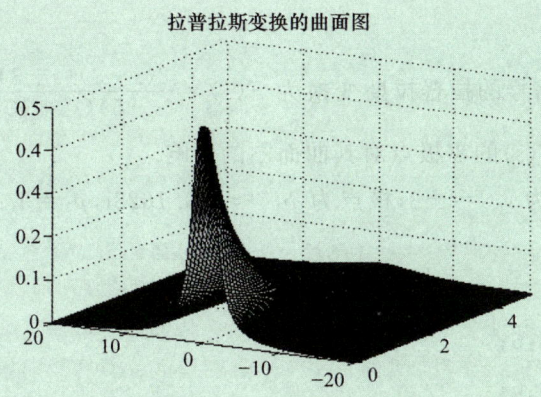

图 8.9

图 8.10 给出了利用 $f(t)$ 的傅里叶变换 $F(\Omega)$ 绘制的幅度频谱图. 通过对比图 8.9 和图 8.10,可以直观地了解拉普拉斯变换与傅里叶变换的对应关系.

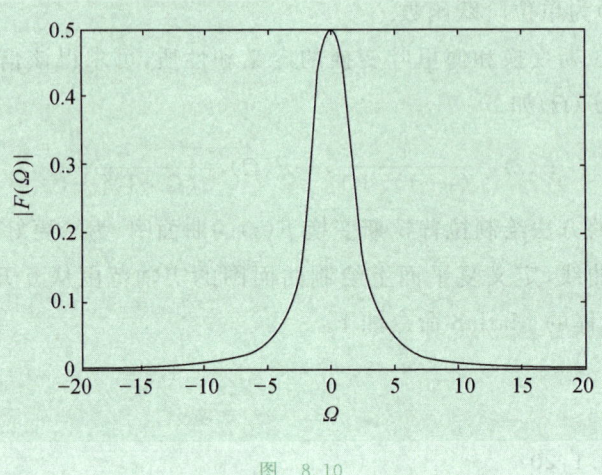

图 8.10

§8.5 系统零极点分布图的绘制

8.5.1 零极点分布对拉普拉斯变换曲面图的影响

从单位阶跃信号和单边正弦信号的拉普拉斯变换曲面图可以看到,曲面图中均有突出的尖峰. 仔细观察便可得出,这些峰点在 s 平面的对应点就是信号的拉普拉斯变换的极点. 下面我们通过例子来了解信号的拉普拉斯变换的零极点分布对其曲面图的影响. 这里将零点和极点统称为**零极点**.

例 8.8 设某一信号的拉普拉斯变换为 $F(s) = \dfrac{2(s-3)(s+3)}{(s-5)(s^2+10)}$,试利用 Matlab 绘制 $F(s)$ 的曲面图,观察 $F(s)$ 的零极点对其曲面图的影响.

解 $F(s)$ 的零点为 $s_{1,2} = \pm 3$,极点为 $p_{1,2} \approx \pm 3.1623\mathrm{i}$,$p_3 = 5$. 利用如下 Matlab 命令绘制 $F(s)$ 的曲面图:

```
clf;
x = -6:0.48:6;
y = -6:0.48:6;
[x,y] = meshgrid(x,y);
```

```
s = x + i * y;
d = 2 * (s - 3). * (s + 3);
e = (s. * s + 10). * (s - 5);
s = d. /e;
fs = abs(s);
mesh(x,y,fs);
surf(x,y,fs);
axis([-6,6,-6,6,0,4.5]);
title('拉普拉斯变换的曲面图');
colormap(hsv);
view(-25,30)
```

运行结果如图 8.11 所示.

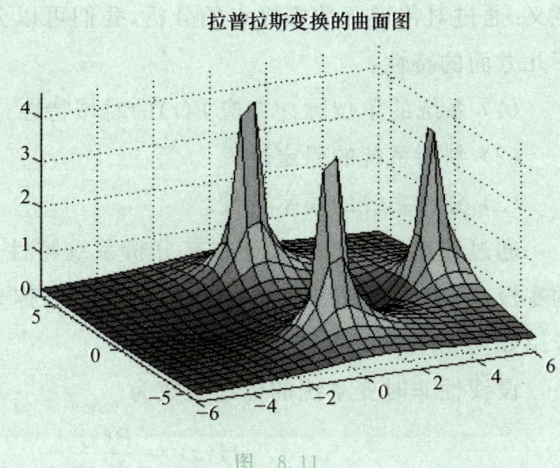

图 8.11

从图 8.11 可明显看出,$F(s)$ 的曲面图在 $p_{1,2} \approx \pm 3.1623\mathrm{i}$ 和 $p_3 = 5$ 处有三个峰点,对应着拉普拉斯变换的极点;而在 $s_{1,2} = \pm 3$ 处有两个谷点,对应着拉普拉斯变换的零点. 因此,信号的拉普拉斯变换的零极点位置,决定了其拉普拉斯变换曲面图的峰点和谷点位置.

8.5.2 线性非时变系统零极点图的绘制

线性非时变系统可用如下形式的线性常系数微分方程来描述:

$$\sum_{i=0}^{N} a_i y^{(i)}(t) = \sum_{j=0}^{M} b_j f^{(j)}(t),$$

其中 $y(t)$ 为系统的响应(输出信号),$f(t)$ 为激励(输入信号). 将上式两端进行拉普拉斯变换,并设 $Y(s)$, $F(s)$ 分别为 $y(t)$, $f(t)$ 的拉普拉斯变换,则该系统的传递函数为

$$H(s) = \frac{Y(s)}{F(s)} = \frac{\sum_{j=0}^{M} b_j s^j}{\sum_{i=0}^{N} a_i s^i},$$

因式分解后有

$$H(s) = C \frac{\prod_{j=0}^{M}(s-z_j)}{\prod_{i=0}^{N}(s-p_i)},$$

其中 C 为常数，$z_j(j=0,1,2,\cdots,M)$ 为传递函数的零点，$p_i(i=0,1,2,\cdots,N)$ 为传递函数的极点.

可见，若线性非时变系统传递函数的零极点已知，传递函数便可确定下来，即传递函数 $H(s)$ 的零极点分布完全决定了系统的特性.因此，在线性非时变系统的分析中，传递函数的零极点分布具有非常重要的意义.通过对传递函数零极点的分析，我们可以分析线性非时变系统以下几方面的特性：

（1）系统的单位脉冲响应 $h(t)$ 的时域特性；

（2）判断系统的稳定性；

（3）分析系统的频率特性.

通过传递函数零极点分布来分析系统特性，首先要求出传递函数的零极点，然后绘制传递函数零极点的图形（称为系统零极点图）.下面介绍如何利用 Matlab 实现这一过程.

设线性非时变系统的传递函数为

$$H(s) = \frac{B(s)}{A(s)},$$

则传递函数的零极点可用 Matlab 中的多项式求根函数 roots 来求得.

调用函数 roots 的命令格式为

$$p = \text{roots}(A)$$

其中 A 为待求根的关于 s 的多项式的系数构成的行向量，返回值 p 则是包含该多项式所有根的列向量.例如，设多项式为

$$A(s) = s^2 + 3s + 4,$$

则求该多项式的根的 Matlab 命令如下：

```
A = [1 3 4];
p = roots(A)
```

运行结果如下：

```
p =
```

−1.5000 + 1.3229i

−1.5000 − 1.3229i

需要注意的是，系数向量的元素一定要由多项式最高次幂开始直到常数项，缺项要用 0 补齐. 例如，若多项式为

$$A(s) = s^6 + 3s^4 + 2s^2 + s - 4,$$

则表示该多项式的系数向量为

$$[1\ 0\ 3\ 0\ 2\ 1\ -4].$$

用函数 roots 求得传递函数 $H(s)$ 的零极点后，就可以绘制系统零极点图.

在 Matlab 中，也可以直接用函数 sjdt 来绘制线性非时变系统的零极点图，从中可看出零极点的位置.

例 8.9 已知线性非时变系统的传递函数如下：

$$H(s) = \frac{s^2 - 4}{s^4 + 2s^3 - 3s^2 + 2s + 1}.$$

试利用 Matlab 绘制系统零极点图.

解 Matlab 命令如下：

```
a = [1 2 -3 2 1];
b = [1 0 -4];
sjdt(a,b)
```

运行结果如图 8.12 所示，其中标"○"的地方是零点位置，标"×"的地方是极点位置.

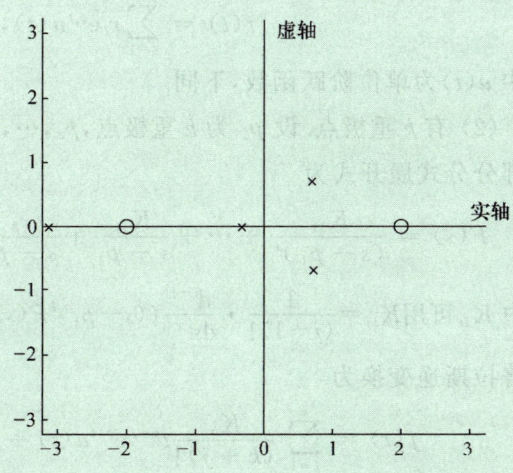

图 8.12

§8.6 拉普拉斯逆变换的 Matlab 实现

连续信号 $f(t)$ 的拉普拉斯变换具有如下一般形式：

$$F(s) = \frac{C(s)}{D(s)} = \frac{\sum_{j=1}^{K} c_j s^j}{\sum_{l=1}^{L} d_l s^l}.$$

若 $K \geqslant L$，则 $F(s)$ 可以分解为多项式与有理真分式之和，即

$$F(s) = P(s) + R(s),$$

其中 $P(s)$ 是关于 s 的多项式，其拉普拉斯逆变换可直接求得；$R(s)$ 为关于 s 的有理真分式. 以下讨论 $F(s)$ 为有理真分式的情况.

设连续信号 $f(t)$ 的拉普拉斯变换为 $F(s)$，且

$$F(s) = \frac{B(s)}{A(s)} = \frac{\sum_{j=1}^{M} b_j s^j}{\sum_{l=1}^{N} a_l s^l}.$$

在 $M < N$ 的情况下，有以下几种情形：

(1) 极点均是单重的，这时可对 $F(s)$ 直接进行部分分式展开：

$$F(s) = \frac{r_1}{s - p_1} + \cdots + \frac{r_N}{s - p_N}, \quad M < N,$$

其中 $r_i = (s - p_i) F(s) \big|_{s = p_i}$ $(i = 1, 2, \cdots, N)$ 称为 $F(s)$ 的留数. 于是，$F(s)$ 的拉普拉斯逆变换为

$$f(t) = \sum_{i=1}^{N} r_i \mathrm{e}^{p_i t} u(t),$$

其中 $u(t)$ 为单位阶跃函数，下同.

(2) 有 k 重极点. 设 p_1 为 k 重极点，$p_2, \cdots, p_{N-k}$ 为单重极点，则 $F(s)$ 的部分分式展开式为

$$F(s) = \frac{K_{11}}{(s - p_1)^k} + \cdots + \frac{K_{1k}}{s - p_1} + \frac{r_2}{s - p_2} + \cdots + \frac{r_{N-k}}{s - p_{N-k}},$$

其中 K_{1i} 可用 $K_{1i} = \frac{1}{(i-1)!} \cdot \frac{\mathrm{d}^{i-1}}{\mathrm{d}s^{i-1}} ((s - p_1)^k F(s)) \big|_{s = p_1}$ 求得. 于是，$F(s)$ 的拉普拉斯逆变换为

$$f(t) = \sum_{j=1}^{k} \frac{K_{ij}}{(k-j)!} t^{k-j} \mathrm{e}^{p_1 t} u(t) + \sum_{i=2}^{N-k} r_i \mathrm{e}^{p_i t} u(t).$$

(3) 有共轭极点. 设 $F(s)$ 有一对共轭极点 $p_{1,2} = -\alpha \pm \mathrm{i}\beta$，且

$$F(s) = \frac{r_1}{s - p_1} + \frac{r_2}{s - p_2} + \frac{r_3}{s - p_3} + \cdots + \frac{r_N}{s - p_N},$$

则
$$r_1 = (s-p_1)F(s)\big|_{s=p_1} = |r_1|e^{it},$$
$$r_2 = \bar{r}_1.$$

由共轭极点所决定的两个复指数信号项可以合并成一项,故有
$$f(t) = \left[2|r_1|e^{-\alpha t}\cos(\beta t + \min\{\arg r_1, \arg r_2\}) + \sum_{i=3}^{N} r_i e^{p_i t}\right] u(t).$$

从以上分析可以看出,只要求出 $F(s)$ 的部分分式展开式系数(留数),就可直接求出 $F(s)$ 的拉普拉斯逆变换 $f(t)$.

上述求解过程可以利用 Matlab 中的函数 residue 来实现. 令 A 和 B 分别为 $F(s)$ 的分子和分母多项式构成的系数向量,则命令
$$[r,p,k]=\text{residue}(B,A)$$
将产生三个向量 r,p 和 k,其中 r 为包含 $F(s)$ 的部分分式展开式系数 r_i 的列向量,p 为包含 $F(s)$ 的所有极点的列向量,k 为包含 $F(s)$ 的部分分式展开式的系数 r_i 的行向量. 若 $M<N$,则 k 为空的.

例 8.10 已知一个连续信号的拉普拉斯变换为
$$F(s) = \frac{2s+4}{s^3+4s},$$
试利用 Matlab 求其拉普拉斯逆变换.

解 求 $F(s)$ 的部分分式展开式系数和极点,Matlab 命令如下:

a = [1 0 4 0];
b = [2 4];
[r,p,k] = residue(b,a)

运行结果如下:

r =

   -0.5000 - 0.5000i

   -0.5000 + 0.5000i

   1.0000

p =

   0 + 2.0000i

   0 - 2.0000i

   0

k =

   []

由上述结果可以看出,$F(s)$有三个极点 $p_{1,2}=\pm 2\mathrm{i}$, $p_3=0$. 为了求得共轭极点对应的信号分量,可用函数 abs 和 angle 分别求出 $F(s)$ 的部分分式展开系数的模和幅角. Matlab 命令及运行结果如下:

```
abs(r)
ans =
    0.7071
    0.7071
    1.0000
angle(r)/pi
ans =
   -0.7500
    0.7500
         0
```

由上述结果可得 $F(s)$ 的拉普拉斯逆变换为

$$f(t)=\left(1+\sqrt{2}\cos\left(2t-\frac{3}{4}\pi\right)\right)u(t).$$

例 8.11 求函数 $F(s)=\dfrac{s-2}{s(s+1)^3}$ 的拉普拉斯逆变换.

解 求 $F(s)$ 的部分分式展开式系数和极点,Matlab 命令如下:

```
a = [1 3 3 1 0];
b = [1 -2];
[r,p,k] = residue(b,a)
```

运行结果如下:

```
r =
    2.0000
    2.0000
    3.0000
   -2.0000
p =
   -1.0000
   -1.0000
   -1.0000
         0
```

k =

[]

由上述运行结果可知

$$F(s)=\frac{2}{s+1}+\frac{2}{(s+1)^2}+\frac{3}{(s+1)^3}-\frac{2}{s},$$

其拉普拉斯逆变换为

$$f(t)=\left[\left(\frac{3}{2}t^2+2t+2\right)\mathrm{e}^{-t}-2\right]u(t).$$

在实际中,还可以直接利用 Matlab 中的函数 ilaplace 来求函数 $F(s)$ 的拉普拉斯逆变换.下面通过具体例子来说明.

例 8.12 求函数 $F(s)=\dfrac{5s-1}{(s+1)(s-2)}$,$G(s)=\dfrac{s}{s^2+w^2}$ 的拉普拉斯逆变换.

解 Matlab 命令如下:

```
syms s t w
f = ilaplace((5*s-1)/(s+1)/(s-1))
syms s t w
g = ilaplace((s/(s^2+w^2)))
```

运行结果如下:

```
f = 2*exp(t)+3*exp(-t)
g = cos(w*t)
```

所以,$F(s)$,$G(s)$ 的拉普拉斯逆变换分别为

$$f(t)=2\mathrm{e}^t+3\mathrm{e}^{-t},$$
$$g(t)=\cos wt.$$

附表1 傅里叶变换简表

$f(t)$	$F(\Omega)$
矩形脉冲函数 $f(t)=\begin{cases} E, & \|t\|\leqslant \dfrac{\tau}{2}, \\ 0, & \|t\|>\dfrac{\tau}{2} \end{cases}$ $(E,\tau>0)$	$2E\dfrac{\sin\dfrac{\Omega\tau}{2}}{\Omega}=E\tau Sa\left(\dfrac{\Omega\tau}{2}\right)$
单边指数信号函数 $f(t)=\begin{cases} \mathrm{e}^{-\alpha t}, & t>0, \\ 0, & t\leqslant 0 \end{cases}$ $(\alpha>0)$	$\dfrac{1}{\alpha+\mathrm{i}\Omega}$
三角形脉冲函数 $f(t)=\begin{cases} \dfrac{2A}{\tau}\left(\dfrac{\tau}{2}+t\right), & -\dfrac{\tau}{2}\leqslant t\leqslant 0, \\ \dfrac{2A}{\tau}\left(\dfrac{\tau}{2}-t\right), & 0\leqslant t\leqslant \dfrac{\tau}{2}, \\ 0, & \text{其他} \end{cases}$ $(A>0)$	$\dfrac{4A}{\tau\Omega^2}\left(1-\cos\dfrac{\Omega\tau}{2}\right)$
钟形脉冲函数 $f(t)=A\mathrm{e}^{-\beta t^2}$ $(A,\beta>0)$	$\sqrt{\dfrac{\pi}{\beta}}A\mathrm{e}^{-\frac{\Omega^2}{4\beta}}$
傅里叶核 $f(t)=\dfrac{\sin\Omega_0 t}{\pi t}$ $(\Omega_0>0)$	$\begin{cases} 1, & \|\Omega\|\leqslant \Omega_0, \\ 0, & \|\Omega\|>\Omega_0 \end{cases}$
高斯分布函数 $f(t)=\dfrac{1}{\sqrt{2\pi}\sigma}\mathrm{e}^{-\frac{t^2}{2\sigma^2}}$ $(\sigma>0)$	$\mathrm{e}^{-\frac{\sigma^2\Omega^2}{2}}$
矩形射频脉冲函数 $f(t)=\begin{cases} E\cos\Omega_0 t, & \|t\|\leqslant \dfrac{\tau}{2}, \\ 0, & \|t\|>\dfrac{\tau}{2} \end{cases}$	$\dfrac{E\tau}{2}\left[\dfrac{\sin(\Omega-\Omega_0)\dfrac{\tau}{2}}{(\Omega-\Omega_0)\dfrac{\tau}{2}}+\dfrac{\sin(\Omega+\Omega_0)\dfrac{\tau}{2}}{(\Omega+\Omega_0)\dfrac{\tau}{2}}\right]$
单位脉冲函数 $f(t)=\delta(t)$	1
周期性脉冲函数 $f(t)=\sum\limits_{n=-\infty}^{+\infty}\delta(t-nT)$ （T 为周期）	$\dfrac{2\pi}{T}\sum\limits_{n=-\infty}^{+\infty}\delta\left(\Omega-\dfrac{2n\pi}{T}\right)$
$\cos\Omega_0 t$	$\pi(\delta(\Omega+\Omega_0)+\delta(\Omega-\Omega_0))$
$\sin\Omega_0 t$	$\mathrm{i}\pi(\delta(\Omega+\Omega_0)-\delta(\Omega-\Omega_0))$
单位阶跃函数 $f(t)=u(t)$	$\dfrac{1}{\mathrm{i}\Omega}+\pi\delta(\Omega)$
$u(t-c)$（c 为实常数）	$\dfrac{1}{\mathrm{i}\Omega}\mathrm{e}^{-\mathrm{i}\Omega c}+\pi\delta(\Omega)$
$u(t)t$	$-\dfrac{1}{\Omega^2}+\pi\mathrm{i}\delta'(\Omega)$

续表

$f(t)$	$F(\Omega)$
$u(t)t^n$	$\dfrac{n!}{(\mathrm{i}\Omega)^{n+1}}+\pi\mathrm{i}^n\delta^{(n)}(\Omega)$
$u(t)\sin\alpha t$ （α 为实常数）	$\dfrac{\alpha}{\alpha^2-\Omega^2}+\dfrac{\pi}{2\mathrm{i}}(\delta(\Omega-\Omega_0)-\delta(\Omega+\Omega_0))$
$u(t)\cos\alpha t$ （α 为实常数）	$\dfrac{\mathrm{i}\Omega}{\alpha^2-\Omega^2}+\dfrac{\pi}{2}(\delta(\Omega-\Omega_0)-\delta(\Omega+\Omega_0))$
$u(t)\mathrm{e}^{\mathrm{i}\alpha t}$ （α 为实常数）	$\dfrac{1}{\mathrm{i}(\Omega-\alpha)}+\pi\delta(\Omega-\alpha)$
$u(t-c)\mathrm{e}^{\mathrm{i}\alpha t}$ （c,α 为实常数）	$\dfrac{1}{\mathrm{i}(\Omega-\alpha)}\mathrm{e}^{-\mathrm{i}(\Omega-\alpha)}+\pi\delta(\Omega-\alpha)$
$u(t)\mathrm{e}^{\mathrm{i}\alpha t}t^n$ （α 为实常数）	$\dfrac{n!}{[\mathrm{i}(\Omega-\alpha)]^{n+1}}+\pi\mathrm{i}^n\delta^{(n)}(\Omega-\alpha)$
$\mathrm{e}^{a|t|}$ （$\mathrm{Re}(a)<0$）	$\dfrac{-2a}{\Omega^2+a^2}$
$\delta(t-c)$ （c 为实常数）	$\mathrm{e}^{-\mathrm{i}\Omega c}$
$\delta'(t)$	$\mathrm{i}\Omega$
$\delta^{(n)}(t)$	$(\mathrm{i}\Omega)^n$
$\delta^{(n)}(t-c)$ （c 为实常数）	$(\mathrm{i}\Omega)^n\mathrm{e}^{-\mathrm{i}\Omega c}$
1	$2\pi\delta(\Omega)$
t	$2\pi\mathrm{i}\delta'(\Omega)$
t^n	$2\pi\mathrm{i}^n\delta^{(n)}(\Omega)$
$\mathrm{e}^{\mathrm{i}\alpha t}$ （α 为实常数）	$2\pi\delta(\Omega-\alpha)$
$t^n\mathrm{e}^{\mathrm{i}\alpha t}$ （α 为实常数）	$2\pi\mathrm{i}^n\delta^{(n)}(\Omega-\alpha)$
$\dfrac{1}{a^2+t^2}$ （$\mathrm{Re}(a)<0$）	$-\dfrac{\pi}{a}\mathrm{e}^{a|\Omega|}$
$\dfrac{t}{(a^2+t^2)^2}$ （$\mathrm{Re}(a)<0$）	$\dfrac{\mathrm{i}\Omega\pi}{2a}\mathrm{e}^{a|\Omega|}$
$\dfrac{\mathrm{e}^{\mathrm{i}bt}}{a^2+t^2}$ （$\mathrm{Re}(a)<0,b$ 为实常数）	$-\dfrac{\pi}{a}\mathrm{e}^{a|\Omega-b|}$
$\dfrac{\cos bt}{a^2+t^2}$ （$\mathrm{Re}(a)<0,b$ 为实常数）	$-\dfrac{\pi}{2a}(\mathrm{e}^{a|\Omega-b|}+\mathrm{e}^{a|\Omega+b|})$
$\dfrac{\sin bt}{a^2+t^2}$ （$\mathrm{Re}(a)<0,b$ 为实常数）	$-\dfrac{\pi}{2a\mathrm{i}}(\mathrm{e}^{a|\Omega-b|}-\mathrm{e}^{a|\Omega+b|})$
$\dfrac{\mathrm{sh}\,at}{\mathrm{sh}\,\pi t}$ （$-\pi<a<\pi$）	$\dfrac{\sin a}{\mathrm{ch}\,\Omega+\cos a}$
$\dfrac{\mathrm{sh}\,at}{\mathrm{ch}\,\pi t}$ （$-\pi<a<\pi$）	$-2\mathrm{i}\dfrac{\sin\dfrac{a}{2}\mathrm{sh}\,\dfrac{\Omega}{2}}{\mathrm{ch}\,\Omega+\cos a}$
$\dfrac{\mathrm{ch}\,at}{\mathrm{ch}\,\pi t}$ （$-\pi<a<\pi$）	$2\dfrac{\cos\dfrac{a}{2}\mathrm{ch}\,\dfrac{\Omega}{2}}{\mathrm{ch}\,\Omega+\cos a}$

续表

$f(t)$	$F(\Omega)$
$\dfrac{1}{\operatorname{ch} at}$ $(a>0)$	$\dfrac{\pi}{a} \cdot \dfrac{1}{\operatorname{ch}\dfrac{\pi\Omega}{2a}}$
$\sin at^2$ $(a>0)$	$\sqrt{\dfrac{\pi}{a}}\cos\left(\dfrac{\Omega^2}{4a}+\dfrac{\pi}{4}\right)$
$\cos at^2$ $(a>0)$	$\sqrt{\dfrac{\pi}{a}}\cos\left(\dfrac{\Omega^2}{4a}-\dfrac{\pi}{4}\right)$
$\dfrac{1}{t}\sin at$ $(a>0)$	$\begin{cases}\pi, & |\Omega|\leqslant a,\\ 0, & |\Omega|>a\end{cases}$
$\dfrac{1}{t^2}\sin^2 at$ $(a>0)$	$\begin{cases}\pi\left(a-\dfrac{|\Omega|}{2}\right), & |\Omega|\leqslant 2a,\\ 0, & |\Omega|>2a\end{cases}$
$\dfrac{\sin at}{\sqrt{|t|}}$ $(a>0)$	$\mathrm{i}\sqrt{\dfrac{\pi}{2}}\left(\dfrac{1}{\sqrt{|\Omega+a|}}-\dfrac{1}{\sqrt{|\Omega-a|}}\right)$
$\dfrac{\cos at}{\sqrt{|t|}}$ $(a>0)$	$\sqrt{\dfrac{\pi}{2}}\left(\dfrac{1}{\sqrt{|\Omega+a|}}+\dfrac{1}{\sqrt{|\Omega-a|}}\right)$
$\dfrac{1}{\sqrt{|t|}}$	$\sqrt{\dfrac{2\pi}{|\Omega|}}$
$\operatorname{sgn}(t)$	$\dfrac{2}{\mathrm{i}\Omega}$
e^{-at^2} $(\operatorname{Re}(a)<0)$	$\sqrt{\dfrac{\pi}{a}}\mathrm{e}^{-\dfrac{\Omega^2}{4a}}$
$|t|$	$-\dfrac{2}{\Omega^2}$
$\dfrac{1}{\sqrt{|t|}}$	$\dfrac{\sqrt{2\pi}}{|\Omega|}$

附表 2　拉普拉斯变换简表

$f(t)$	$F(s)$
1	$\dfrac{1}{s}$
e^{at}	$\dfrac{1}{s-a}$
$t^m\ (m>-1)$	$\dfrac{\Gamma(m+1)}{s^{m+1}}$
$t^m e^{at}\ (m>-1)$	$\dfrac{\Gamma(m+1)}{(s-a)^{m+1}}$
$\sin at$	$\dfrac{a}{s^2+a^2}$
$\cos at$	$\dfrac{s}{s^2+a^2}$
$\operatorname{sh} at$	$\dfrac{a}{s^2-a^2}$
$\operatorname{ch} at$	$\dfrac{s}{s^2-a^2}$
$t\sin at$	$\dfrac{2as}{(s^2+a^2)^2}$
$t\cos at$	$\dfrac{s^2-a^2}{(s^2+a^2)^2}$
$t\operatorname{sh} at$	$\dfrac{2as}{(s^2-a^2)^2}$
$t\operatorname{ch} at$	$\dfrac{s^2+a^2}{(s^2-a^2)^2}$
$t^m \sin at\ (m>-1)$	$\dfrac{\Gamma(m+1)}{2i(s^2+a^2)^{m+1}}[(s+ia)^{m+1}-(s-ia)^{m+1}]$
$t^m \cos at\ (m>-1)$	$\dfrac{\Gamma(m+1)}{2(s^2+a^2)^{m+1}}[(s+ia)^{m+1}+(s-ia)^{m+1}]$
$e^{-bt}\sin at$	$\dfrac{a}{(s+b)^2+a^2}$
$e^{-bt}\cos at$	$\dfrac{s+b}{(s+b)^2+a^2}$
$e^{-bt}\sin(at+c)$	$\dfrac{(s+b)\sin c+a\cos c}{(s+b)^2+a^2}$
$e^{-bt}\cos(at+c)$	$\dfrac{(s+b)\cos c-a\sin c}{(s+b)^2+a^2}$
$\sin^2 at$	$\dfrac{2a^2}{s(s^2+4a^2)}$

续表

$f(t)$	$F(s)$
$\cos^2 at$	$\dfrac{s^2+2a^2}{s(s^2+4a^2)}$
$\sin at \sin bt$	$\dfrac{2abs}{[s^2+(a+b)^2][s^2+(a-b)^2]}$
$e^{at}-e^{bt}$	$\dfrac{a-b}{(s-a)(s-b)}$
$ae^{at}-be^{bt}$	$\dfrac{(a-b)s}{(s-a)(s-b)}$
$\dfrac{1}{a}\sin at - \dfrac{1}{b}\sin bt$	$\dfrac{b^2-a^2}{(s^2+a^2)(s^2+b^2)}$
$\cos at - \cos bt$	$\dfrac{(b^2-a^2)s}{(s^2+a^2)(s^2+b^2)}$
$\dfrac{1}{a^3}(at-\sin at)$	$\dfrac{1}{s^2(s^2+a^2)}$
$\dfrac{1}{a^4}(\cos at - 1)+\dfrac{1}{2a^2}t^2$	$\dfrac{1}{s^3(s^2+a^2)}$
$\dfrac{1}{a^4}(\operatorname{ch} at - 1) - \dfrac{1}{2a^2}t^2$	$\dfrac{1}{s^2(s^2-a^2)}$
$\dfrac{1}{2a^3}(\sin at - at\cos at)$	$\dfrac{1}{(s^2+a^2)^2}$
$\dfrac{1}{2a}(\sin at + at\cos at)$	$\dfrac{s^2}{(s^2+a^2)^2}$
$\dfrac{1}{a^4}(1-\cos at)-\dfrac{t}{2a^3}\sin at$	$\dfrac{1}{s(s^2+a^2)^2}$
$(1-at)e^{-at}$	$\dfrac{s}{(s+a)^2}$
$t\left(1-\dfrac{a}{2}t\right)e^{-at}$	$\dfrac{s}{(s+a)^3}$
$\dfrac{1}{a}(1-e^{-at})$	$\dfrac{1}{s(s+a)}$
$\dfrac{1}{ab}+\dfrac{1}{b-a}\left(\dfrac{e^{-bt}}{b}-\dfrac{e^{-at}}{a}\right)$	$\dfrac{1}{s(s+a)(s+b)}$
$\dfrac{e^{-at}}{(b-a)(c-a)}+\dfrac{e^{-bt}}{(a-b)(c-b)}+\dfrac{e^{-ct}}{(a-c)(b-c)}$	$\dfrac{1}{(s+a)(s+b)(s+c)}$
$\dfrac{ae^{-at}}{(c-a)(a-b)}+\dfrac{be^{-bt}}{(a-b)(b-c)}+\dfrac{ce^{-ct}}{(b-c)(c-a)}$	$\dfrac{s}{(s+a)(s+b)(s+c)}$
$\dfrac{a^2 e^{-at}}{(c-a)(b-a)}+\dfrac{b^2 e^{-bt}}{(a-b)(c-b)}+\dfrac{c^2 e^{-ct}}{(b-c)(a-c)}$	$\dfrac{s^2}{(s+a)(s+b)(s+c)}$
$\dfrac{e^{-at}-e^{-bt}[1-(a-b)t]}{(a-b)^2}$	$\dfrac{1}{(s+a)(s+b)^2}$
$\dfrac{[a-b(a-b)t]e^{-bt}-ae^{-at}}{(a-b)^2}$	$\dfrac{s}{(s+a)(s+b)^2}$
$e^{-at}-e^{\frac{at}{2}}\left(\cos\dfrac{\sqrt{3}at}{2}-\sqrt{3}\sin\dfrac{\sqrt{3}at}{2}\right)$	$\dfrac{3a^2}{s^3+a^3}$

$f(t)$	$F(s)$
$\sin at\,\mathrm{ch}at-\cos at\,\mathrm{sh}at$	$\dfrac{4a^3}{s^4+4a^4}$
$\dfrac{1}{2a^2}\sin at\,\mathrm{sh}at$	$\dfrac{s}{s^4+4a^4}$
$\dfrac{1}{2a^3}(\mathrm{sh}at-\sin at)$	$\dfrac{1}{s^4-a^4}$
$\dfrac{1}{2a^2}(\mathrm{ch}at-\cos at)$	$\dfrac{s}{s^4-a^4}$
$\dfrac{1}{\sqrt{\pi t}}$	$\dfrac{1}{\sqrt{s}}$
$2\sqrt{\dfrac{t}{\pi}}$	$\dfrac{1}{s\sqrt{s}}$
$\dfrac{1}{\sqrt{\pi t}}\mathrm{e}^{at}(1+2at)$	$\dfrac{s}{(s-a)\sqrt{s-a}}$
$\dfrac{1}{2\sqrt{\pi t^3}}(\mathrm{e}^{bt}-\mathrm{e}^{at})$	$\sqrt{s-a}-\sqrt{s-b}$
$\dfrac{1}{\sqrt{\pi t}}\cos 2\sqrt{at}$	$\dfrac{1}{\sqrt{s}}\mathrm{e}^{-\frac{a}{s}}$
$\dfrac{1}{\sqrt{\pi t}}\mathrm{ch}2\sqrt{at}$	$\dfrac{1}{\sqrt{s}}\mathrm{e}^{\frac{a}{s}}$
$\dfrac{1}{\sqrt{\pi t}}\sin 2\sqrt{at}$	$\dfrac{1}{s\sqrt{s}}\mathrm{e}^{-\frac{a}{s}}$
$\dfrac{1}{\sqrt{\pi t}}\mathrm{sh}2\sqrt{at}$	$\dfrac{1}{s\sqrt{s}}\mathrm{e}^{\frac{a}{s}}$
$\dfrac{1}{t}(\mathrm{e}^{bt}-\mathrm{e}^{at})$	$\ln\dfrac{s-a}{s-b}$
$\dfrac{2}{t}\mathrm{sh}at$	$\ln\dfrac{s+a}{s-a}$
$\dfrac{2}{t}(1-\cos at)$	$\ln\dfrac{s^2+a^2}{s^2}$
$\dfrac{2}{t}(1-\mathrm{ch}at)$	$\ln\dfrac{s^2-a^2}{s^2}$
$\dfrac{1}{t}\sin at$	$\arctan\dfrac{a}{s}$
$\dfrac{1}{t}(\mathrm{ch}at-\cos bt)$	$\ln\sqrt{\dfrac{s^2+b^2}{s^2-a^2}}$
$\dfrac{1}{\pi t}\sin(2a\sqrt{t})$	$\mathrm{erf}\left(\dfrac{a}{\sqrt{s}}\right)$
$\dfrac{1}{\sqrt{\pi t}}\mathrm{e}^{-2a\sqrt{t}}\quad(a>0)$	$\dfrac{1}{\sqrt{s}}\mathrm{e}^{\frac{a^2}{s}}\mathrm{erfc}\left(\dfrac{a}{\sqrt{s}}\right)$
$\mathrm{erfc}\left(\dfrac{a}{2\sqrt{t}}\right)$	$\dfrac{1}{s}\mathrm{e}^{-a\sqrt{s}}$
$\dfrac{1}{\sqrt{t}}\mathrm{e}^{-\frac{a^2}{4t}}\quad(a\geqslant 0)$	$\sqrt{\dfrac{\pi}{s}}\mathrm{e}^{-a\sqrt{s}}$

续表

$f(t)$	$F(s)$
$\mathrm{erf}\left(\dfrac{t}{2a}\right)$ （$a>0$）	$\dfrac{1}{s}\mathrm{e}^{a^2s^2}\mathrm{erfc}(as)$
$\dfrac{1}{\sqrt{\pi(t+a)}}$ （$a>0$）	$\dfrac{1}{\sqrt{s}}\mathrm{e}^{as}\mathrm{erfc}(\sqrt{as})$
$\dfrac{1}{\sqrt{a}}\mathrm{erf}(\sqrt{at})$	$\dfrac{1}{s\sqrt{s+a}}$
$\dfrac{1}{\sqrt{a}}\mathrm{e}^{at}\mathrm{erf}(\sqrt{at})$	$\dfrac{1}{\sqrt{s}(s-a)}$
$\dfrac{1}{\sqrt{\pi t}}-\sqrt{a}\mathrm{e}^{at}\mathrm{erfc}(\sqrt{at})$	$\dfrac{1}{\sqrt{s}+\sqrt{a}}$
$\mathrm{e}^{at}\mathrm{erfc}(\sqrt{at})$	$\dfrac{1}{\sqrt{s}(\sqrt{s}+\sqrt{a})}$
$\left[\dfrac{t}{a}\right]$ （$a>0$）	$\dfrac{1}{s(\mathrm{e}^{as}-1)}$
$\lvert\cos at\rvert$ （$a>0$）	$\dfrac{1}{s^2+a^2}\left(s+\mathrm{ch}^{-1}\dfrac{\pi s}{2a}\right)$
$\lvert\sin at\rvert$ （$a>0$）	$\dfrac{a}{s^2+a^2}\mathrm{ch}\dfrac{\pi s}{2a}$
$\delta(t)$	1
$\delta(t-a)$ （$a>0$）	e^{-as}
$\delta'(t)$	s
$\mathrm{sgn}(t)$	$\dfrac{1}{s}$
$u(t)$	$\dfrac{1}{s}$
$tu(t)$	$\dfrac{1}{s^2}$
$t^m u(t)$ （$m>-1$）	$\dfrac{1}{s^{m+1}}\Gamma(m+1)$
$\dfrac{1}{\sqrt{\pi t}}\sin\dfrac{1}{2t}$	$\dfrac{1}{\sqrt{s}}\mathrm{e}^{-\sqrt{s}}\sin\sqrt{s}$
$\dfrac{1}{\sqrt{\pi t}}\cos\dfrac{1}{2t}$	$\dfrac{1}{\sqrt{s}}\mathrm{e}^{-\sqrt{s}}\cos\sqrt{s}$
$\dfrac{1}{\sqrt{\pi t}}\sin at$	$\sqrt{\dfrac{\sqrt{s^2+a^2}-s}{s^2+a^2}}$
$\dfrac{1}{\sqrt{\pi t}}\cos at$	$\sqrt{\dfrac{\sqrt{s^2+a^2}+s}{s^2+a^2}}$
$\mathrm{J}_0(at)$	$\dfrac{1}{\sqrt{s^2+a^2}}$
$\mathrm{I}_0(at)$	$\dfrac{1}{\sqrt{s^2-a^2}}$

续表

$f(t)$	$F(s)$
$e^{-\frac{at}{2}} I_0(at)$	$\dfrac{1}{\sqrt{s}\sqrt{s+a}}$
$\dfrac{1}{at} J_1(at)$	$\dfrac{1}{s+\sqrt{s^2+a^2}}$
$J_m(t)$	$\dfrac{(\sqrt{s^2+1}-s)^n}{\sqrt{s^2+1}}$
$\dfrac{1}{t} J_n(at) \quad (n>0)$	$\dfrac{1}{na^n}(\sqrt{s^2+a^2}-s)^n$
$t^{\frac{m}{2}} J_n(2\sqrt{t})$	$\dfrac{1}{s^{n+1}} e^{-\frac{1}{s}}$
sit	$\dfrac{1}{s}\text{arccot} s$
cit	$\dfrac{1}{s}\ln\dfrac{1}{\sqrt{s^2+1}}$
$-\text{Ei}(-t)$	$\dfrac{1}{s}\ln(1+s)$
$\displaystyle\int_t^{+\infty} \dfrac{I_0(t)}{t} dt$	$\dfrac{1}{s}\ln(s+\sqrt{s^2+1})$
$s(t)$	$\dfrac{1}{2s}\sqrt{\dfrac{\sqrt{s^2+a^2}-s}{s^2+a^2}}$

注:

① 式中 a,b,c 为不相等的常数.

② $\text{erf}(z) = \dfrac{2}{\sqrt{\pi}}\displaystyle\int_0^z e^{-t^2} dt$ 称为误差函数; $\text{erfc}(x) = 1 - \text{erf}(z) = \dfrac{1}{\sqrt{\pi}}\displaystyle\int_z^{+\infty} e^{-t^2} dt$ 称为余误差函数.

③ $J_n(z) = \displaystyle\sum_{k=0}^{+\infty} \dfrac{(-1)^k}{k!\Gamma(n+k+1)} \left(\dfrac{z}{2}\right)^{n+2k}$ 称为第一类 n 阶贝塞尔函数; $I_n(z) = i^{-n} J_n(iz) = \displaystyle\sum_{k=0}^{+\infty} \dfrac{1}{k!\Gamma(n+k+1)} \left(\dfrac{z}{2}\right)^{n+2k}$ 称为第一类虚宗量的贝塞尔函数或第一类 n 阶变形的贝塞尔函数.

④ $\text{sit} = \displaystyle\int_0^t \dfrac{\sin t}{t} dt$ 称为正弦积分.

⑤ $\text{cit} = \displaystyle\int_{-\infty}^t \dfrac{\cos t}{t} dt$ 称为余弦积分.

⑥ $\text{Ei}(t) = \displaystyle\int_{-\infty}^t \dfrac{e^t}{t} dt$ 称为指数积分.

⑦ $s(t) = \displaystyle\int_0^t \dfrac{\sin t}{\sqrt{2\pi t}} dt$; $c(t) = \displaystyle\int_0^t \dfrac{\cos t}{\sqrt{2\pi t}} dt$.

部分习题参考答案

习题 1.1

1. (1) $\text{Re}(z)=\dfrac{3}{13}$, $\text{Im}(z)=\dfrac{2}{13}$, $\bar{z}=\dfrac{3}{13}+\dfrac{2}{13}\text{i}$, $|z|=\dfrac{1}{\sqrt{13}}$, $\arg z=-\arctan\dfrac{2}{3}$;

(2) $\text{Re}(z)=\dfrac{3}{2}$, $\text{Im}(z)=\dfrac{5}{2}$, $\bar{z}=\dfrac{3}{2}+\dfrac{5}{2}\text{i}$, $|z|=\dfrac{\sqrt{34}}{2}$, $\arg z=-\arctan\dfrac{5}{3}$;

(3) $\text{Re}(z)=-\dfrac{7}{2}$, $\text{Im}(z)=-13$, $\bar{z}=-\dfrac{7}{2}+13\text{i}$, $|z|=\dfrac{5}{2}\sqrt{29}$, $\arg z=\arctan\dfrac{26}{7}-\pi$;

(4) $\text{Re}(z)=1$, $\text{Im}(z)=-3$, $\bar{z}=1+3\text{i}$, $|z|=\sqrt{10}$, $\arg z=-\arctan 3$.

3. $\text{Arg}(-1-\text{i})=-\dfrac{3}{4}\pi+2k\pi\text{i}, k\in\mathbf{Z}$, $\arg(-1-\text{i})=-\dfrac{3}{4}\pi$;

$\text{Arg}(-1+3\text{i})=\pi-\arctan 3+2k\pi\text{i}, k\in\mathbf{Z}$, $\arg(-1+3\text{i})=\pi-\arctan 3$.

5. (1) $z=-\text{i}$; (2) $z=\dfrac{2}{29}+\dfrac{5}{29}\text{i}$; (3) $z_1=0, z_2=\dfrac{12}{5}+\dfrac{6}{5}\text{i}$; (4) $z=\pm 5\text{i}$.

6. (1) 真; (2) 真; (3) 假; (4) 假; (5) 假; (6) 假; (7) 真.

7. (1) πi 的三角形式为 $\pi\left(\cos\dfrac{\pi}{2}+\text{i}\sin\dfrac{\pi}{2}\right)$,指数形式为 $\pi\text{e}^{\frac{\pi}{2}\text{i}}$;

(2) -2 的三角形式为 $2(\cos\pi+\text{i}\sin\pi)$,指数形式为 $2\text{e}^{\pi\text{i}}$;

(3) $1-\text{i}$ 的三角形式为 $\sqrt{2}\left[\cos\left(-\dfrac{\pi}{4}\right)+\text{i}\sin\left(-\dfrac{\pi}{4}\right)\right]$,指数形式为 $\sqrt{2}\text{e}^{\frac{\pi}{4}\text{i}}$;

(4) $\dfrac{1+\text{i}}{\sqrt{3}-\text{i}}$ 的三角形式为 $\dfrac{\sqrt{2}}{2}\left(\cos\dfrac{5\pi}{12}+\text{i}\sin\dfrac{5\pi}{12}\right)$,指数形式为 $\dfrac{\sqrt{2}}{2}\text{e}^{\frac{5\pi}{12}\text{i}}$.

8. (1) 以 $(1,0)$ 为圆心,1 为半径的圆周 $(x-1)^2+y^2=1$;

(2) 以 $(0,1)$ 为圆心,3 为半径的圆周及其外部区域 $x^2+(y-1)^2\geqslant 3^2$;

(3) 直线 $x=2$; (4) 直线 $y=1$ 以下的半平面 $y\leqslant 1$;

(5) 直线 $y=0$; (6) 直线 $y=x+1$ $(x>0)$.

习题 1.2

1. 模不变,辐角减少 $\dfrac{\pi}{2}$.

4. (1) -4;　　(2) $-\dfrac{1}{2}+\dfrac{\sqrt{3}}{2}\mathrm{i}$;

　 (3) $w_0=\dfrac{5}{2}+\dfrac{5\sqrt{3}}{2}\mathrm{i}$, $w_1=-5$, $w_2=\dfrac{5}{2}-\dfrac{5\sqrt{3}}{2}\mathrm{i}$;

　 (4) $w_0=\sqrt[8]{2}\left(\cos\dfrac{\pi}{16}+\mathrm{isin}\dfrac{\pi}{16}\right)$, $w_1=\sqrt[8]{2}\left(\cos\dfrac{9\pi}{16}+\mathrm{isin}\dfrac{9\pi}{16}\right)$,

　　 $w_2=\sqrt[8]{2}\left(\cos\dfrac{17\pi}{16}+\mathrm{isin}\dfrac{17\pi}{16}\right)$, $w_3=\sqrt[8]{2}\left(\cos\dfrac{25\pi}{16}+\mathrm{isin}\dfrac{25\pi}{16}\right)$.

5. $2^{\frac{n+2}{2}}\cos\dfrac{n\pi}{4}$.

6. $z_0=4\left(\cos\dfrac{\pi}{4}+\mathrm{isin}\dfrac{\pi}{4}\right)=2\sqrt{2}+2\sqrt{2}\mathrm{i}$, $z_1=4\left(\cos\dfrac{3\pi}{4}+\mathrm{isin}\dfrac{3\pi}{4}\right)=-2\sqrt{2}+2\sqrt{2}\mathrm{i}$,

　 $z_2=4\left(\cos\dfrac{5\pi}{4}+\mathrm{isin}\dfrac{5\pi}{4}\right)=-2\sqrt{2}-2\sqrt{2}\mathrm{i}$, $z_3=4\left(\cos\dfrac{7\pi}{4}+\mathrm{isin}\dfrac{7\pi}{4}\right)=2\sqrt{2}-2\sqrt{2}\mathrm{i}$.

7. $z_1=\dfrac{3\sqrt{2}}{2}+\left(2-\dfrac{3\sqrt{2}}{2}\right)\mathrm{i}$, $z_2=-\dfrac{3\sqrt{2}}{2}+\left(2+\dfrac{3\sqrt{2}}{2}\right)\mathrm{i}$.

习　题　1.3

1. $\dfrac{x^2}{(a+b)^2}+\dfrac{y^2}{(a-b)^2}=1$.

2. (1) z 的轨迹是一条平行于 x 轴的直线 $y=6$，不能构成区域；

　 (2) z 的轨迹是不包括边界的圆周 $x^2+(y+3)^2=4$ 的外部区域，它是无界的、开的多连通区域；

　 (3) z 的轨迹是包括边界的椭圆周 $\dfrac{x^2}{9}+\dfrac{y^2}{5}=1$ 的内部区域，它是有界的、闭的单连通区域；

　 (4) z 的轨迹是不包括边界的双曲线 $4x^2-\dfrac{4}{15}y^2=1$ 的右边分支的内部区域（包括焦点 $z=2$ 的那部分），它是无界的、开的单连通区域.

6. (1) $u^2+v^2=\dfrac{1}{4}$;　　(2) $v=-u$;　　(3) $v=0$;　　(4) $\left(u-\dfrac{1}{2}\right)^2+v^2=\dfrac{1}{4}$.

习　题　1.4

1. (1) 2;　　(2) $\dfrac{1}{\mathrm{e}}$.

3. 处处连续.

习　题　2.1

2. (1) $z=0,-1$;　　(2) $z=1,\pm 2\mathrm{i}$.

3. (1) 假； (2) 真.

4. (1) 处处可导，导数为 $n(z-1)^{n-1}$；

(2) 除点 $z=\pm 1$ 外处处可导，导数为 $\dfrac{-2z}{(z^2-1)^2}$；

(3) 除点 $z=-\dfrac{d}{c}$ 外处处可导，导数为 $\dfrac{ad-bc}{(cz+d)^2}$；

(4) 处处不可导；

(5) 在点 $z=0$ 处的导数为零，在其他点处都没有导数；

(6) 处处可导，导数为 $3z^2+2\mathrm{i}$.

5. 在某点处，解析可以推出可导，反过来不成立；区域上解析与可导等价.

习 题 2.2

1. (1) 假； (2) 真； (3) 真； (4) 假.

2. (1) 在整个复平面上； (2) 除点 $z=0$ 外；

(3) 处处不满足； (4) 在直线 $\sqrt{2}x\pm\sqrt{3}y=0$ 上.

3. (1) $c=1, b=-a$； (2) $a=2$.

4. (1) 在直线 $x=-\dfrac{1}{2}$ 上可导，但在复平面上处处不解析；

(2) 在复平面上处处可导，处处解析；

(3) 只在点 $z=0$ 处可导，但在复平面上处处不解析；

(4) 在直线 $y=x$ 上可导，但在复平面上处处不解析.

5. $\dfrac{27}{4}-\dfrac{27}{4}\mathrm{i}$.

7. (1)~(5) 不成立； (6) 成立.

习 题 2.3

1. (1) $\mathrm{e}^3(\cos 1+\mathrm{i}\sin 1)$； (2) $\ln 5-\mathrm{i}\arctan\dfrac{4}{3}+(2k+1)\pi\mathrm{i}\ (k\in \mathbf{Z})$；

(3) $\dfrac{\mathrm{i}}{2}(\mathrm{e}-\mathrm{e}^{-1})$； (4) $2\mathrm{i}$； (5) $\mathrm{e}^{-\left(\frac{\pi}{2}+2k\pi\right)\mathrm{i}}\ (k\in\mathbf{Z})$；

(6) $\dfrac{1}{2}[\cos 1\cdot(\mathrm{e}^{-1}+\mathrm{e})+\mathrm{i}\sin 1\cdot(\mathrm{e}^{-1}-\mathrm{e})]$.

4. 全部正确.

5. (1) $z=k\pi+\dfrac{\pi}{2}\ (k\in\mathbf{Z})$； (2) $z=-\dfrac{1}{4}\pi+2k\pi\ (k\in\mathbf{Z})$；

(3) $z=\ln 2+\left(\dfrac{\pi}{3}+2k\pi\right)\mathrm{i}\ (k\in\mathbf{Z})$； (4) $z=\mathrm{i}$.

习 题 3.1

1. (1) -1; (2) -1; (3) -1.

2. (1) $-\frac{1}{6}+\frac{5}{6}i$; (2) $-\frac{1}{6}+\frac{5}{6}i$.

3. (1) 0; (2) 0.

4. (1) 1; (2) 2; (3) 2.

5. (1) $\frac{4}{3}+\frac{2}{3}i$; (2) $4+3i$.

习 题 3.2

1. (1) 0; (2) 0; (3) 0; (4) 0; (5) $\frac{\pi}{2}i$; (6) 0.

2. $\oint_C (z-a)^n dz = \begin{cases} 0, & n \neq -1, \\ 2\pi i, & n = -1, a \text{ 在 } C \text{ 内部}, \\ 0, & n = -1, a \text{ 不在 } C \text{ 内部}. \end{cases}$

3. (1) 0; (2) πi; (3) 0; (4) 0; (5) $-\pi i$.

习 题 3.3

1. (1) $\frac{1}{5}e^{2z}(2\sin z - \cos z) + C$; (2) $z\ln z - z + C$;

   (3) $-z^2\cos z + 2z\sin z + 2\cos z + C$; (4) $\frac{1}{6}z^6 + 3z^2 + C$.

2. (1) 0; (2) $\frac{1}{2}\pi$; (3) $\sin 1 + \cos 1 - 1$; (4) $2ie^i - e^i + e^{-i}$.

习 题 3.4

1. (1) $2\pi i$; (2) 0; (3) 0; (4) 0; (5) $2\pi i$;

   (6) 0; (7) 0; (8) $\pi i \ln 2$; (9) $\frac{2\pi i}{3e}$.

2. $\oint_C \frac{e^z}{(z-a)^4} dz = \begin{cases} \frac{1}{3}e^a \pi i, & C \text{ 包含 } a, \\ 0, & a. \end{cases}$

3. $\oint_C \frac{\sin z}{z(z-\pi)^2} dz = \begin{cases} 0, & C \text{ 不包含 } 0 \text{ 和 } \pi, \\ 0, & C \text{ 包含 } 0 \text{ 但不包含 } \pi; \\ -2i, & C \text{ 包含 } \pi \text{ 但不包含 } 0; \\ -2i, & C \text{ 包含 } 0 \text{ 和 } \pi. \end{cases}$

习 题 3.5

2. $a=\frac{\sqrt{2}}{2}, b=-\frac{\sqrt{2}}{2}$，或者 $a=-\frac{\sqrt{2}}{2}, b=\frac{\sqrt{2}}{2}$.

3. (1) z^2； (2) $(1-\mathrm{i})z^3+C$（C 为任意常数）； (3) $\frac{1}{z}+z$； (4) z^3-3z.

习 题 4.1

1. (1) 条件收敛； (2) 绝对收敛； (3) 发散.

习 题 4.2

1. (1) 1； (2) 2； (3) 0.

2. 均与幂级数 $\sum\limits_{n=0}^{+\infty} a_n z^n$ 的收敛半径相同.

习 题 4.3

1. (1) $f(z)=(1+z+z^2+\cdots+z^n+\cdots)\left(1+z+\frac{z^2}{2!}+\cdots+\frac{z^n}{n!}+\cdots\right)$
$=1+\left(1+\frac{1}{1!}\right)z+\left(1+\frac{1}{1!}+\frac{1}{2!}\right)z^2+\cdots+\left(1+\frac{1}{1!}+\frac{1}{2!}+\cdots+\frac{1}{n!}\right)z^n+\cdots;$

(2) $f(z)=\mathrm{e}\cdot\frac{1}{1-z}\mathrm{e}^{z-1}=\mathrm{e}\cdot\frac{1}{1-z}\left[1+(z-1)+\frac{(z-1)^2}{2!}+\cdots+\frac{(z-1)^n}{n!}+\cdots\right]$
$=-\mathrm{e}\left[\frac{1}{z-1}+1+\frac{z-1}{2!}+\cdots+\frac{(z-1)^{n-1}}{n!}+\cdots\right].$

习 题 4.4

1. (1) 4 级； (2) 15 级.

3. (1) 不存在； (2) 不存在； (3) 存在，如 $\frac{1}{1+z}$.

习 题 4.5

1. $f(z)=\frac{1}{1+z^2}$ 的奇点分别为 $z=-\mathrm{i}, z=\mathrm{i}$，所以 $f(z)$ 在 $0<|z+\mathrm{i}|<2$ 和 $2<|z+\mathrm{i}|<+\infty$ 内可展开成洛朗级数.

在 $0<|z+\mathrm{i}|<2$ 内，有

$$f(z)=\frac{1}{z+\mathrm{i}}\cdot\frac{1}{z-\mathrm{i}}=\frac{1}{z+\mathrm{i}}\cdot\frac{1}{(z+\mathrm{i})-2\mathrm{i}}=\frac{1}{z+\mathrm{i}}\cdot\frac{-1}{2\mathrm{i}}\frac{1}{1-\frac{(z+\mathrm{i})}{2\mathrm{i}}}$$

$$= \frac{i}{2} \cdot \frac{1}{z+i}\left[1 + \frac{(z+i)}{2i} + \frac{(z+i)^2}{(2i)^2} + \cdots + \frac{(z+i)^n}{(2i)^n} + \cdots\right]$$

$$= -\sum_{n=0}^{+\infty} \frac{(z+i)^{n-1}}{(2i)^{n+1}}.$$

在 $2 < |z+i| < +\infty$ 内,有

$$f(z) = \frac{1}{z+i} \cdot \frac{1}{z-i} = \frac{1}{z+i} \cdot \frac{1}{(z+i)-2i} = \frac{1}{(z+i)^2} \cdot \frac{1}{1-\frac{2i}{z+i}}$$

$$= \frac{1}{(z+i)^2} \sum_{n=0}^{+\infty}\left(\frac{2i}{z+i}\right)^n = \sum_{n=0}^{+\infty} \frac{(2i)^n}{(z+i)^{n+2}}.$$

$f(z) = \dfrac{1}{1+z^2}$ 的奇点分别为 $z = -i, z = i$,故 $1 < |z| < +\infty$ 内解析,且有

$$f(z) = \frac{1}{z^2} \cdot \frac{1}{\left(1+\frac{1}{z^2}\right)} = \sum_{n=0}^{+\infty}(-1)^n \frac{1}{z^{2(n+1)}}.$$

2. (1) $f(z) = \dfrac{z+1}{z^2(z-1)} = -\dfrac{1}{z^2} - 2\sum\limits_{n=0}^{+\infty} z^{n-1}$ $(0 < |z| < 1)$,

$\quad\quad f(z) = \dfrac{z+1}{z^2(z-1)} = \dfrac{1}{z^2} + 2\sum\limits_{n=0}^{+\infty} z^{\frac{1}{n+3}}$ $(1 < |z| < +\infty)$;

(2) $f(z) = 2\sum\limits_{n=0}^{+\infty}(-1)^n \dfrac{1}{z^{2n}} - \sum\limits_{n=0}^{+\infty} \dfrac{z^n}{2^{n+1}}$;

(3) $f(z) = \dfrac{1}{z} + 1 - \dfrac{z}{2} - \dfrac{5}{6}z^2 + \cdots$.

3. (1) $f(z) = \sum\limits_{n=0}^{+\infty}(-1)^n(n+1) \dfrac{(z-i)^{n-2}}{(2i)^{n+2}}$ $(0 < |z-i| < 2)$.

(2) $f(z) = \sum\limits_{n=-2}^{+\infty} \dfrac{1}{(n+2)!} \cdot \dfrac{1}{z^n}$ $(0 < |z| < +\infty)$;

($0 < |z| < +\infty$ 既是点 $z = 0$ 的去心邻域,也是点 $z = \infty$ 的去心邻域.)

(3) $f(z) = \sum\limits_{n=0}^{+\infty} \dfrac{(-1)^n}{n!} \dfrac{1}{(z-1)^n}$ $(0 < |z-1| < +\infty)$;

($0 < |z-1| < +\infty$ 既是点 $z = 1$ 的去心邻域,也是点 $z = \infty$ 的去心邻域.)

$f(z) = 1 - \dfrac{1}{z} - \dfrac{1}{2} \cdot \dfrac{1}{z^2} - \dfrac{1}{6} \cdot \dfrac{1}{z^3} - \cdots$ $(1 < |z| < +\infty)$.

($1 < |z| < +\infty$ 既是点 $z = 0$ 为的去心邻域,也是点 $z = \infty$ 的去心邻域.)

习 题 5.1

1. (1) $z = 0$ 为一级极点,$z = \pm 2i$ 为二级极点,$z = \infty$ 为可去奇点;

(2) $z = k\pi - \dfrac{\pi}{4}$ $(k = 0, \pm 1, \cdots)$ 为一级极点,$z = \infty$ 为非孤立奇点;

(3) $z=(2k+1)\pi i(k=0,\pm 1,\cdots)$ 为一级极点，$z=\infty$ 为非孤立奇点；

(4) $z=\pm\dfrac{\sqrt{2}}{2}(1-i)$ 为三级极点，$z=\infty$ 为可去奇点；

(5) $z=\left(k+\dfrac{1}{2}\right)\pi(k=0,\pm 1,\cdots)$ 为二级极点，$z=\infty$ 为非孤立奇点；

(6) $z=-i$ 为本性奇点，$z=\infty$ 为可去奇点；

(7) $z=0$ 为可去奇点，$z=\infty$ 为本性奇点；

(8) $z=2k\pi i(k=0,\pm 1,\cdots)$ 为一级极点，$z=\infty$ 为非孤立奇点．

习 题 5.2

1. (1) $\mathrm{Res}(f,1)=\dfrac{1}{4}$，$\mathrm{Res}(f,-1)=-\dfrac{1}{4}$，$\mathrm{Res}(f,\infty)=0$；

(2) $\mathrm{Res}(f,n\pi)=\dfrac{1}{\cos n\pi}=(-1)^n(n=0,\pm 1,\pm 2,\cdots)$；

(3) $\mathrm{Res}(f,0)=-\dfrac{4}{3}$，$\mathrm{Res}(f,\infty)=\dfrac{4}{3}$；

(4) $\mathrm{Res}(f,0)=1$，$\mathrm{Res}(f,\infty)=-1$；

(5) $\mathrm{Res}(f,1)=\dfrac{e}{2}$，$\mathrm{Res}(f,-1)=\dfrac{e^{-1}}{2}$，$\mathrm{Res}(f,\infty)=\dfrac{e^{-1}-e}{2}$．

2. (1) m 为奇数时 $\mathrm{Res}(f,\infty)=0$，m 为偶数 $2k$ 时 $\mathrm{Res}(f,\infty)=\dfrac{(-1)^k}{(2k+1)!}$ $(k=1,2,\cdots)$；

(2) $\mathrm{Res}(f,e_k)=-\dfrac{e_k}{m}$，其中 $e_k=e^{\frac{(2k+1)\pi i}{m}}$ $(k=0,1,\cdots,m-1)$；

$$\mathrm{Res}(f,\infty)=-\sum_{k=0}^{m-1}\left(-\dfrac{e_k}{m}\right)=\dfrac{1}{m}\sum_{k=0}^{m-1}e_k=\begin{cases}0,&m>1,\\-1,&m=1.\end{cases}$$

(3) $\mathrm{Res}(f,0)=\dfrac{-\pi+4i}{\pi^5}$，$\mathrm{Res}(f,\pi i)=-\dfrac{1}{6\pi^5}(\pi^3-2\pi^2 i+12\pi+24i)$，

$\mathrm{Res}(f,\infty)=\dfrac{1}{6\pi^5}(\pi^3-2\pi^2 i+18\pi)$．

习 题 5.3

1. (1) $\dfrac{2\pi}{\sqrt{a^2-1}}$；　(2) $\pi i(a>0)$，$-\pi i(a<0)$．

2. (1) $\dfrac{\pi}{6}$；　(2) $\dfrac{\pi}{24e^3}(3e^2-1)$；　(3) $\dfrac{\pi}{2a}e^{-\frac{ma}{\sqrt{2}}}\sin\dfrac{ma}{\sqrt{2}}$．

习 题 5.4

3. 设 $f(z)=10,\varphi(z)=z^4-8z$，则它们在 $|z|<1$ 内解析且连续到 $C:|z|=1$．在 C 上，$|f(z)|=$

12, $|\varphi(z)|\leqslant 9$, 所以 $|f|>|\varphi|$. 由儒歇定理有 $N(f+\varphi, C)=N(f, C)=0$, 即 $z^4-8z+10=0$ 在圆形区域 $|z|<1$ 内没有根.

又设 $f(z)=z^4, \varphi(z)=-8z+10$, 则它们在 $|z|<3$ 内解析且连续到 $C: |z|=3$. 在 C 上, $|f(z)|=81, |\varphi(z)|\leqslant 34$, 所以 $|f|>|\varphi|$. 由儒歇定理有 $N(f+\varphi, C)=N(f, C)=4$, 即 $z^4-8z+10=0$ 在圆环形区域 $1<|z|<3$ 内有 4 个根.

习 题 6.2

1. (1) $F(\Omega)=\dfrac{4(\sin\Omega-\Omega\cos\Omega)}{\Omega^3}$; (2) $F(\Omega)=\dfrac{2}{5-\Omega^2+2\mathrm{i}\Omega}$; (3) $F(\Omega)=-2\mathrm{i}\dfrac{1-\cos\Omega}{\Omega}$.

2. (1) $F(\Omega)=\dfrac{\pi}{2}\mathrm{i}[\delta(\Omega+2)-\delta(\Omega-2)]$;

(2) $F(\Omega)=\dfrac{\pi}{4}\mathrm{i}[3\delta(\Omega+1)-\delta(\Omega+3)+\delta(\Omega+3)-3\delta(\Omega-1)]$;

(3) $F(\Omega)=\dfrac{\pi}{2}[(\sqrt{3}+\mathrm{i})\delta(\Omega+5)+(\sqrt{3}+\mathrm{i})\delta(\Omega-5)]$.

习 题 6.4

1. (1) $f_1(t)*f_2(t)=\dfrac{\alpha\sin t-\cos t+\mathrm{e}^{\alpha t}}{\alpha^2+1}$;

(2) $f_1(t)*f_2(t)=\begin{cases}0, & t\leqslant 0, \\ \dfrac{1}{2}(\sin t-\cos t+\mathrm{e}^{-t}), & 0<t\leqslant\dfrac{\pi}{2}, \\ \dfrac{1}{2}\mathrm{e}^{-t}(1+\mathrm{e}^{\frac{\pi}{2}}), & t>\dfrac{\pi}{2}.\end{cases}$

3. (1) $S(\Omega)=\dfrac{a}{4a^2+\Omega^2}$; (2) $S(\Omega)=\dfrac{\pi}{2}(\delta(\Omega-\omega_0)+\delta(\Omega+\omega_0))$.

习 题 7.1

1. (1) $F(s)=\dfrac{2}{4s^2+1}$ $(\mathrm{Re}(s)>0)$; (2) $F(s)=\dfrac{1}{s+2}$ $(\mathrm{Re}(s)>-2)$;

(3) $F(s)=\dfrac{2}{s^3}$ $(\mathrm{Re}(s)>0)$; (4) $F(s)=\dfrac{1}{s^2+4}$ $(\mathrm{Re}(s)>0)$;

(5) $F(s)=\dfrac{s^2+2}{s(s^2+4)}$ $(\mathrm{Re}(s)>0)$; (6) $F(s)=\dfrac{2}{s(s^2+4)}$ $(\mathrm{Re}(s)>0)$.

2. (1) $F(s)=\dfrac{1}{s}(3-4\mathrm{e}^{-2s}+\mathrm{e}^{-4s})$; (2) $F(s)=\dfrac{3}{s}(1-\mathrm{e}^{-\frac{\pi s}{2}})-\dfrac{1}{s^2+1}\mathrm{e}^{-\frac{\pi s}{2}}$;

(3) $F(s)=\dfrac{1}{s-2}+5\dfrac{5s-9}{s-2}$; (4) $F(s)=1-\dfrac{1}{s^2+1}=\dfrac{s^2}{s^2+1}$.

3. $F(s) = \dfrac{1}{(1-e^{-\pi s})(s^2+1)}$.

习 题 7.2

1. (1) $F(s) = \dfrac{1}{s} - \dfrac{1}{(s-1)^2}$; (2) $F(s) = \dfrac{s^2-4s+5}{(s-1)^3}$; (3) $F(s) = \dfrac{6}{(s+2)^2+36}$;

   (4) $F(s) = \dfrac{1}{s}e^{-\frac{5}{3}}$; (5) $F(s) = \dfrac{1}{s}$.

2. (1) $F(s) = \operatorname{arccot}\dfrac{s}{k}$; (2) $F(s) = \operatorname{arccot}\dfrac{s+3}{2}$.

习 题 7.3

1. (1) $f(t) = \dfrac{t}{2}\operatorname{sh}t$; (2) $F(t) = \dfrac{1}{t}\operatorname{arccot}\dfrac{t+3}{2}$.

2. (1) $f(t) = \dfrac{1}{2}\sin 2t$; (2) $f(t) = \dfrac{1}{6}t^3$; (3) $f(t) = \dfrac{1}{6}t^3 e^{-t}$;

   (4) $f(t) = 2\cos 3t + \sin 3t$; (5) $f(t) = \dfrac{1}{5}(3e^{2t} + 2e^{-3t})$.

习 题 7.4

1. (1) t; (2) $\dfrac{1}{6}t^3$; (3) $\dfrac{1}{60}t^6$; (4) $\dfrac{1}{2}t\sin t$; (5) $\operatorname{sh}t - t$.

习 题 7.5

1. (1) $y(t) = e^{2t} - e^t$; (2) $y(t) = \dfrac{1}{4}[(7+2t)e^{-t} - 3e^{-3t}]$;

   (3) $y(t) = e^{-t} - e^{-2t} + \left[\dfrac{1}{2} - e^{-2(t-1)} + \dfrac{1}{2}e^{-2(t-1)}\right]u(t-1)$;

   (4) $y(t) = te^t \sin t$; (5) $y(t) = \dfrac{1}{3}e^{-t}(\sin t + \sin 2t)$;

   (6) $y(t) = -2\sin t - \cos 2t$.

2. (1) $\begin{cases} x(t) = e^t, \\ y(t) = e^t; \end{cases}$ (2) $\begin{cases} y(t) = (1 - 2\cos t) * f(t), \\ z(t) = -\cos t * f(t); \end{cases}$

   (3) $\begin{cases} y(t) = J_0(t), \\ z(t) = -J_1(t) - e^{-t}, \end{cases}$ 其中 $J_0(t)$ 和 $J_1(t)$ 分别为第一类 0 阶和 1 阶贝塞尔函数.

3. (1) $f(t) = a\left(t + \dfrac{1}{6}t^3\right)$; (2) $f(t) = (1-t)e^{-t}$; (3) $f(t) = -3 + 5t - t^2$.

4. (1) $H(s) = \dfrac{2}{s+1}$; (2) $y(t) = 2e^{-t}$.

参考文献

[1] 钟玉泉.复变函数论[M].3版.北京：高等教育出版社,2004.
[2] 贺才兴.复变函数[M].2版.上海：上海交通大学出版社,1999.
[3] 西安交通大学高等数学教研室.工程数学：复变函数[M].4版.北京：高等教育出版社.1996.
[4] 方企勤.复变函数教程[M].北京：北京大学出版社,1996.
[5] 卢玉峰,刘西民.复变函数[M].2版.北京：高等教育出版社.2016.
[6] 蔡敏,石磊,王丽媛.复变函数与积分变换[M].北京：机械工业出版社,2006.
[7] 孙振绮,丁效华.复变函数论与运算微积[M].北京：机械工业出版社,2004
[8] 拉夫连季耶夫,沙巴特.复变函数论方法：第6版[M].施祥林,夏定中,吕乃刚,译.2版.北京：高等教育出版社,2006.